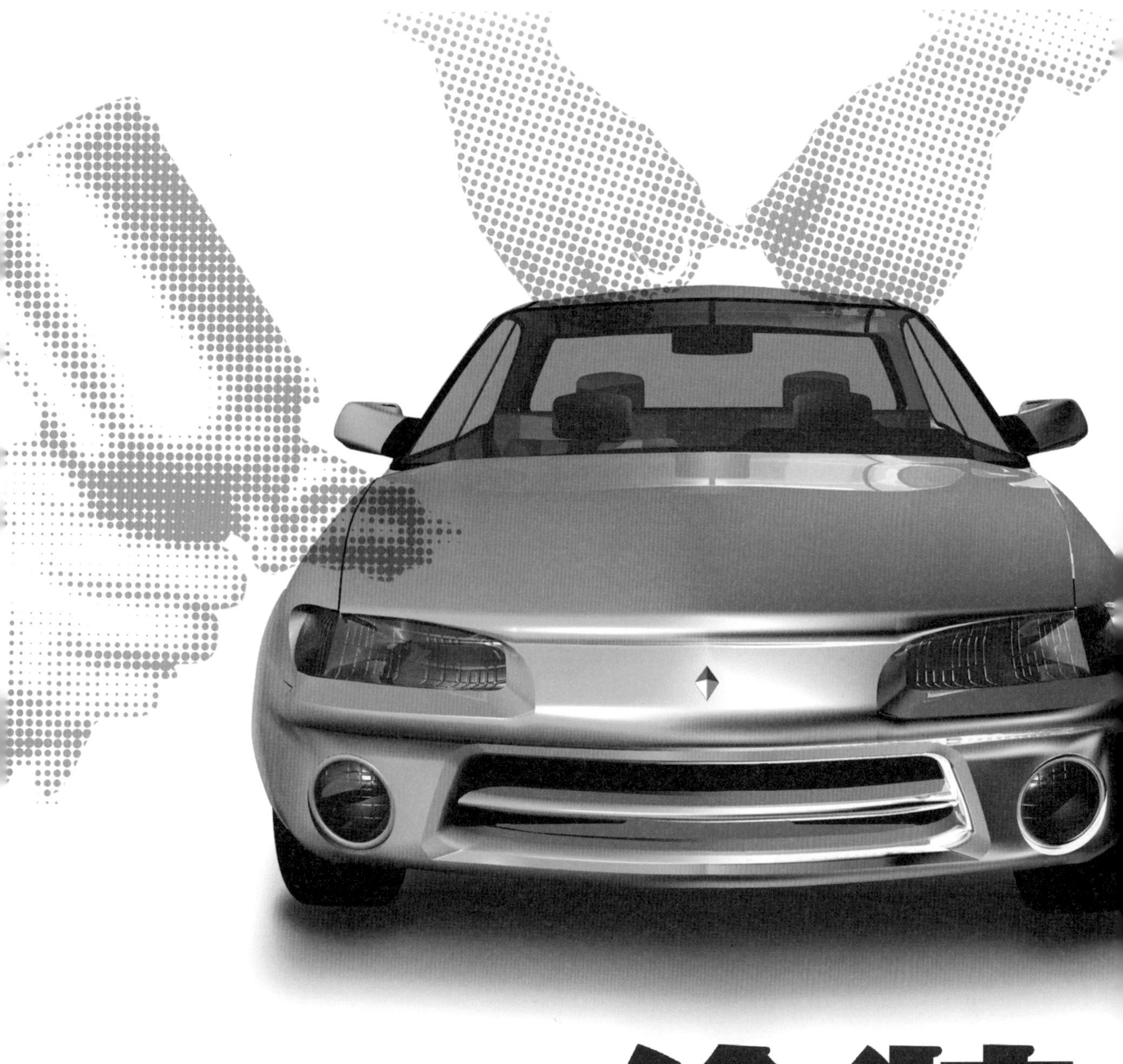

THE 塗裝 Refinish

자동차 보디페인팅 요람에서 무덤까지

監修 보디페인팅기술연수원
著者 末森清司 加戶利一
編譯 GB기획센터

www.gbbook.co.kr

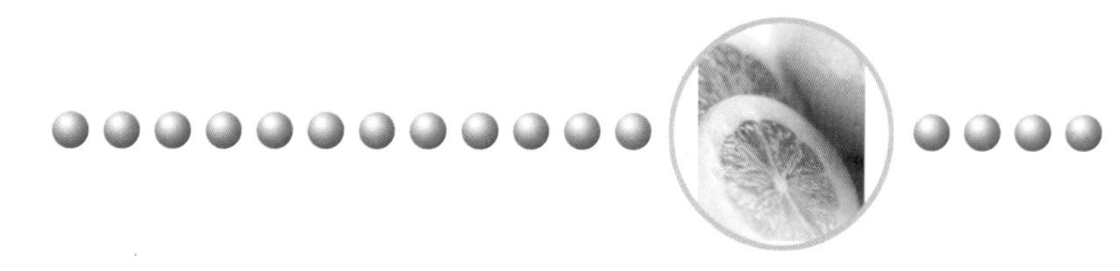

우리말로 옮기면서

지금으로부터 6년 전에 일본에서도 유일한 (주)리페어테크출판이 발간한 「자동차도장가이드북」과 「실천 자동차 보수도장」이라는 2권의 책을 우리말로 합본·편성한 것이 『자동차도장』이라는 국내 최초의 처녀작이었다.

대개 정비업소의 운영 실태를 보면 '판금과 도장'으로부터의 수익성이 본 업을 이끌어가는 재원(財源)임을 말하고들 있으나 이 분야는 늘 새로운 인력난에 허덕인다는 것이 중론이다.

여기에 몸을 담은 이도 그러하거니와 또, 이 곳에 새롭게 투신할 초심자 역시 소수인지라 책의 소모량도 미미하다. 그러나 그나마 다행스런 것은 전국에서 몇몇 실업계고등학교 자동차과와 전문대학 과정에서 이 과목을 개설·운영하고 있고 앞으로도 꾸준히 늘어날 것이라는 정보이다.

외국에서도 이 기술의 발전 과정은 우리와 너무 흡사하다. 우리나라 역시 현존하는 기술인 모두가 선배로부터 몸소 체득한 기술이니만큼 자사가 이 책을 우리 손으로 개발하기 위해 백방으로 수소문하였으나 이론을 바탕으로 한 현장실무까지 글로 표현하기에는 역부족임을 간파한 뒤 어쩔 수 없이 다시 외국서적에 의존할 수밖에 없었음을 밝혀둔다.

이 책은 이러한 악재가 중첩됨에도 불구하고 일본의 (주)리페어테크출판의 「THE 塗裝」을 골간으로 본문 전체를 올 컬러로 화려하게 편성한 작품이다.

끝으로 이 책이 나오기까지 (주)월드카익스프레스 대표 이영재 님, (주)현대·기아자동차 송석원 님 그리고 보디페인팅기술연구위원 모든 분들께 뜨거운 마음을 전한다.

2002 가을과 겨울 사이

GB기획센터 일동

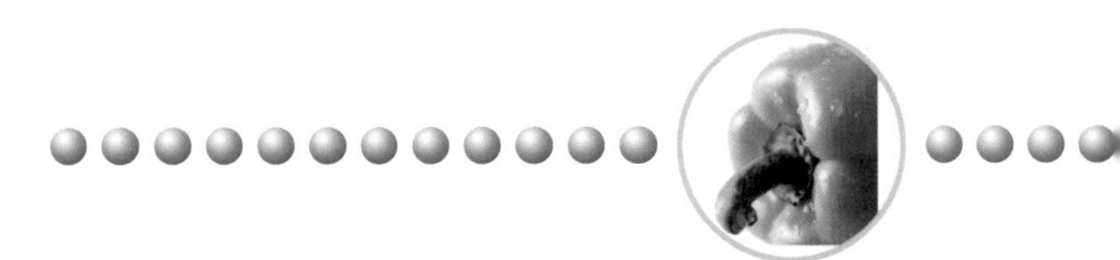

머리말

본 서는 자동차보수도장의 실제 작업을 기초로 한 기술서이다. 「자동차보수도장의 길잡이」(1975년), 「자동차도장 가이드북」(1987년 초판, '92년 개정 제2판)에 이어 기본적인 보수도장 기술서 계보(系譜)에 이은 최신판이다. 최초의 것은 정보도 미흡하고 메이커마다, 작업자마다 자기 나름대로 기술이 분산되어 결국 미국 매뉴얼을 기초로 한 각종 정보를 연결·조합한 것이었다.

이후 30년 동안에 특히 도료 메이커 관련사로부터 기술 정보가 급격히 증대함과 동시에 도장 기술자의 상호교류 기회도 많아져서 어느 정도 기술의 일관성, 표준화가 진보할 수 있었다. 이러한 배경에는 보다 많은 차를 빠르고, 안락하게, 아름답게 처리하겠다는 목적이 있는 것이다.

궁극적으로 번거로움을 피하는 작업의 효율화, 합리화, 고객 만족도의 향상을 꽤할 목적으로 기본 기술을 연마하자는 연유에서이다.

본 서는 그런 현장 작업을 기초로 하여 1996년 4월호부터 2001년 7월호까지 약 5년간 「월간 보디 샵 레포트」 지에 연재한 보디리페어기술연구소 도장과 스에모리 교시(末森清司)씨에 의해 「新 실천 자동차 보수도장」을 골간으로 한 것이다. 아울러 이 곳에서 도장과 상설 코스의 텍스트를 참고하여 증보하고 보다 훌륭한 각 도료 메이커의 내용을 확인하면서 편집하였다. 자칫하면 일방통행으로 되어 기술자와 기계재료 제조원의 정보가 적당히 융합된 형태로 될 뻔 하였다.

21세기 초라고 하는 길목에 서서 이런저런 차체수리 기술들을 정리하는 것은 매우 의미가 있는 것으로서 이번에는 처음으로 판금분야와 함께 발행하였다.

뉴 밀레니엄을 맞아 업계가 이것을 자동차 보수도장의 표준으로 하거나 참고로 한다면 지극히 다행스런 일이다.

2001년 11월

末森清司 / 加戸利一

CONTENTS

Part. 3
하지 작업

CONTENTS

Part. 5
중도 작업

Part. 6
조색 작업

CONTENTS

CONTENTS

Part. 8
건조와 연마

CONTENTS

컬러 기본 이론

1 색의 원리(principles of design)

색과 빛

우리들이 보통 빛이라고 하는 것은 방사되는 수많은 전자파 중에서 눈으로 지각할 수 있는 것으로 가시광선(visible light)이라고 하며, 약 380nm에서 780nm까지의 범위를 말한다. 그리고 380nm 보다 짧은 파장의 영역이 자외선(ultraviolet), 780nm 보다 긴 파장의 영역이 적외선(infrared), 전파 등이다. 빛에는 빨강, 주황, 노랑, 초록, 파랑, 남, 보라인 7가지 색의 빛(색광)이 포함되어 있다. 또한 모든 색광을 모으면 원래의 빛(백색광)이 된다.

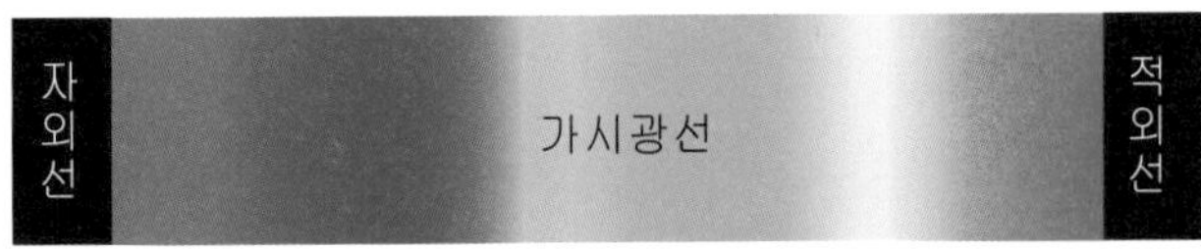

색의 생성과정

물체의 색은 표면색과 투과색으로 나뉜다. 표면색은 물체의 표면에서 빛을 반사하거나 흡수하여 나타내는 색을 말하며, 투과색은 유리처럼 빛이 투과 되어 나타내는 색을 말한다.

색 인지

색을 보거나 인지(의식)하는 것을 '색 지각' 이라고 한다. 색 지각의 성립과정을 살펴보면 우선 색을 보기 위해서는 빛(광원)과 물체와 눈(시각기)이 필요하다. 광원으로부터 방사되어진 에너지가 물체에 부딪치면 물체는 다양한 색광을 선택하는 특성을 가지고 있기 때문에 파장에 의해 흡수·반사 또는 투과가 이루어지면서 그 차이로 인해 색이 달라진다. 물체에 반사 또는 투과된 빛은 눈으로 들어와 망막을 자극한다. 이것을 '색자극' 이라 한다.

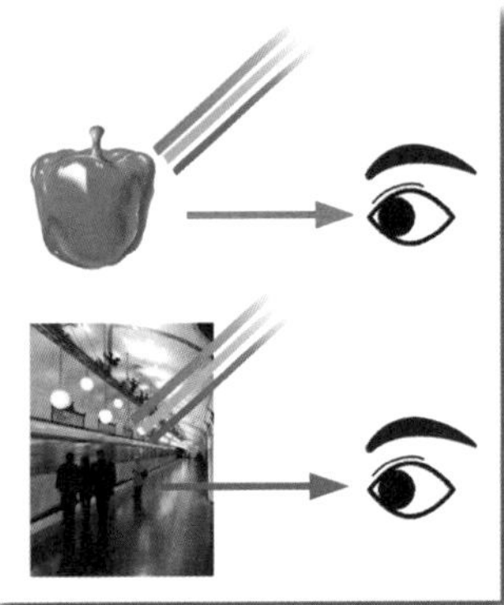

2 색의 분류와 3속성(division of colors)

색의 분류

(1) 무채색

색상이나 채도가 없고 명도의 차이만을 가지는 색으로서 검은색, 흰색, 회색을 말한다. 무채색은 명도의 단계로서 구별한다.

(2) 유채색

순수한 무채색을 제외한 모든 색으로서 빨강, 주황, 노랑, 녹색, 파랑, 보라 등과 그 외 그 사이의 색은 물론 이상의 색감을 조금이라도 가지고 있으면 모두 유채색이다. 색의 3요소(색상, 명도, 채도)를 모두 가지고 있다.

색의 3속성

(1) 색 상(hue)

빨강, 노랑, 파랑 등과 같이 다른 색과 구별되는 색의 고유한 명칭을 말한다(색상은 유채색에만 있고 무채색에는 없다.).

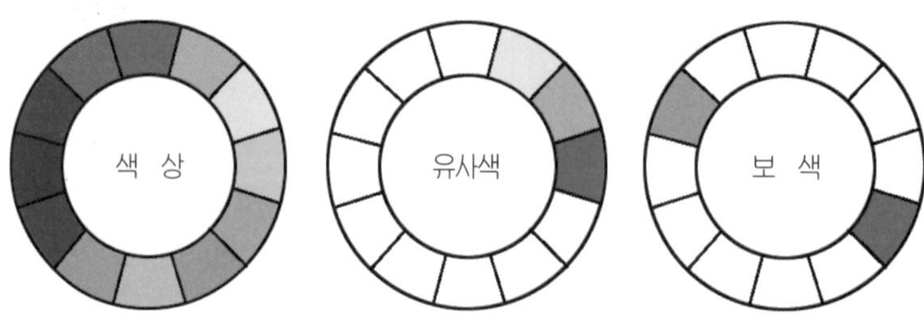

(2) 명 도(value, Lightness)

색의 밝고 어두운 정도를 말하며 유채색과 무채색에 모두 있다.

색의 혼합에 있어서 흰색의 양이 많을수록 명도가 높아지고 검정색의 양이 많을수록 명도는 낮아진다. 검정(명도 0)에서 흰색(명도 10)까지 11단계이다.

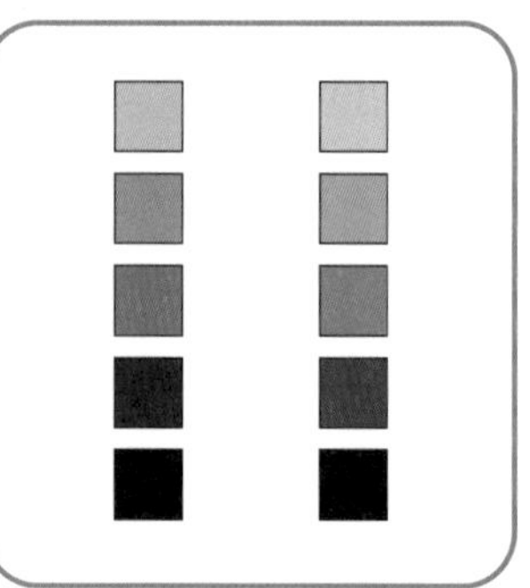

(3) 채 도(chroma, Saturation)

색의 맑고 탁한 정도를 말하며 유채색에는 있지만 무채색에는 없다.

채도는 '순도'라고도 하며, 한 색상에서 채도가 가장 높은 색을 '순색'이라고 한다.

가장 탁한 1에서 가장 맑은 14까지 14단계이다.

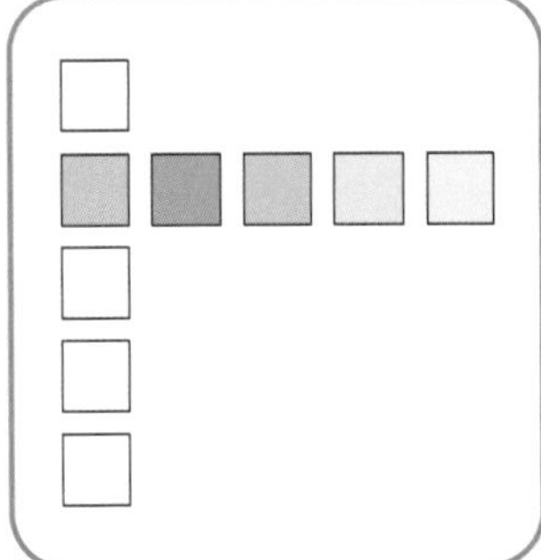

3 3원색과 색의 혼합(the three primary colors)

색료의 3원색

색료의 3원색은 청색(Cyan), 자주(Magenta), 노랑(Yellow)을 말하며, 이들 3원색을 여러 가지 비율로 혼합하면, 모든 색상을 만들 수 있다. 반대로 다른 색상을 혼합해서는 이 3원색을 만들 수 없다.

색광의 3원색

반사의 과정을 거치지 않은 빛의 색을 직접 보는 것은 텔레비전 화면이나 모니터에서 색채를 보거나 혼합하는 경우이다. 화면에 빨강(R), 초록(G), 파랑(B)의 모든 색 파장을 고르게 비치면 흰색으로 보인다.

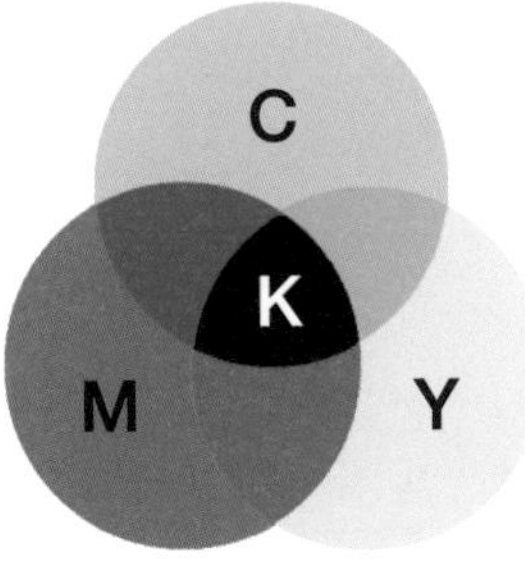

▲ 색료의 3원색

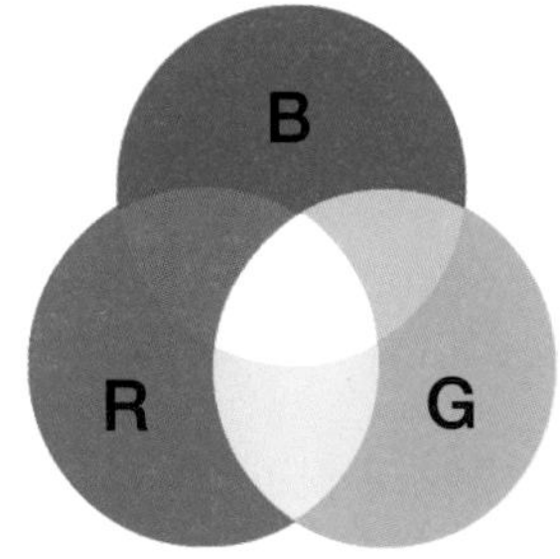

▲ 색광의 3원색

색의 혼합

색과 색을 혼합하여 다른 색을 만드는 것을 '혼합색'이라고 한다.

(1) 감법혼색(減法混色)

색료의 혼합(그림물감, 인쇄잉크, 염료 등)으로 섞을수록 명도가 낮아진다. 색을 겹치면 그만큼 빛의 양이 줄어들어 어두워진다. 흰색 안료는 빛이 지닌 모든 색 파장을 반사하는 성질을 가지고 있다. 이 흰색에 파랑을 섞으면 연한 하늘색이 된다. 이 경우 파랑은 모든 색 파장을 흡수하고 파란색 파장만 반사하려는 성질이 있기 때문에 흰색이 지녔던 반사량을 감소시킨다.

(2) 가법혼색(加法混色)

가법혼색은 색광(빛)을 혼합함으로써 새로운 색채를 만들어 내는 것으로서 가법혼색의 3원색은 색광의 3원색이라고도 하며, R(빨강), G(녹색), B(파랑)라고 한다.

색광의 혼합으로 색광을 가할수록 혼합색이 점점 밝아진다. 가법혼합은 컬러 인쇄의 경우 색 분해에 이용되며 스포트라이트나 컬러 텔레비전, 조명 등에 사용된다.

(3) 계시가법 혼색

색광을 빨리 교대하면서 계시적으로 혼색하는 방법으로 '순차가법혼색'이라고도 한다. 바람개비 등의 회전원판을 일정한 면적의 부채모양으로 나누어 칠한 뒤 1초동안 30회 이상의 속도로 회전시키면, 사실은 이 두 가지 색을 번갈아서 계시적으로 보고 있는 것이지만, 눈의 망막에서 혼색되어 하나의 새로운 색으로 보이게 된다. 이 혼색의 결과 색은 원래 색의 평균치보다 밝게 보인다.

(4) 병치가법 혼색

하나하나의 점으로는 볼 수 없는 작은 색점의 집합에 의해 혼색하는 방법으로, 멀리서 보면 혼색되어 다른 색으로 보이는데, 점묘화법이나 모자이크 벽화 등은 이러한 효과를 이용한 것이다.

4 색 체계(color system)

먼셀의 표색계

미국의 화가 먼셀에 의해 고안된 체계로서, 색의 3속성인 색상, 명도, 채도로 색을 기술하는 방식이다. 먼셀 색상은 각각 Red, Yellow, Green, Blue, Purple의 머리글자인 R, Y, G, B, P의 다섯가지를 기본으로 하고 있다. 먼셀 표색계는 현재 우리나라의 공업규격(KSA0062-71색의 3속성에 의한 표시방법)으로 제정되어 사용되고 있으며 또한 교육용(교육부 고시 제312호)으로도 채택된 표색계이다.

먼셀은 색상을 휴(Hue), 명도를 밸류(Value), 채도를 크로마(Chroma)라고 부르고 있다. 따라서 색상, 명도, 채도의 기호는 H, V, C이며 이것을 표기하는 순서는 HV/C이다. 빨강의 순색을 예를 들면 5R4/14로 적고 읽는 방법은 5R(색상) 4(명도)의 14(채도)로 읽는다.

오스트발트의 표색계

오스트발트의 색 입체는 정삼각 구도의 사선배치로 이루어져 전체적으로 쌍원주체의 형태로 구성되어 있다.

오스트발트 색 상환은 노랑, 빨강, 파랑, 초록을 4원색으로 설정하고 그 사이 색으로 주황, 보라, 청록, 연두의 네 가지 색을 합하여 8색을 기본색으로 하고 있다. 이 8가지 기본색을 각각 3단계로 나누어 각 색상명 앞에 1, 2, 3의 번호를 붙이며, 이 중 2번이 중심 색상이 되도록 하였다. 이렇게 24색상이 오스트발트의 색 상환을 이룬다.

오스트발트의 색 체계에서는 명도와 채도를 따로 분리하여 표시하지 않고 모든 색은 순색 + 흰색 + 검정 = 100%라는 그의 이론에 따라 흰색의 함량과 검정의 함량을 기호로 표시하여 나타낸다.

5 색의 성질과 대비

색의 성질

1. 따뜻한 색 : 빨강, 주황, 흰색, 노랑 – 활동적, 흥분, 자주적
2. 차가운 색 : 파랑, 감청, 바다색, 진남색, 초록 – 시원, 안정, 집착
3. 중 성 색 : 연두, 녹색, 자주, 보라, 무채색 등 – 차분

색의 대비

1. 계속 대비

한 색을 본 다음 곧 다른 색을 보았을 때 처음 본 색의 보색 잔상이 망막에 남아 있으므로 나중에 본 색이 다르게 보이는 현상을 말한다.

2. 동시 대비

시간차 없이 두 색을 동시에 놓고 보았을 때 서로의 색의 영향으로 색의 3속이 달라져 보이는 현상을 말한다.

1. 도장의 목적

1. 도장의 목적

도장에 관한 기초 작업 내용부터 도료 등 기본재료와 신차도장 그리고 도장에 관련된 기본이 되는 설비기기의 전반적인 내용에 관하여 정리하였으며, 특히 에어 서플라이는 도장 작업에 있어 매우 중요한 기기이므로 파트별 특성과 내용을 상세히 열거하였다. 특히 도장 부스(Painting booth : 도장실)는 도장 분야에 있어서 가장 중요한 핵심이므로 그 구조와 기능에 대해서 자세히 알아보기로 하자.

01 도장의 목적

「도장을 한다」, 「색을 칠한다」 하는 것은 자동차의 소재보호와 아름다운 컬러로 인한 상품성 향상 그리고 차량식별을 목적으로 하는 3가지 내용을 담고 있다.

1. 소재의 보호

일반적으로 도장은 재료의 녹이나 부식, 오염 등을 보호한다.

자동차의 경우 외판(外板)을 위시하여 섀시, 하체(下体 : 현가, 제동, 조향, 주행장치 등) 부품을 포함한 보디 전체의 보호를 목적으로 한다.

2. 외관의 향상

도장은 아름다운 색채로 착색하여 보기 좋게 한다. 즉 상품성을 향상시켜 가치를 높이는 역할을 하는데, 자동차의 경우에는 선명한 컬러로 채색하여 아름다움과 고광택에 의한 상품의 가치를 높여주며, 또한 최근에는 고품격을 얻기 위해 특수 안료(Pigment)를 사용한 도색이나 내후성 등 기능성을 위주로 한 도막 그리고 도장하는 횟수의 증가에 따라 색의 깊이를 창출하는 등 끝없는 기술이 개발되고 있다.

3. 외관의 식별

도장은 특정 컬러 또는 도장의 구분에 의해서 피(被) 도장물의 기능, 의미, 소속 등을 명확하게 할 수 있다. 예를들어 소방자동차는 적색, 구급차는 백색, 순찰용 자동차의 백 / 청색의 조합, 상용차의 기업색상(Coporate color)이나 상품PR을 겸한 이미지 컬러 도장 등이 그렇다.

02 신차 도장

신차에서의 도장은 표면처리(방청, 밀착력)를 한 다음, 하도도장(下塗塗裝 ; 방청, 내수), 중도도장(中塗塗裝 ; 두께형성, 평활성), 상도도장(上塗塗裝 ; 광택, 미관, 내후성)의 3층 구조로 되어 있다. 차종에 따라서는 중도(中塗)를 생략 또는 그 종류의 도료가 겹쳐 있거나, 상도 도료를 여러 층으로 하는 경우도 있다.

1. 표면처리

표면 처리는 방청력과 도료와의 부착력을 부여하기 위해서 골격부인 화이트 보디(white body)를 인산 아연계의 용액을 가득 채운 용기에 담근다(deepping).

PHOTO 신차도장 라인

2. 하도도장

하도도장은 패널 면을 녹슬지 않게 하며 중도도료가 잘 부착되도록 하는 기능을 갖는다.

라인에서는 화이트 보디 전체를 도료탱크(paint tank)에 담궈 전기를 통해서 구석구석까지 도료가 침투되도록 하는 전착(ED) 도장으로 이루어진다.

하도(下塗) 후에는 방청력을 강화하기 위한 언더코팅(차체의 뒷면에 도장), 내칩핑(chipping) 도료(돌이 튕겨서 생긴 상처에서 발생하는 녹을 예방하기 위하여 로커 패널 등에 도장되어 있는 주름살 모양의 도막-상도 도장 타입도 있다), 강판의 이음매 등에는 실링제(밀봉제)가 각각 도포된다.

3. 중도도장

중도도장은 금속면의 울퉁불퉁한 미세한 부분을 메워주며, 도막 전체의 두께를 만들고 상도도료의 보강과 부착성을 좋게 하는 등의 기능을 갖는다. 열경화 폴리에스테르 수지 도료가 사용된다.

4. 상도도장

상도도장은 외관을 도장하여 컬러와 광택으로 신차의 가치를 높인다.

150℃ 전후의 고온을 가해서 반응 경화하는 소부 도료가 사용된다. 솔리드(solid)는 열경화의 폴리에스테르계 등에 사용되고, 메탈릭은 아크릴계 도료(수지는 투명성이 있는 아크릴과 멜라민)가 사용된다.

기능성을 갖게 하는 클리어(clear)는 발수성(撥水性)에 특징이 있는 불소 클리어(불소수지와 멜라민 수지)를 주로 사용하고 있으나 우레탄불소도 있다.

정비 측면에서 친수성 클리어, 산성비 대책으로 우레탄계 클리어가 사용되고 있으며 환경문제를 고려하여 수용성도료나 정전도장에 의한 방법이 점차로 증가하고 있다.

5. 도막의 두께

신차 도막의 두께는 도색에 의해서 좌우될 수도 있지만, 일반적으로 100~110마이크론 정도가 된다.

또한 수평면의 경우가 수직면 보다도 도막의 두께가 두꺼우며, 범퍼 등 수지 부품은 도료 재료의 차이와 내열성이 낮기 때문에 별도로 도장되어 조립되는 경우도 있다.

도색과 도막구조

상도(上塗)에는 여러 가지 타입의 도장이 설정되어 있는데 신차에 사용되고 있는 상도 도색에는 다음과 같은 종류가 있다.

1. 솔리드 컬러

솔리드 컬러는 특히 단순한 도막의 구성에서 상도는 착색된 1종류의 층을 이룬다. 단, 의장성(意匠性)을 높이기 위해서 ① 같은 컬러 베이스, ② 일반의 소부(燒付) 클리어, ③ 컬러 클리어(클리어에 컬러 베이스를 조금 첨가한 것), ④ 기능성 클리어(내스크래치성)를 도장한 2코트의 솔리드 도장도 있다.

〈솔리드 컬러〉

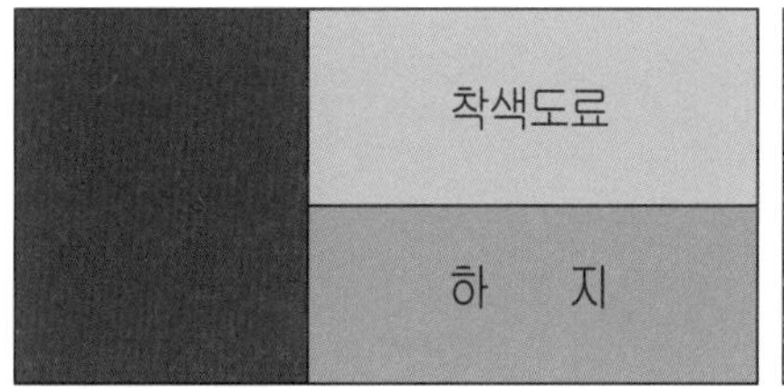

〈펄 컬러〉

클리어
펄안료
착색도료
클리어
착색도료+펄안료
(+알루미늄입자)
하 지

〈메탈릭 컬러〉

클리어
착색안료+알루미늄(입자)
하 지

〈4코트 4베이킹 도장〉

솔리드
착색도료
착색도료
솔리드
클리어
클리어+착색안료+알루미늄입자
착색도료+알루미늄입자
중 도
하 지

PHOTO 상도도막의 분류

2. 메탈릭 컬러

메탈릭 컬러는 알루미늄의 작은 조각을 포함하는 메탈릭 베이스 컬러를 먼저 도장하고 그 다음에 클리어를 도장하는 2층 구조로 되어 있으며 알루미늄 안료만일 경우에는 실버 메탈릭이 된다. 클리어는 기능성 타입이거나 그 밖의 것을 클리어 위에 도장하는 경우도 있다. 메탈릭 컬러의 특징은 도막이 금속적인 빛과 입체감을 가지게 되어 보는 사람으로 하여금 솔리드 컬러보다 고급스런 감각을 나타내는데 그 목적이 있다.

3. 펄 컬러

펄 컬러는 운모 안료를 첨가한 도장으로 메탈릭이나 기타의 특수 안료를 첨가한 바리에이션(변형)도 있다. 도막은 메탈릭 컬러와 같은 클리어를 겹친 2층 구조의 2코트 펄과 착색층(컬러 베이스), 펄 층(펄 베이스), 클리어의 3층 구조로 된 3코트 펄이 있다.

3코트 펄은 도막의 속에 있는 펄 안료에 빛이 투과하여 반사되는 굴절로써 보는 각도에 따라 진주빛 광택과 무지개 색의 빛을 나타내는 도색으로서 메탈릭 컬러와는 또 다른 우아한 미관성과 황홀감을 준다.

4. 기 타

메탈릭이나 펄 컬러에 새로운 안료를 포함하고 있는 도색도 있으나 분류상으로는 솔리드 컬러, 메탈릭 컬러, 펄 컬러의 3타입으로 대별된다. 단, 신차에서의 사용은 적지만 2색상으로 보이는 것이 특징인 멀티 컬러도 있는데 각도를 바꿔서 보면 색이 변하는 도색이다.

자동차 메이커와 도료 메이커는 항상 새로운 타입의 도색을 개발하고 있으며 앞으로도 다른 의장성의 것이 등장하여 하나의 그룹으로서 정착해 나아갈 가능성이 매우 높다.

5. 다층도장

외관품질, 의장성의 향상을 목적으로 고급차의 도장에서는 클리어나 착색 층을 여러 번 겹친 것이 많다. 예를 들면 4C4B[4코트=4회 도장·4베이킹(baking)=4회 소부건조]는 흔하며 7C5B 등 다층 도장으로 되어 있는 것을 말한다.

도료의 조성

도장의 재료가 되는 도료에는 여러 가지 종류가 있으나 기본이 되는 조성은 마찬가지이다. 도료의 주요성분은 수지, 안료, 용제의 3가지이다.

1. 수지(Resin)

도장전의 도료에 유동성이 있는 것은 수지가 용해되어 있기 때문이며 도막이 된 도료는 수지 그 자체이다. 도료의 종류나 건조 방식 등도 수지의 종류에 의해서 결정된다.

2. 안료(Pigment)

안료에는 2가지가 있다. 하나는 백, 적, 청, 황, 메탈릭(금속품), 펄색 등을 입히는 착색안료, 다른 하나는 방청이나 오목(cratering)을 메우는 등의 역할을 하는 기능성 안료로서 방청안료라든가 체질안료 등이 있다.

상도 도료에는 주로 착색안료가 포함되지만 투명한 클리어 도료에는 물론 첨가되어 있지 않다. 하지 도료에는 착색과 기능성의 두 가지 안료가 혼합되어 있다.

3. 용제(Solvent)

수지를 녹이는 성분으로 여러 가지 종류가 있다. 도료가 도막(Paint film)이 된 다음에 즉 경화 건조할 때는 용제는 증발해서 없어져 버린다. 용제를 몇 가지 브랜드한 것이 시너(thinner ; 희석제) 이며, 뿌리는 작업을 할 때에 도료를 희석시켜 점도를 조정한다.

4. 기타 성분

안료가 도료 중에서 수지와 분리되지 않도록 하는 안정제, 보존성을 좋게 하는 약품, 도막이 된 다음의 성능을 향상시키는 성분 등이 포함되어 있다.

• 용제 : 수지를 용해시킨다.
• 수지 : 도료의 구조체
• 안료 : 도료의 색상을 결정한다.

PHOTO 도료의 성분

05 경화와 건조

도료는 용제가 증발함으로써 액체상태로부터 고체 형상으로 변화한다. 이 때 수지에 변화가 없는 것도 있으나 대부분은 건조전과 후에 구조가 달라진다. 건조 경화 방식의 차이로 도료를 분류하면 다음과 같다.

1. 용제 증발형

래커(lacquer)계 도료가 이것에 해당한다. 용제가 증발하는 것만으로 도막이 되며 경화 전·후에 수지의 구조는 변화하지 않는다. 래커란 좁은 의미로는 니트로셀룰로오스(NC : Nitro Celloluse)를 주재료로 한 1액(1K)형 용제 증발형 도료, 넓은 의미에서는 아크릴 등을 수지에 사용하는 도료도 포함한 1액형 용제 증발형 도료의 총칭이다.

2. 반응형

수지가 경화제와 화학반응을 일으켜서 경화하는 도료로서, 2액(2K)형 도료의 대부분은 반응형이며, 기본적으로는 아무런 손을 가하지 않더라도 건조해서 도막이 되지만 화학 반응이 활발하게 진행되어 단시간에 도막을 만들기 때문에 열을 가해서 건조시키는(강제건조) 것이 전제가 되어야 한다.

보수용의 우레탄 도료나 판금 퍼티(sheet metal putty)나 폴리 퍼티가 이것에 해당한다. 우레탄 도료라는 것은 아크릴 수지 또는 폴리에스테르 수지를 주성분으로 하여 우레탄 반응이라고 하는 화학반응으로 경화 건조하는 도료이며, 건조시간을 단축시킨 속성건조 타입도 있다. 판금 퍼티 등은 같은 2액형이라도 반응방식은 다른 도료와 다르다. 반응 속도는 상당히 빠르고 단시간에 경화 건조된다.

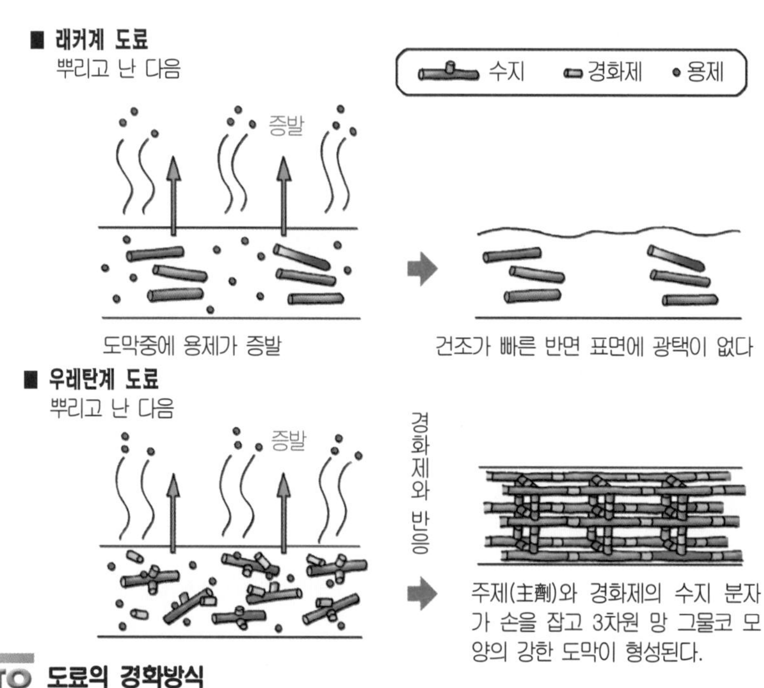

PHOTO 도료의 경화방식

3. 소부형(燒付型)

고온으로하여 수지의 구조를 변화시켜 경화하는 도료이다. 열을 가하지 않으면 도막이 되지 않는다(굳지 않는다).

신차 라인에서 도장되는 것은 모두 이 종류의 도료이다.

4. 산화중합형

일반 페인트라고 불리는 도료가 이것인데 공기 중의 산소를 흡수하여 경화한다(에나멜). 차량 도장 공장에서는 거의 사용되지 않는다.

압축공기와 도장·건조기기

압축공기 배관

차체 수리공장의 동력원으로서 압축 공기를 빼놓을 수 없다. 도장을 하기 위한 공구인 스프레이 건(Spray gun)이나 도장면의 연마, 부품 등에 사용하는 동력 공구의 대부분은 압축공기로 구동한다. 이것을 위해서는 최적의 압력과 청정한 공기가 필요하다.

압축공기는 컴프레서로 압축되어 압력을 얻는다. 본래 공기에는 불순물이 포함되어 있으나 압축시키면 통상의 공기와 같은 체적에 비해서 몇 배의 불순물을 포함하게 된다.

PHOTO 컴프레서와 에어필터

이것에 더해서 압축공기를 공장 내의 각 작업장소까지 운반하기 위한 배관 내의 압력조정기기에서도 이물질은 발생한다. 이와 같은 불순물이 포함되어 있는 공기로 도장을 하면, 도막의 결함이나 공구의 고장 원인이 된다. 또 스프레이 건을 비롯하여 압축공기를 사용하는 기기에는 각각 최적의 압력이 있다. 최적의 압력과 청정한 공기를 얻기 위해서는 기기의 충실, 배관의 연구, 일상의 점검이 필요하다.

1. 공기 공급기기

컴프레서는 공장 전체의 에어공구 사용정도를 고려한 능력(마력=HP로 나타낸다)의 것을 선택하여야 하며 컴프레서의 설치장소는 다음과 같다.

① 수평하며 튼튼한 바닥면의 위,
② 주위에 적당한 공간이 있는 곳(벽에서 30cm 이상 떨어져 있는 곳),
③ 통풍이 잘되고 실온이 40℃이상이 되지 않는 곳
④ 비를 맞지 않는 곳
⑤ 먼지가 적은 곳

압력과 공기 청정화에 관계되는 기기인 애프터 쿨러, 에어 드라이어, 에어필터, 트랜스포머 등을 설치하고 그 능력도 충분한 것을 사용한다. 컴프레서로 공기를 압축하면 상온보다도 온도가 상승한다. 따라서 압축공기의 온도를 상온보다도 조금 낮게 하는 것이 애프터 쿨러이다. 또한 그것을 냉동하여 냉각하는 것이 에어드라이어이다.

공기 중에는 증기의 상태로 수분이 포함되어 있으나 그의 양에는 한계가 있으며, 일정량 이상이 되면 물방울이 된다. 온도가 내려가면 이 일정량의 수치가 감소하게 되며 추우면 공기 중 수증기의 양도 적어진다. 따라서 급냉시키면 물방울이 되어서 공기 중의 수분이 감소하고 상온까지 되돌아가면 습도가 낮은 건조한 공기가 된다.

에어필터는 물, 기름, 먼지, 이물질 등을 제거하는 것으로서 컴프레서의 근처에는 대형, 기기에는 소형이 설치된다. 트랜스포머는 공기의 압력을 사용하는 기기에 가장 적합한 압력으로 조정하는 것이다. 또한 스프레이 건에 직접 휴대용 압력계를 장착하는 방식도 있다.

2. 공기 배관

공기의 청정화와 압력 조정을 위한 기기를 컴프레서로부터 사용하는 공구까지의 사이에 조화롭게 배치할 필요가 있다. 배관은 압력저하나 수분이 남아 있지 않도록 설계되어 있으며, 배관 자체는 길수록 압력이 저하되고 내경이 큰 것일수록 압력의 저하가 적다.

알아둡시다

배관 설비시 주의 사항

① 주 배관은 선단(先端)으로 향하여 내려가도록 구배를 완만하게 붙인다.
② 선단 및 분기관의 끝에는 오토 드레인(auto drain)을 장착하여 정기적으로 물을 제거한다.
③ 에어 척(air chuck)이나 에어 호스 분기점에서 에어 누출이 없도록 주의한다.
④ 배관이 구부러지는 곳은 90도로 꺾지 말고 곡선으로 제작한다.
⑤ 분기점은 일단 위로 향해서 빼내고 그 다음에 똑 바로 아래를 향하게 한다.

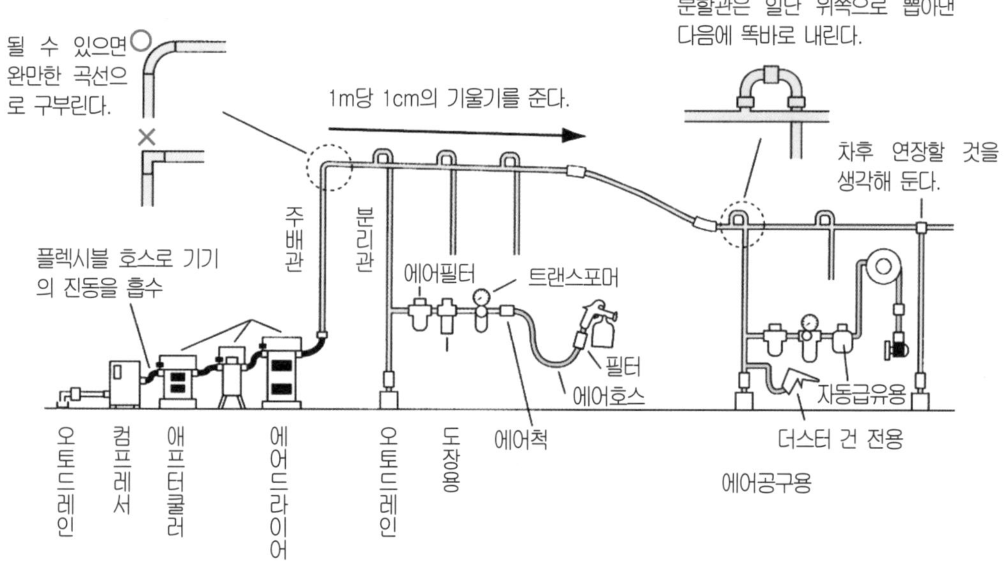

PHOTO 이상적인 공기 배관

도장 부스(painting booth)

본격적인 도장 부스는 도장실과 건조실의 기능을 모두 가지고 있다. 프라이머 서페이서(primer surfacer)나 상도의 도장에서는 도료의 미스트(mist : 도료 분진)나 유기 용제가 발생한다. 이것을 도장 작업시 주위에 그대로 방치할 경우 공해나 대기 오염의 원인이 된다. 또한 도장 작업자가 유기 용제를 흡입하는 것은 건강 측면에서도 좋지 않다.

법적으로 유기 용제의 중독 예방규칙에서 옥내에서 일정량 이상의 유기 용제를 취급하는 경우에는 중독 방지를 위한 안전 규정이 있다.

자동차 보수에서의 도장부스(푸시풀형)도 안전을 위한 설비로서 승인되어 구조나 풍속 등이 정해져 있다. 그리고 도장에 있어서 이물질, 먼지의 부착을 방지하고 건조시 일정 온도에서의 강제 건조를 가능하게 한다.

도장 부스는 도장 공장에 있어서 없으면 안되는 설비로 되어 있으며 부스의 종류는 다음과 같이 분류할 수 있다.

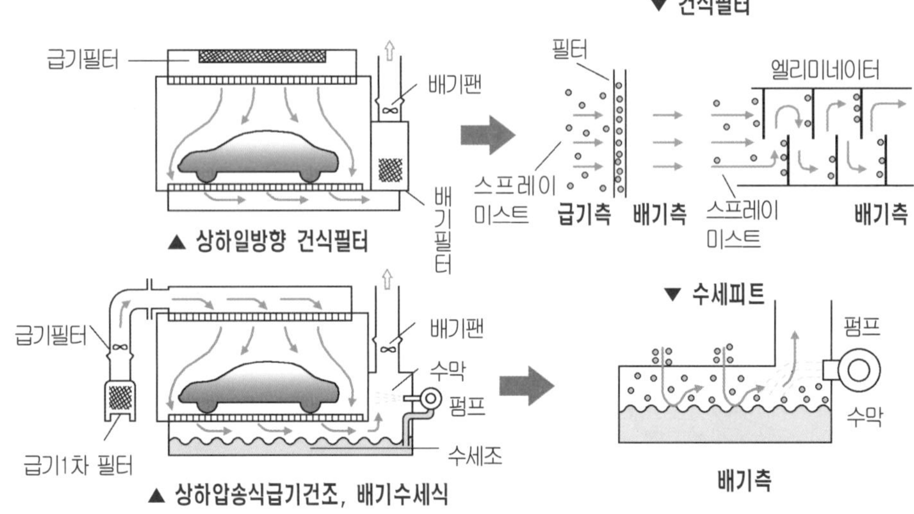

PHOTO 도장 부스의 구조

▲ 본격 타입

▲ 간이타입

PHOTO 도장 부스

1. 1룸, 2룸

1룸 타입은 하나의 공간에서 도장과 건조를 동시에 할 수 있는 구조로 되어 있으며, 2룸 타입은 도장실과 건조실이 분리되어 있으며 사이에는 셔터 등으로 개폐하게 되어 있다.

기본 시스템 외에 설비력이 있는 공장에서는 여러 대의 부스를 나열하여 설비할 때도 있으며, 부분적으로 연결하여 사용하는 경우도 있다. 공장의 크기와 여건에 맞추어 설계되므로 사실상 맞춤 제작하여 시공하게 된다.

2. 자연 급기, 강제 급기

공기의 흐름에 의해서 자연급기 방식과 강제 급기방식이 있다. 물론 공기는 강제배기되므로 정확하게는 자연급기-강제배기, 강제급기-강제배기의 2타입이 된다.

자연 급기 타입은 룸 내가 마이너스 압력으로 되며 틈새에서 먼지를 내부로 흡입할 가능성이 있고 강제 급기 타입은 대부분 플러스압으로 설정되어 있으므로 먼지를 흡입하지 않는다.

공기의 흐름으로는 급기, 배기가 수평방향인 것으로 천정으로부터 급기하여 옆으로 흐르는 구조로 되어 있으나 본격 부스라고 하는 것은 상하로 흐르는 압송형이 주류이다.

3. 건식, 습식

건식부스의 에어는 필터를 통해서 천정으로부터 들어가 바닥의 필터를 거쳐 흡입된 후 밖으로 배출된다. 습식부스는 세정피트에서 미스트(안개모양의 유기제)를 제거하고 필터를 통하여 배출된다.

4. 건조방식

열을 발생시키는 에너지원을 등유, 도시가스, LPG 등의 연소열을 이용하는 직접가열과 전기를 이용한 간접 가열(열교환기)이 있다. 실내에 건조 설비를 두는 방식에서는 적외선, 원적외선 등의 램프로 가열하기 때문에 전력이 기본이 되지만, 원적외선의 건조기에는 등유를 사용하는 방식도 있다. 열풍방식은 위에서 아래로 뜨거운 공기를 흘려보내서 실내 전체를 설정 온도가 되도록 한다.

5. 부속설비 - 도어, 루프, 리프트, 정전기 제거장치, 수용성 도료 대응

최근 도장부스는 사용하기 쉽게 하기 위한 연구도 가해지고 있다.

도어의 위치는 레이아웃에 의해서 정면뿐 아니라 뒷면 또는 옆에 장착되기도 하며, 도어의 종류는 셔터 등으로 상하 개폐되는 것과 좌우로 여닫을 수 있는 강화유리 도어 등 여러 가지가 있다.

레일은 주로 생산 라인 공장의 부스에 설치되어 트래버서로 차의 이동을 쉽게 하고 있으며 리프트는 부스 내에 설치되어 승용차의 하체나 루프의 도장, 넓은 부스에서는 대형차의 도장에 위력을 발휘하며, 작업자용(루프나 대형차 도장시)과 작업차용(하체)이 있다.

정전기 제거 장치가 급기 부분에 붙어 있는 타입은 먼지 등의 부착을 억제하며 메탈릭의 경우 메탈의 분포가 좋아지는 등의 효과가 있다.

수용성도료 대응형은 상부의 주위에 송풍장치가 설치되어 있으며 공기의 움직임으로 건조를 촉진시키는 구조로 되어 있다.

간이부스, 소형부스

부스의 본체에는 일반적으로는 단열패널(샌드위치 강판)이 사용되고 있으나 간이부스는 비닐 등의 시트로 공간을 형성하는 것으로 천장에 고정하는 방식과 금속의 틀로 구성하는 방식, 그리고 전후로 신축되는 벨로즈식(아코디언식)이 있다.

간이부스의 장점은 사용하지 않을 때에 별도의 작업장으로서 공간을 유용하게 활용할 수 있으며, 비닐 소재에는 본래 먼지나 이물질을 흡착하는 기능이 있다.

기타 자동차뿐만 아니라 부품만을 대상으로 한 부품 부스, 차체의 일부를 집어넣을 수 있는 소형 타입 등 용도에 따라 부스의 종류도 다양하게 갖추어져 있다.

공장의 레이아웃이나 작업 내용에 따라서 구별하여 사용하면 효율적으로 도장과 건조 작업을 할 수 있다.

건 조 기

도료는 가열에 의해 건조가 촉진되므로 열을 가하는 설비기기를 건조기라 한다.

1. 용도에 의한 분류

① 도장 부스

도장 부스 또는 전용 부스에는 거치형(据置形)의 건조장치가 설비되어 있다.

② 부분 보수

좁은 범위의 부분적인 보수도장의 건조에는 반사식의 건조기가 사용된다. 손으로 운반하는 타입, 스탠드식, 캐스터(바퀴)부착 등 필요한 부분을 가까운 곳으로 접근시켜 복사열로 건조시킨다.

또 라인 시스템(흐름 작업적인 레이아웃 및 설비)의 공장에서는 건조기의 뱅크를 천장에 고정하는 타입으로 하여 거치하는 경우도 있다. 이 때 천장의 레일로 이동이 가능하게 되어 있으며, 뱅크도 상하 이동할 수 있다. 차체 근처의 적정한 위치에 내려서 사용하며 사용하지 않을 때는 올려 놓으면 되기 때문에 장소를 차지하지 않는 이점이 있다.

③ 테스트 용

시험 도장판 전용의 건조기로서 적외선 또는 원적외선 램프가 1개 붙어 있는 상자 모양으로 대부분은 조색 작업장에 설치된다.

2. 건조방식에 의한 분류

넓은 보수범위의 도장과 건조는 부스에서 이루어지는데, 좁은 범위에서 부분적으로 사용하는(강제) 건조기에는 다음과 같은 타입이 있다.

① 스폿 램프

스폿 라이트 전구의 발열을 이용하고 있으며 구체적으로는 사진 촬영 등에 사용하는 할로겐계 등의 램프 1개와 소켓으로 구성되어 있다. 손잡이가 있어 손으로 가지고 사용할 뿐 아니라 스탠드에 고정하여 이용할 때도 있다(점등시 고온이므로 연소물질 접근금지). 한손으로 잡을 수 있기 때문에 하지나 상도의 건조 촉진 이외에도 시편의 건조, 몰딩 테이프나 디자인실의 밀착 등 조색시의 색 확인 등에도 사용된다.

② 열풍

등유 또는 폐유를 연소시켜 버너의 불꽃 등으로 열을 가한 공기를 팬으로 내보내는 구조이다. 열이 넓은 범위로 퍼지기 때문에 주위 온도를 높이는 난방용으로 이용될 때가 많다. 또한 스폿타입으로서 헤어드라이어를 강력하게 한 것과 같은 열풍 히터도 있다. 이것은 전기식으로 수지 부품의 보수에 사용하는 용접기도 이와 같은 방식을 사용한다.

③ 적외선

태양광선이나 고온의 물체에서 나오는 빛을 스펙트럼으로 분석하면 인간의 눈으로 보이는 자색에서 적색까지의 무지개색 가시광선보다 긴 파장으로 보이지 않는 광선으로 강한 열작용이 있는 방사선이 적색의 밖에 있는데 이것이 적외선이다.

분류상으로는 파장 0.8~2㎛ 까지를 근적외선, 2~4㎛를 중적외선, 4㎛이상을 원적외선으로 구분하고 있다. 적외선 건조기는 전기식의 적외선 램프를 몇 개 붙이고 있는 모양이 일반적이다. 파장역이 가시광선 부분에도 들어가 있으므로 점등 상태를 확인할 수 있다. 또 등유를 연소시켜서 적외선을 발생하는 것도 있다.

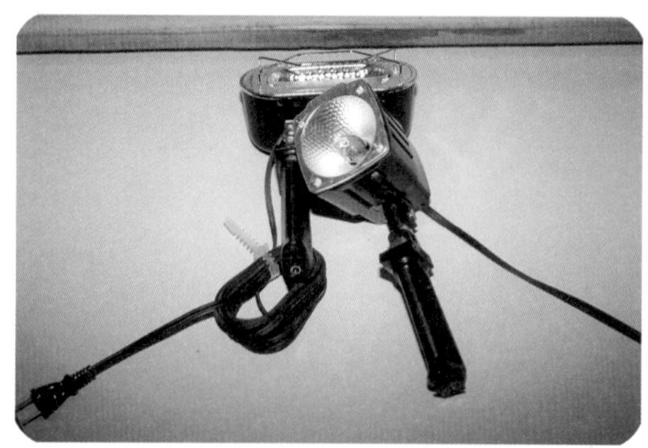

● 스폿램프

● 근적외적 램프

● 중적외선

● 원적외선

PHOTO 건조기의 종류

④ **근적외선**

종래의 적외선 램프보다 길고 원적외선 램프보다 짧은 파장으로 오븐 토스터 등의 히터에 가까운 램프를 여러 개 붙인 건조기이다. 전원 공급시 붉은 빛을 내므로 점등상태를 확인할 수 있으며 이 히터가 한개 또는 여러 개 달린 이동식의 스탠드로 되어 있다. 대용량 타입으로 2 : 1 등의 경화제 비율이 높은 우레탄의 건조에 적합하다.

⑤ 원적외선

원적외선 히터는 램프모양, 회전모양, 막대모양, 패널 모양 등 여러 가지 형상의 것이 있으며 대부분은 표면이 세라믹제이다. 이것은 파장역이 가시영역에서 멀어지므로 점등 상태는 히터를 보아도 알 수 없다. 원적외선은 속성건조 우레탄에 최적인 파장으로 도막에 직접 흡수시킴으로써 표면 뿐 아니라 내부까지 건조시키는 특성이 있다.

전기식은 이 히터가 한개 또는 여러 개 부착된 스탠드 타입이 있으며 그 외에 등유식(+전기)과 프로판식이 있다.

	히트 엘리먼트	히터 내부온도	라이저(입상)	가시광선	용 도
근적외선(단파)	주로 할로겐등의 가스등	약 2,000℃	2초	백색	2 : 1 우레탄
중적외선 (중파)	단파와 같거나 일반적인 램프	800℃	60~90초	오렌지색	근적과 원적의 중간적 성격
원적외선	세라믹	400~800℃	몇 분	없음	속성건조 우레탄

▲ 원적외선 건조기의 종류

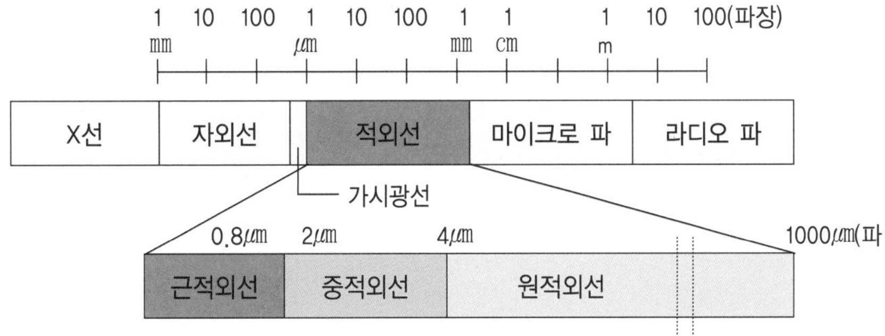

▲ IEC(국제전기표준회의)에 의한 적외선의 파장구분

2. 도장작업의 요령

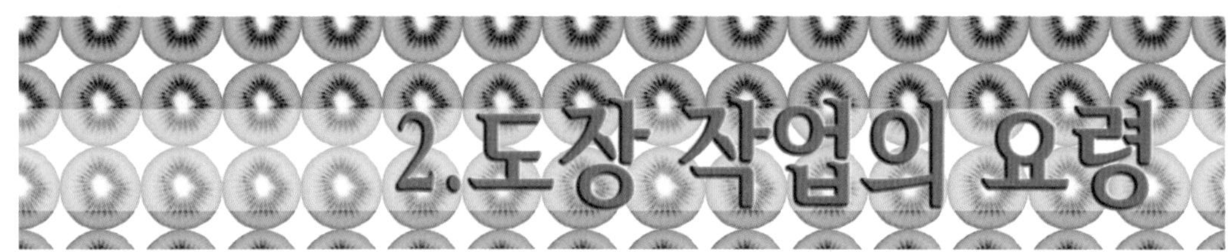

2. 도장 작업의 요령

이 장에서는 보수도장의 범위와 목적 그리고 작업을 시작하는데 있어서 준비나 순서의 중요성을 이해하고 공정의 기본적인 수준을 알아본다.

01 보수도장의 범위

자동차의 보수도장은 도장 범위에 따라 다음과 같이 분류된다.

▲전체 도장

▲블록 도장

▲터치업 도장

▲부분 도장

PHOTO 보수 도장의 범위

1. 전체 도장(All Paint)

보디 전체의 도장을 말한다. 외측의 패널만 도장하는 경우와 후드(보닛)나 트렁크의 뒤, 도어의 안쪽 필러 주위를 포함한 안쪽도 동시에 칠하는 경우가 있다.

지정색이나 중고차 등에서의 전체 도장은 외판(外板)만을 도장하는 경우가 많으나, 컬러의 변경을 하거나 완전히 재도장을 할 때는 내외장을 함께 도장한다.

2. 블록 도장

패널로 구분한 범위의 도장을 말하며 즉 신품 패널 교환시에 이루어진다.

메탈릭이나 펄색 등을 도장할 때는 주위의 패널과 약간 겹치도록 도장을 하여 빛에 의한 컬러의 차이를 최대한 줄이도록 한다(블렌딩, 숨김 도장 : blending).

3. 터치업(부분 보수) 도장

터치업 도장을 부분 보수도장이라고도 한다. 패널의 일부를 도장하여 도색의 차이를 알 수 없도록 블렌딩(숨김도장 : 그라데이션과 같이 서서히 색 변화를 이루어 나아간다)을 실시한다. 스폿도장(보수)이라고 하는 도장 방법도 있으나 이것은 패널의 일부분에 생긴 작은 상처 정도의 도장을 뜻한다.

4. 부분 도장

스프레이 건을 사용하지 않고 도장면의 작은 상처, 이물부착(seediness), 흐름(runs) 등을 수정하거나 페이퍼 작업을 하여 콤파운드 또는 폴리시로 도장면을 깨끗하게 처리하는 방법이다. 터치펜 방법은 작은 상처를 붓으로 발라서 수정하는 것을 말한다.

일반적으로 도장의 범위는 판금작업의 내용, 패널 교환의 유무, 구도막의 상태, 보수면적, 패널의 위치, 그리고 고객의 결정 등에 의해서 최종적으로 판단된다.

02 보수도장의 목적

자동차 보수 도장에는 다음과 같은 목적이 있다.

1. 사고차의 복원도장

교통사고나 장해물과의 접촉 등으로 파손된 차량에 판금수리를 시공하여 도장 복원한다. 파손된 패널을 교환했을 때는 신품 패널을 도장하여 원래의 색으로 복원하고 손상범위가 큰 사고차 등은 전체 도장을 할 때도 있다. 때로는 패널 1장의 블록 도장으로 끝날 때도 있으며, 도장하는 면적이나 범위는 손상과 판금 수정의 상태에 따라 다르다.

2. 도막표면의 상처, 보디가 패인(凹) 수리도장

보디의 도막 표면에 생긴 상처나 패인(cratering) 부분의 수리는 퍼티(putty)를 도포하고 연마 수정하여 도장을 한다. 상처나 패인(凹) 정도에 따라 블록 도장을 하는 경우와 터치업을 하는 경우도 있다.

3. 불량 도막의 재생 도장

장기간의 사용으로 시간 변화에 의한 변퇴색과 균열 또는 벗겨짐(flaking)이 생긴 도막, 산성비, 오염물질 등으로 침해되어 변색되었거나 색이 바란 도막을 재생 작업하는 것이다. 도막의 상태에 따라 전체 도장이나 부분 도장으로 결정지어지며, 도막의 열화 상태에 따라 처리하는 방법이 달라진다.

4. 녹, 부식이 생긴 패널의 보수

장기간 또는 섬 지방(島嶼), 해안가 등에서 사용되는 자동차 패널에 녹, 부식이 생겼을 때 복원 수리하여 도장을 한다. 최근 신차는 방청 성능이 향상되어 그다지 심한 경우는 없다.

5. 중고차의 상품성 향상

중고차의 상품성을 높여 외관을 좋게 하기 위한 도장으로서 상품으로 보았을 때 보디에 작은 상처나 패인(凹)부분 등이 있으면 그 만큼 가치가 떨어지므로 특별색으로 전체 도장을 하는 경우도 있다.

6. 지정색 도장

영업차나 특수 차량은 신차, 중고차를 상대로 사용중의 차량에 대해서 그 회사 또는 단체 등의 이미지 컬러, 용도에 의하여 지정색을 결정하여 도장하는 경우도 있다.

상품 등의 이미지, PR을 겸한 지정색 도장이 있으며, 전체 도장과 부분 도장이 있다.

개인의 개성을 나타내기 위해서 별도의 컬러 도장을 희망하는 경우에도 넓은 의미에서는 지정색이라고 볼 수 있다.

03 작업의 순서

도장작업은 준비나 순위를 결정하여야 효율이 좋아지며 시간을 단축할 수 있다.

도장작업 개시전의 준비

1. 공장 내에 들어가 있는 차의 이동

고객이 수리를 위해 맡긴 자동차는 공장 내에 공간이 있을 경우 일일작업 종료시, 우천이나 물품 분실을 예방하기 위해 될 수 있는 한 실내에 보관한다.

▲공장내 차의 이동과 청소

▲믹싱 머신에 의한 도료통 교반과 잔량점검

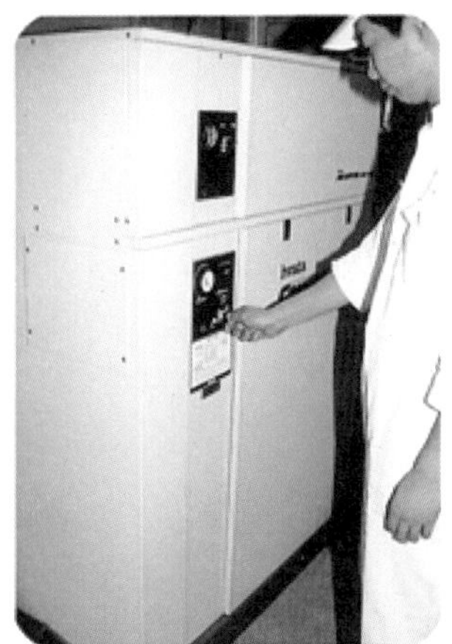

▲ 컴프레서의 전원입력과 점검

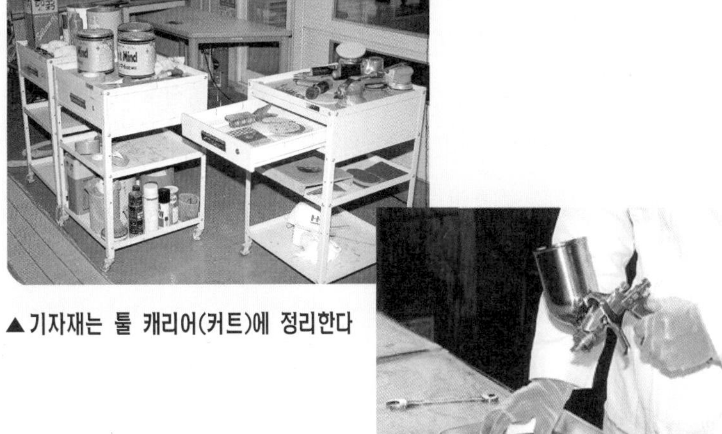

▲기자재는 툴 캐리어(카트)에 정리한다

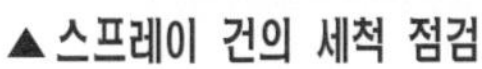

▲스프레이 건의 세척 점검

PHOTO 도장작업 개시전의 준비

2. 공장 내의 청소

차를 꺼내고 보면 공장 내는 의외로 더러워져 있다. 어제의 작업 종료 후에 청소를 하더라도 바닥에 쓰레기나 테이프의 조각, 차의 타이어나 펜더 등의 뒤쪽에 떨어진 흙이 흩어져 있을 경우가 있다. 아침에 첫 고객이 왔을 때 공장의 인상은 어떨까. 좋은 인상을 주기 위해서도 아침의 청소는 반드시 하여야 한다. 바닥의 물 세척은 물론 앞의 도로도 빗자루로 쓸고 물을 뿌린다.

3. 조색실의 정리

어제의 작업 종료시에 하지 못한 것은 작업 전에 다음과 같은 준비작업을 시행한다.

① 조색용 원색통을 번호순으로 정리

조색용 원색의 통은 라벨(상표)이 보이게 놓는다.

작업전 원색을 찾는데 시간이 걸리게 되면 비효율적이므로 원색 번호순, 도색순 등 알기 쉽게 나열하며 동시에 각 원색통의 도료 잔량을 점검하여 확인, 표시하여 둔다.

② 조색용 용기를 꺼내기 쉽게

조색이나 조합을 하는 플라스틱 컵이나 빈 통의 용기도 정확하게 알기 쉽고 꺼내기 쉽게 정리한다.

③ 교반 막대 정리

교반막대(휘젓는 막대), 계량막대도 바로 사용하기 쉽도록 세척하여 정리한다.

④ 도료를 충분히 교반한다

매일 작업 전 믹싱머신(자동교반기)의 타이머 스위치를 ON으로 하여 도료가 굳거나 침전되는 것을 예방하여야 하며 작업 후에도 작동시켜 관리를 하여야 한다(일일 3회 정도 실시). 점검관리를 소홀히 하여 재료가 굳을 경우 정확한 계량이 어려우므로 주재료의 관리는 매우 중요하다.

⑤ 교반기 커버의 점검 청소

교반기 커버는 항상 청결하게 관리한다. 주입구나 레버에 도료가 묻어 굳게 되면 계량도색을 하기 위해서 1~2 방울을 추가 하는 경우 미세한 작동이 불량하여 정확한 계량을 할 수가 없게 된다. 따라서 도료 조색시 주입구에 묻어나는 도료는 바로 깨끗이 닦아 두어야 다음 조색시 원활한 작업을 할 수 있다.

⑥ **퍼티 주재료의 교반**

사용하는 퍼티류도 원색과 마찬가지로 교반한다. 통을 열어보아 표면에 바니시(Varnish ; 수지분)가 떠 있을 경우에는 전체를 잘 섞어서 균일하게 해 둔다.

4. 도료나 재료 등의 보충

도료통의 정리와 교반기 커버를 점검할 경우 반드시 각 통의 잔량을 조사하여 부족한 재료는 여유있게 보유토록 한다.

또한 도장 부자재, 소모품 예를 들면 건식연마, 페이퍼류, 마스킹 테이프, 비닐커버, 걸레, 세정용 시너, 수지제, 폴리시 용품 등의 재고 유무도 조사하여 항상 준비된 상태를 유지한다.

5. 설비 기기의 점검

① **컴프레서**

컴프레서의 전원을 켜기 전에는 다음의 내용을 반드시 점검한다.

- 오일의 유무
- 벨트의 손상유무와 장력점검
- 공기 흡입구의 필터오염 상태
- 공기탱크의 물은 정기적으로 배출시킨다.

② **도장 부스**

도장 부스는 작업 후 즉시 사용할 수 있도록 항상 청결하게 관리하고 이상 작동은 없는지를 점검한다. 가열 장치(가스나 등유 등)의 점검은 매일 계기를 확인하고 이상이 발생하는 경우 즉각 A/S를 신청한다.

6. 일일 작업 예정 파악

작업 전 일의 내용이나 차량대수, 작업구분(하지작업, 상도작업, 연마작업 등의 분담) 등을 생각하여 효율적인 시간표를 계획한다.

① 작업차의 도장부위, 작업방법, 마무리 시간, 부스의 사용 순서와 사용할 시간, 출고시간 등의 파악한다.

② 작업 지시서를 보고 작업 구분의 예정시간과 출고일시를 인지하여 일의 흐름을 정확하게 파악한다.

7. 작업순서에 따른 배차

작업할 차량을 지정장소로 이동시킴으로서, 각 차의 작업진행 상태라든가 부스의 사용 순서 등 전체의 상황을 파악할 수 있다.

8. 기자재의 준비

업무시작 전 작업에 필요한 그날의 기자재(샌더류, 손연마용 파일류, 퍼티정반, 각종 스푼, 페이퍼류, 테이프나 종이, 기타)를 작업자의 전용 툴 캐리어(커트)에 질서 있게 나열한다. 공구나 재료가 필요할 때마다 왔다갔다 하는 것은 여러 가지 면에서 불편하기 때문이다.

9. 스프레이 건의 점검과 조정

스프레이 건 안에 시너를 넣어 뿌려 보아 그 상태를 점검한다.

특히 서페이서라든가 새시 블랙용의 스프레이 건은 도료를 통에 넣어둔 채 공동으로 사용되고 있을 경우가 있는데 사용한 상태로 방치해 버리면 노즐이 막혀서 무화가 잘 안되고 도료가 나오지 않게 되므로 작업 후 반드시 세척과 보관 관리에 신경을 써야 한다.

작업 개시전의 준비사항

일일 작업은 적을 때와 많을 때가 있다. 순차적으로 적을 경우에는 문제가 없으나 2대 이상의 작업을 동시에 할 경우 작업순서 방법에 착오가 발생하면 작업의 완성도가 떨어져 도막 결함이나 클레임의 원인이 될 수 있으므로 사전 작업준비가 상당히 중요하다는 것을 잊지 말아야 한다.

1. 작업 지시서

작업 지시서란 보는 것이 아니라 확실하게 숙지하는 것이며, 다음과 같은 사항을 인식한다.

① 무엇을 하는 것인가 — 작업의 목적

이 작업의 목적은 무엇인가. 예를 들면 연마만 하는가, 도장만을 하는 것인가, 보수도장인가, 블록 도장인가 등.

② 어디를 도장하여야 하는가 — 도장하는 부위

보수도장, 블록 도장의 장소와 작업 등을 정확히 숙지한다.

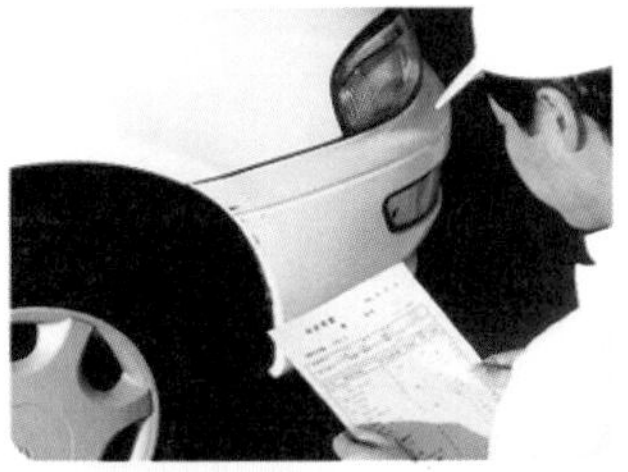
▲작업지시서를 읽는다

▲차의 오염방지작업

▲실차를 점검한다

▲작업시간 결정

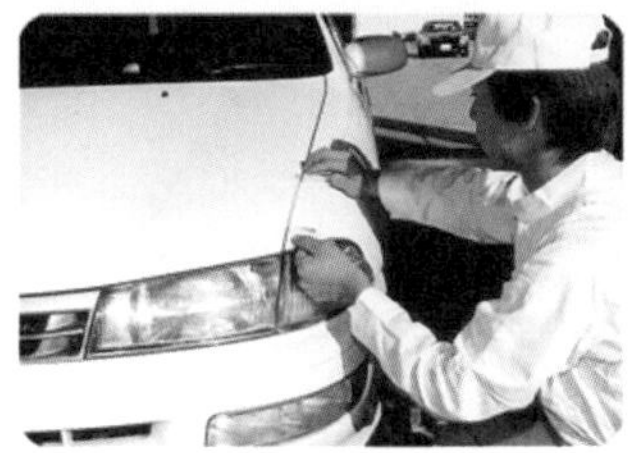
▲재료의 확인과 준비

▲작업은 공장의 흐름에 따른다

▲작업장 차의 배치

▲작업 점검 및 확인

작업개시 전의 준비사항

③ **어떠한 상태로 마무리를 하는가 — 작업의 링크**

작업의 마무리 정도는 어느 정도인가, A등급인가. B등급인가 등. 마무리의 정도를 살핀다.

④ **작업 시간은 어느 정도인가 — 지수(指數)의 확인, 작업완료 후 출고 일시 등 작업에 걸리는 시간을 결정한다.**

특히 고객과의 약속은 매우 중요하므로 출고일정을 확실히 인지하여야 한다.

2. 실차 점검

작업지시서의 내용에 따라 실차를 꼼꼼히 관찰한다.

① **어디를 도장하는가 — 장소와 범위**

도장하는 장소를 본다.

② **어떻게 도장하는가 — 보수인가 블록인가**

도장하는 부위에 따라서는 블록 도장과 보수도장의 구별이 있으므로 이를 확인한다.

③ **블렌딩(blending)은 어떻게 하는가 — 방법과 부위**

보수도장에는 반드시 블렌딩이 따라 다닌다. 어느 범위, 어느 패널에서 블렌딩하는가 등. 예를들어 펜더를 교환하여 칠하는 경우, 도어를 어떻게 블렌딩하는가 등을 생각해 둔다.

④ **부품의 탈착은 어떻게 하는가**

마스킹을 어떻게 할 것인가, 모든 부품을 떼어내서 칠할 것인가를 확인한다. 특히 블렌딩 부의 패널은 매우 중요하다.

⑤ **작업부위 이외의 손상 유무와 상태**

작업에 임하기 전에 반드시 점검해둘 필요가 있는 것이 보디 전체의 상처이다. 이것은 차량수리 완료 후 고객과의 마찰을 없애는 내용이므로 가능하다면 디지털카메라로 촬영해 놓는 것도 좋은 방법이다. 동시에 블렌딩하는 부위에 상처가 있을 경우에는 어떻게 할 것인가, 퍼티를 칠하여 연마 후 도장을 할 것인가 등 상세한 것까지 확실히 확인할 필요가 있다.

3. 재료의 확인과 수배

작업차를 점검한 후 도료나 재료 등의 점검 및 수배가 필요하다.

일의 흐름을 원활하게 하기 위해서는 필요한 재료가 확실하게 갖추어져 있어야만 한다.

① **색상 코드의 확인**

도장하는 차의 색상 코드를 확인한다. 형식, 연식까지 확인하여 차질이 없도록 하며, 같은 색상 코드라도 다소 색이 다른 것이 있고 배합 데이터의 수치도 틀리는 경우가 있기 때문이다.

② **사용 원색의 확인과 수배**

색상 코드를 알게 되면 사용하고 있는 도료의 색견본 대장이나 배합 데이터 등을 보고 원색의 배합비를 조사하여, 필요한 원색이 도료 진열대 또는 믹싱머신에 있는가 신속하게 확인하고 부족하거나 없을 경우 급히 수배 조치한다.

③ **작업차의 배치**

여러 대의 차량을 담당하는 경우도 있으므로 다른 작업자가 담당하는 자동차의 배치도 생각하여 작업이 원활할 수 있도록 배치한다.

차량의 배치가 일의 흐름을 좌우할 경우가 많으며 작업 상황에 따라 일의 순서가 변동되거나 수준이 달라진다. 또한 통로에 방해가 되지 않도록 하는 배치도 매우 중요하다.

4. 작업차의 오염방지

고객의 자동차이므로 청결 문제를 생각지 않을 수 없다. 작업 특성상 실내나 엔진룸 등에 먼지와 오염 등으로 더렵혀진다면 고객의 입장에서 어떻게 생각할까, 퍼티 분말, 퍼티의 연마 얼룩, 도장 분진 등이 차에 묻지 않도록 작업 전에 확실하게 커버링하여 작업에 임할 필요가 있으며 도장전 커버링을 하는 부분은 다음과 같다.

① **엔진룸**

펜더 등의 프런트 주변을 도장할 경우 엔진룸이나 라디에이터 코어의 앞부분이 오염되기 쉽다. 특히 배선이나 세밀한 부품에 퍼티분말, 도장 분진, 얼룩 등이 있게 되면 시간이 걸리므로 마스킹 테이프나 시트 등으로 덮어서 오염되지 않도록 미리 커버링한다.

② **실내주변, 도어 내장**

도어의 쿼터패널(리어펜더)을 도장할 경우 작업상 퍼티분말, 도장 분진이 실내로 들어오게 된다. 시트, 대시패널, 핸들 등에 부착되면 지우기가 상당히 어려우며 시간도 많이 걸린다. 이 경우 실내에 들어가지 못하도록 마스킹을 확실하게 해야 하며 도어의 내장도 더러워지지 않도록 반드시 커버링 작업을 해 둔다.

또 작업중 자동차를 도장 부스에 집어넣거나 다른 작업장으로 옮기는 일이 자주 있는데 핸들이나 스위치 등 작업자의 조작으로 이물질이 묻을 염려가 있으므로 반드시 오염방지를 위해서 조작부 및 스위치류는 비닐로 씌우고 핸들에는 핸들 커버를 덮는 등 섬세한 예방을 취해야 한다.

③ **타이어 관련**

도장 작업중 타이어는 분진 및 미스트 등에 노출되어 오염될 염려가 많다. 차체가 아무리 깨끗하게 작업을 마쳤다 하더라도 더렵혀진 타이어라면 전체적으로 지저분할 수 밖에 없으므로 이 부분은 특별히 관리를 해야 한다.

특히 알루미늄 휠이나 고급 타이어를 장착하고 있는 자동차는 작업시 페인트가 묻지 않도록 반드시 커버를 씌우고 작업을 한다. 또한 섀시주변, 하체 주변에 프라이머 서페이서나 기초칠이 묻을 경우가 있으므로 도장부위와 관련된 주위부분은 확실하게 커버링을 하도록 한다.

④ **트렁크 내부**

자동차의 뒷부분 작업을 할 경우 트렁크 내부가 노출되어 오염될 경우가 있다.

트렁크 내에 보관된 사용자의 물건 등에 작업중 지저분한 퍼티분말이나 페인트가 묻지 않도록 비닐 시트로 반드시 씌우는 등 시작과 끝이 같도록 신경을 써야 한다.

⑤ **윈도우 주변**

샌더로 도막을 벗기거나 철판의 녹을 제거 할 경우 불순물로 인한 유리의 상처가 눈에 보이지 않을 정도로 미세하게 발생할 수 도 있으므로 도어의 유리 또한 샌딩 작업전에 반드시 커버링을 해야 한다.

참고로 루프 등 작업을 하지 않는 부위도 커버를 덮고 작업을 하면 최종 정리시 청소 및 마무리가 편리하다.

5. 작업의 시간 결정

작업을 효율적으로 완벽하게 마치기 위해서는 각 작업의 시간을 결정하여 그의 범위 내에서 작업을 종료시킬 수 있도록 맞추어야 한다.

예를들어 기존 도장의 제거 작업시간, 퍼티작업 몇 분, 연마 몇 분 등 작업자 본인의 능률에 맞는 시간을 결정하여 계획을 설정하고 그 작업을 시간 내에 신속하고 정확하게 마치려면 어떤 장비와 재료를 사용할 것인가까지도 염두에 두어야 한다.

그러한 계획적인 일이 숙달되어야 작업자의 기술도 숙달되며 작업의 능률 또한 자연히 향상되는 것이다.

6. 작업은 공장의 흐름에 따른다

최종 도장 작업인 상도작업은 도장 부스에서 작업을 해야 하는데 출고 예정, 작업의 대소, 일의 종류 등에 의해 부스의 사용 순위를 정해 놓으면 공장 전체의 계획에 차질없이 순차적인 작업을 원활히 할 수 있을 것이다.

각 부서의 개인적인 작업능률로 인한 작업의 진행시간을 고려하며 일의 흐름을 읽고 작업자의 심리적 안정을 배려할 필요가 있다.

7. 지속적인 점검, 검사

작업자는 작업중 끊임없는 확인과 점검을 해야 한다.

예를들어 퍼티 연마가 끝난 후 전체의 퍼티면을 점검하여 불량한 곳은 없는지, 블로 홀(blow hole), 페이퍼의 깊은 자국, 도장면의 오목(凹), 연마불량, 라인의 구부러짐 등 각 작업 종료시마다 세심한 관찰을 하여야 재작업의 불미스런 일을 예방할 수 있다.

불량 부분이 있을 경우 즉시 수정하고 재작업을 하는 것만이 도장 후의 도막 결함과 크레임을 방지하는 최선의 방법인 것이다.

작업 후의 정리정돈

작업장별 주의점은 다음과 같다.

1. 도장실(도장 부스 등)

① 사용한 도료, 용기, 용제(시너)류를 정리한다

사용한 도료는 도장실에 두지 말고 도료 진열대나 보관 장소에 정리 정돈한다.

② 에어호스의 세척과 정리

호스는 작업 후 시너를 묻힌 걸레로 깨끗이 닦고 감아서 걸어 놓는다.

③ 트랜스포머의 조정 밸브를 0에 맞추어 놓는다

조정 밸브의 나사를 풀어서 미터의 바늘을 0에 맞추고 동시에 수분을 제거한다.

④ 도장실의 청소

도장 작업 후 반드시 바닥은 물청소를 실시한다. 먼지나 이물질은 도장작업에 중대한 영향을 미치므로 벽면과 천장 등이 오염되어 있으면 깨끗이 닦아 두어 다음 작업의 준비에 만전을 기한다. 또한 에어 입출부의 필터도 사용여부를 수시로 점검하여 불량할 경우 신품의 필터로 교환하여야 한다.

⑤ 건조장치의 점검

열풍식인 경우에는 히터의 가스나 등유 등 연료의 마스터 밸브가 이상이 없는지 안전점검과 제어기기의 스위치류 등을 점검하고 확인한다.

⑥ 도장실의 전원 점검

조명시설 및 전열 타입의 가열 장치 등 점등 상태와 전원시스템을 수시로 점검해야 한다.

Reference

※ 부스 내에 차를 입고 대기할 경우

- 점화 키는 빼놓았는가
- 각 조명은 소등되었는가
- 연료나 오일 등을 포함하여 차량이 위험한 상태로 되어 있지 않는가

2. 조색실

① 도료의 수납

믹싱 머신에 각 도료 통은 번호순 또는 색별로 나열되어 있어야 하며 번호와 라벨(label)이 전면으로 배치되어 누가 보더라도 한눈에 선별할 수 있도록 질서있게 수납해 둔다. 또한 도료는 상품이므로 도료 통은 언제나 깨끗이 유지하고 상표를 더럽히지 않도록 깨끗이 관리한다.

▲안료 등의 정리정돈

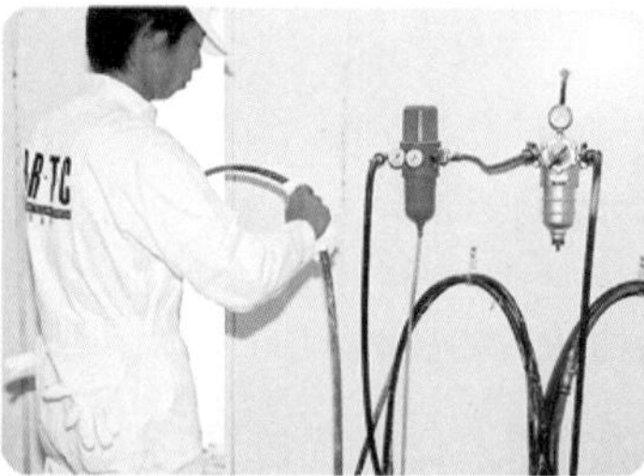

▲호스의 청소·정리

▲전기장치의 점검

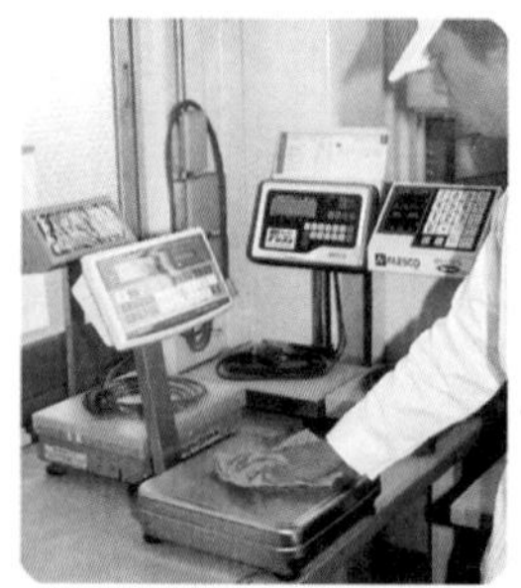

▲계량기의 청소

▲차내외의 점검·잠금

▲히터 점검

PHOTO 작업 후 점검사항

PHOTO 도장부스의 물청소

② **교반기 커버 토출구의 점검 청소**

믹싱 머신에 도료 통을 수납하기 전에 교반기 커버의 도료 토출구가 오염되어 있을 경우에는 걸레로 깨끗하게 닦아 낸다.

③ **도료통의 뚜껑, 시너 통의 캡을 잠근다**

용제통의 캡, 조색한 도료 용기에는 반드시 뚜껑을 닫아 둔다.

뚜껑을 닫아 두지 않을 경우 먼지나 이물질의 침입과 증발, 응결현상이 발생할 수 있으며, 실수로 건드릴 경우 엎질러져 매우 위험한 상황이 발생할 수 있다.

④ **계량기의 오염 제거**

계량기는 오염되기 쉬우므로 도료로 더러워진 부분은 시너를 묻힌 걸레로 항상 깨끗이 닦아 두어야 한다. 오염을 그대로 방치할 경우 조색의 정확도가 떨어지며 고장의 원인이 되기도 한다.

⑤ **계량봉(scale stick), 교반봉은 깨끗이 닦아서 보관한다**

도료를 계량하거나 혼합한 후 그대로 세척용 시너통 속에 담궈 둘 경우 다음 작업시 굳어버릴 염려가 있으므로 깨끗이 닦아서 안전한 장소에 보관한다.

⑥ **도료 진열대의 도료의 정리**

조색 후 도료통을 조색대 위에 방치할 경우 다음 조색시 선별 작업이 불량하므로 종료 후에는 반드시 진열대에 깨끗하게 나열해 둔다.

⑦ 조색실의 바닥 청결

바닥에 도료가 묻어 있으면 전체적으로 지저분하므로 에폭시 등과 같이 전용 도료로 시공하여 항상 깨끗하게 청소한다.

3. 스프레이 건의 점검·청소

① 종류별, 용도별로 갖추어져 있는가

스프레이 건은 도장의 방법에 따라 몇 가지 기능별로 갖추고 있는 것이 보통이다. 부족하거나 불량한 것은 없는지 수시 점검 확인한다.

② 오염된 상태로 방치되어 있지 않은가

도장 작업 후 바쁘다는 이유로 그대로 방치하여 두면 다음 도장작업의 지연은 물론 노즐의 손상으로 수명이 단축된다. 작업을 마치고 나면 반드시 스프레이 건의 수를 점검하고 깨끗이 세정하여 점검 조정을 해 둔다.

③ 스프레이 건 세정기의 점검

세정기는 반드시 사용할 경우에만 작동하며 화재의 위험으로 전원 확인을 반드시 해야 한다. 또한 세정기 외부에 도료 등으로 오염될 경우 걸레로 닦아서 항상 청결을 유지하도록 한다.

④ 퍼티 스푼, 정반의 세정

수지제 등의 퍼티 스푼을 시너 속에 담가 두면 유기 용제에 의해서 침식되어 굳어버리므로 스푼과 정반에 묻은 퍼티는 사용 후 걸레로 깨끗이 닦아 보관한다.

4. 도장 작업장(일반작업 공간)

하지, 연마 작업공간

① 사용한 공구의 청소와 정리

사용한 공구류는 에어로 불고 걸레로 닦아 보관한다. 샌더 등 에어작동 공구는 청소 후 주유부에 주유하고, 정해진 진열대에 깨끗이 보관한다.

② 에어 호스의 정리

에어 호스는 깨끗이 감아서 호스 걸이에 걸러놓는다.

③ 에어조정기의 조정 밸브를 되돌려 놓는다.

상도 도장용의 공기와 달라서 하지 작업장의 에어 조정기는 고압으로 사용할 경우가 많으므로 조정판(調整板)에 부담이 걸리기 쉽다. 따라서 작업을 마치고 나면 항상 0으로 맞추고 동시에 수분제거 작업을 해주어야 한다.

④ 패널, 비품의 점검과 정리

작업을 하기 위해 자동차에서 분리한 부품 등을 아무 곳에나 놓게 되면 분실이나 소손될 수 있으므로 점검하여 일정 장소 또는 차실 내(시트가 오염되지 않도록 주의한다)에 넣어 보관한다.

5. 자동차의 안전 점검

① 작업차의 잭업

스텝 관련부분, 펜더 하부 등을 작업한 뒤 잭으로 받친 상태로 방치하면 위험하므로 스탠드를 받치거나 잭을 해제시켜 안전사고를 예방할 것.

② 키 스위치의 확인

키 스위치가 ON으로 되어 있지 않은가 점검한다.

③ 차실 내 점검

공구나 재료를 시트 위에 그대로 놓아 두는 일이 없도록 실내를 점검한다. 엔진 룸, 트렁크 룸, 도어의 내부공간도 점검(분해시)한다.

④ 도어 닫힘의 점검

계속적인 작업으로 도어가 열려 있거나 확실히 닫혀 있지 않을 경우 도어 램프의 점등으로 배터리가 방전되므로 도어의 닫힘을 반드시 확인해야 한다.

6. 위험물의 점검

① 가스 봄베류

산소, 아세틸렌, 탄산가스 등의 각 봄베(bombe)의 점검을 한다. 사용하지 않을 경우 압력조절기 메인 밸브는 항상 잠가두어야 한다.

② 공장 내 일반 가스

공장 내에서 사용하고 있는 모든 연료용 가스(도시 가스, 프로판 가스)의 점검도 철저히 한다.

③ 도료 저장고·위험물 창고

조색실은 도료 통의 뚜껑이 완전히 닫혀 있는가 확인한다. 정리가 되어 있어야 하며 관계자 외에 출입을 금하도록 도어를 닫고 담당자가 관리토록 하며 전원의 상태를 수시 점검한다. 또 가솔린 등 작업차에서 빼낸 연료 등의 용기를 방치하지 말고 위험물에 준한 보관장소에 관리를 한다. 참고로 위험물을 보관 또는 취급하는 곳에는 반드시 소화기를 설치하여 하여야 한다.

④ **도료가 묻은 걸레의 처리**

도료가 묻은 걸레, 퍼티가 굳은 것, 도료가 완전히 건조되지 않은 마스킹 테이프 등은 발화의 위험성이 있으므로 불꽃이 튀는 근처에는 두지 말아야 하며 분리하여 처분하거나 위험물 전용의 폐기통에 모은다.

⑤ 기타 작업장 전체의 안전점검을 실시하여 위험요소를 사전에 예방하도록 조치한다.

7. 주차장

① **주차장**

- 보관되는 자동차는 도난 분실을 막기 위하여 도어가 잠겨있는지를 점검한다.
- 각 도어의 유리창은 닫혀 있어야 하며, 사고차의 경우 유리가 깨어져 있을 때는 비닐시트를 씌워서 빗물이 들어가지 않도록 한다.
- 차량의 손상이 큰 자동차는 손상 부분 또는 차량 전체에 시트를 씌운다.

특히 회사 차량일 경우 회사명, 상품명이 보디에 그려져 있을 경우가 있는데 의뢰한 고객의 이미지를 고려하여 전체를 커버하는 서비스를 실시하고, 개인의 승용차도 번호판에 마스킹을 해두는 것이 좋다.

② **주차장의 정리 정돈**

- 자동차를 질서있게 주차한다 : 움직이지 않는 차는 다른 차의 이동에 방해가 되지 않는 곳에 배치한다.
- 주차장의 청소 : 주차공간도 공장의 일부이므로 매일 깨끗이 청소를 해야 한다.

04 보수도장 공정의 순서

수리를 필요로 하는 차량이 입고되었을 때 어떤 순서로 수리하고 완성시켜 출고할 것인지 각 공정의 구조, 역할과 전체의 흐름에 대하여 다음 페이지의 표로 정리하였다.

공 정	목 적	포인트	작업내용 설비공구 기타
1. 입고	· 수리, 사고 등 파손의 복원, 미장·도장 마무리 (외관미장 복원)	· 개인 사용자, 법인 사용자 · 딜러(자동차 판매점) · 인증정비공장 · 기타	· 인수, 의뢰 · 접객, 대응, 일의 순서, 작업의 조합
2. 견적	· 견적서, 작업지시서의 작성(작업 공정 확인)	· 작업 내용의 명확화 (고객명, 작업담당자) · 내용에 따라 기업 수준이 판명	· 부품의 확정, 발주 · 가격의 산출=협정 · 공정의 확립, 출고일(완성예정일) · 고객과의 신뢰관계(개인, 법인, 딜러, 손보회사, 기타)
3. 세차 청소	· 미관, 미려의 확보 (오염 제거, 청결유지)	· 수리부위나 부분(범위)의 명확화 · 수리대상외의 상처 오목 유무점검 · 왁스, 기름때 제거 · 작업장의 오염방지	· 하부스팀 세차 · 브러시, 스펀지 · 탈지(脫脂)
4. 부품의 탈착(탈장)	· 수리하기 전의 처리 · 교환, 도장	· 수리, 교환을 위한 부품 떼어내기 · 부속품의 처리 · 도장작업의 처치 · 수리 대상차의 보호	· 탈착용 공구 · 특수 공구류 · 떼어낸 부품의 보관 · 정리정돈의 철저 · 작업의 효율화와 작업자의 안전
5. 보디수정	· 성능 복원 · 기능 복원	· 보디 얼라인먼트 · 보호기능의 복원작업 (주) 작업자의 안전보호	· 보디 수정장치 (판금작업) (용접, 계측작업) · 기타기계 공구류
6. 패널수정 및 용접 패널의 교환	· 외관, 형상의 복원 · 미관의 기초 조형	· 강판면의 변형수정 · 미관의 기반 작업 · 보호 · 용접 패널의 이음 맞춤	· 판금용 공구류(타출 판금작업) (인출 판금작업), (용접작업) · 헬멧 착용 작업자의 안전에 주의
7. 하지처리 (하지 도막조형)	· 강판면의 도장가공 · 미려에의 대응 처리	· 방청처리 가공 · 도장면의 변형, 수정 (퍼티면 만들기)	· 방청용 프라이머·각종 퍼티류 · 서페이서 ·퍼티스푼, 정반 · 샌더류, 페이퍼 각종(퍼티작업, 연삭·연마작업) · 실링류
8. 상도도장	· 도막의 복원 · 미관, 미려의 완성	· 미관, 미려 · 색체, 성능 · 보호	· 도장용 설비기기 인식 (도장부스, 건조용기기) · 도장용 공구관계 ·도료, 기타 · 조색용기기, 계량기 외 · 방독 마스크, 안전고려
9. 부품장착 및 점검	· 형상기능의 복원 · 성능의 복원 · 상품성능의 재생산	· 부품관계의 장착 (떼어낸 부품, 교환부품) (옵션부품 등) · 휠얼라인먼트	· 탈착용 공구 인식 · 특수공구 · 휠얼라인먼트 · 기능의 점검
10. 세차 ·청소	· 미관, 미려의 확보 · 상품가치의 인상	· 작업오염의 제거 · 상품 즉 고객의 만족	· 에어블로우 ·청소기 · 세차 ·외관의 미려 확보
11. 출고	· 납품(출고)	· 연락, 타협 ·납품서의 발행 · 청구액의 확정 (상행위, 계약행위의 이행, 완결)	· 출고 · 접객 (고객의 만족, 매상)
12. 대금의 회수	· 청구서의 작성, 발행	· 매상금액의 계상 · 매상대금의 회수 (자금의 회수) (경영의 유지)	· 수리비 청구 · 입금 (완료)

▲ 차체수리 공장의 일

도장작업의 공정은 도료나 기계 공구 메이커의 시스템으로 구축되어 각각의 정비공장이 독자적인 방식으로 수리하고 있다. 따라서 작업공정은 일의 커다란 계획을 기본으로 생각해 보면 ① 하지 공정, ② 중도 공정, ③ 상도 공정, ④ 연마 다듬질의 4가지로 나눌 수 있다.

이들의 각 작업은 공정상에서 확실히 연결되어 있으며 각각의 파트에서 성의와 기술력을 잃었을 때 최종 완성차의 마무리에 어떠한 모양으로든 트러블이 발생하며 크레임의 원인이 된다. 따라서 각 공정에서 각각의 역할에 최선을 다해야 하며 그 밖의 작업에 따른 책임있고 정확한 점검이 매우 필요하다.

작업항목	공 정		설비공구	재 료
1. 하지	① 표면처리·도막·녹 제거	판금부위의 도막 제거와 주변의 턱 제거(페더 에징)	디스크 샌더·더블액션 샌더	디스크페이퍼P36~40 건식연마페이퍼P60~80
	② 방청 도장	방청 프라이머의 도포	스프레이 건	인산아연피막제 워시프라이머 에폭시 프라이머 기타
	③ 퍼티 작업	판금부위 및 상처, 오목부분의 퍼티 작업	정반, 스푼, 고무 스푼	판금 퍼티(보디필러) 폴리 퍼티
	④ 퍼티연마	퍼티면을 평활하게 연마하여 면 다듬질을 한다. 패널 면에 따른 면 만들기 조형	더블액션샌더, 오비털 샌더, 기어액션 샌더, 스트레이트샌더, 각종 파일, 패드, 받침목	P60 P80~120 P240~320
2. 중도	① 프라이머 서페이서 분무준비	프라이머 서페이서 분무 작업을 위한 미스트 방지의 마스킹, 프라이머 서페이서의 조합, 도장면의 청소		마스킹 테이프 마스킹 페이퍼
	② 프라이머 서페이서 분무	프라이머 서페이서를 퍼티면에 뿌려서 퍼티의 결점을 보완한다.	스프레이 건	우레탄 프라이머 서페이서, 프라이머 서페이서 주요 경화제, 전용시너
	③ 건 조	지정 조건에 의한 가열, (예) 60℃X 20분	건조기 각종 설치형, 이동용	
	상처 제거	프라이머 서페이서 면에 핀홀이 있을 때의 스폿 퍼티 도포	스푼 고무스푼	래커계 스포트 퍼티 (그레이징 퍼티)
	④ 프라이머 서페이서 연마	프라이머 서페이서 면을 연마하여 매끈하게 하고 상도처리를 말끔히 한다.	오비털 샌더, 더블 액션 샌더(표면조정 타입), 받침고무, 패드, 버킷	건식연마 페이퍼 P400~600 내수 페이퍼 P320~400, 600, 800

작업항목	공 정		설비공구	재 료
3. 상도	① 마스킹	도료 미스트가 부착해서는 안될 부위의 양생	마스킹 페이퍼 디스펜서	마스킹 테이프 마스킹 페이퍼
	② 조색	상도도료 메이커 사양에 따라 조색을 계속하여 세밀히 조색 한다.	조색용 계량기, 믹싱머신(자동교반기), 교반기 커버, 도료용기, 교반막대, 각종 스케일	조색용 원색도료 시너 경화제 기타
	③ 상도준비 탈지, 점검	상도전에 차를 청소, 도막의 점검, 택크로스 닦기, 도료의 조합, 경화제, 시너혼합		탈지제(脫脂劑) 택크로스 정전방지포
	④ 상도 분무	솔리드컬러, 메탈릭 컬러, 펄컬러 등을 도료 메이커의 사양에 따라 도장한다.	스프레이 건 도장 부스	
	⑤ 건조	지정조건에 따라 강제 건조	건조실, 건조설비 히터, 적외선 건조기(이동용 등)	
4. 연마다듬질	① 마스킹 제거	커버링 제거		
	② 콤파운드 폴리시	먼지, 이물질의 제거, 도장표면의 질, 깊이 있는 광택 등 다듬질면의 향상	폴리셔 스펀지 버프 양모 버프	콤파운드 각종 세목, 극세목, 초미립자, 마무리용
	③ 세차(물청소)	도장작업에서 오염된 차의 내외를 청소		
	④ 최종 점검 마무리 연마	출고할 수 있도록 최후 점검을 한다. 재마무리가 필요하면 실시하여 출고	폴리셔 스펀지 버프	왁스 마무리제

▲ 보수도장 공정의 예

하지 작업

하지작업 공정은 표면처리·조정(도막제거, 페더 에징을 포함), 방청도장(방청처리),퍼티작업, 퍼티연마(퍼티작업, 면 만들기)로 나눌 수가 있다.

1. 표면처리 및 도막제거, 페더 에징

파손된 자동차의 골격이나 외판 패널 등 판금 수리를 한 강판 면을 샌더 등의 공구로 연마한다. 또 다시 페이퍼를 사용해서 표면을 연마하여 평평하게 하고 방청도포를 시공하는 작업을 말한다. 또한 판금한 부분의 도막제거 및 페더 에징 작업, 턱진 부분의 제거작업 등도 이 공정에 포함된다.

도막 제거작업이란 판금한 부분의 도막에 터짐이 생기거나 갈라지거나 상처가 난 것을 샌더에 페이퍼를 붙여서 깎아 없애는 작업을 말한다.

페더 에징(단 낮추기 : feather edging)은 제거한 도막면의 에지(edge)부분을 강판면과의 층이 가능한한 없애도록 하는 작업이며 샌더는 더블액션 타입이 사용된다.

2. 방청 도장(방청 처리)

연마한 강판면에 에어를 이용하여 먼지, 이물질, 유리, 오염 등을 제거한 후 방청도료를 도포(분무)한다.

방청도료로서는 자동차 보수용의 경우 워시 프라이머, 에폭시 프라이머 등을 사용한다. 단, 일반적으로 차체 수리공장에서는 판금한 패널을 도막제거, 페더 에징을 하여 프라이머를 도장하는 경우는 거의 없으며 신속하게 강판 면에 직접 퍼티를 발라서 공기를 차단한 후 방청처리를 하고 작업을 한다.

강판면의 완전방청을 할 경우에는 방청 도료를 도장한 다음 퍼티를 도포하는 순서가 올바른 방법이다.

3. 퍼티 작업, 퍼티 연마(면 만들기)

퍼티작업과 퍼티연마는 판금 수정한 패널의 도막 제거, 페더 에징을 한 면이나 프라이머를 도포한 도막 면에 판금 퍼티(body filler)나 폴리 퍼티를 스푼으로 도포하여 건조시켜 퍼티면을 연마한다.

퍼티의 요철(凹凸)에 대하여 라인 살리기, 곡면(R)이나 면 만들기를 하여 모양을 갖추고 판금을 하지 않는 작은 오목(凹)이나 상처를 편평하게 수정한다.

판금 퍼티나 폴리 퍼티는 강판면의 요철(凹凸) 상태에 따라 구분하여 사용하도록 두껍게 바를 수 있는 것으로 일반용 등 여러 가지가 있다.

오비털 샌더, 기어 액션 샌더, 스트레이트 샌더 등의 퍼티연마에 대응한 공구가 있다. 사용하는 페이퍼도 퍼티에 따라 연마력이 뛰어난 P80, 180, 320, 400 등 용도별로 있다.

중도 작업

중도작업을 세분화하면 프라이머 서페이서 준비, 도장, 건조, 연마의 각 공정이 있다.

프라이머 서페이서 도장의 목적은 상도도료의 부착성 향상, 퍼티면이나 시간이 지난 도막면의 결점 보충, 퍼티연마에 있어서 연마부분의 강판 방청, 신품 패널의 프라이머 면에 대하여 일정한 도막 두께의 확보 등에 있다.

1. 프라이머 서페이서 준비

연마한 퍼티면의 에어블로(air blow)와 탈지, 간단한 마스킹(커버링)을 하여 프라이머 서페이서를 도포할 수 있도록 준비한다.

프라이머 서페이서의 교반, 조합(調合), 여과 등도 이 공정에 들어간다.

2. 프라이머 서페이서 도장

퍼티면에 프라이머 서페이서를 도포한다. 신품 패널의 전착 프라이머 위에 프라이머 서페이서를 실시할 때도 일정한 두께로 하여 도막의 품질을 높이고 상도의 부착성과 미관의 향상을 도모한다.

3. 프라이머 서페이서의 건조

래커계 프라이머 서페이서는 어느 정도 자연 건조도 가능하나, 2액형 반응 타입의 우레탄계 프라이머 서페이서는 상온 건조시 시간이 오래 걸리게 되며 도막 성능을 충분히 발휘시킬 수가 없으므로 강제 건조하여 경화를 촉진한다.

4. 프라이머 서페이서 연마

프라이머 서페이서는 도료 특성상 분사 도포 후 표면이 거칠어져 요철(凹凸)이 생기는 현상이 나타나는데 그대로 상도할 경우 깨끗한 도막을 얻을 수 없으므로 고른 연마를 해야 하는데, 방법은 오비털 샌더나 표면 만들기용 더블 액션 샌더를 이용해서 건식연마와 내수 페이퍼를 사용하여 물연마를 해주어야 있다.

상도 도장

상도의 작업공정을 세분화하면 마스킹, 조색, 준비, 탈지 점검, 도장, 건조 등 5개 항목이 있다.

1. 마스킹(커버링)

프라이머 서페이서 연마가 끝나면 에어로 깨끗이 불어내고 마스킹을 한다. 도장에 있어서 스프레이 미스트인 도료가 다른 부분에 부착되지 않도록 예방하기 위한 작업이다.

2. 조색

자동차의 보디 컬러에 맞추어 상도 원색을 조합한다.

도료 메이커에서는 실차의 도색에 가까운 데이터가 준비되어 있으므로 색조표를 활용한다. 단, 원색의 교반, 도색용 계량기의 사용방법, 정확한 도료배합 등 주의할 점이 많으며, 데이터대로 조색을 하더라도 실차 컬러와는 약간의 차이가 있으므로 세밀한 조색을 해야 하는 높은 수준의 기술이 요구된다.

3. 상도준비, 탈지, 점검

마스킹과 조색이 끝나면 작업차의 도장 작업을 준비한다.

탈지를 한 다음 에어로 먼지나 이물질을 제거하고 도장하는 패널의 면을 점검한다. 이것은 페이퍼 손상, 퍼티 프라이머 서페이서의 연마 불완전, 연마 얼룩, 핀홀 등의 유무를 점검하여 상도후의 도막 결함을 예방하기 위해서이다. 기타 마스킹 불량의 점검, 닦아 내기, 정전기 방지 대책 등도 이 공정이며 조색한 도료를 조합, 여과하여 도료 컵에 넣는다.

4. 상도 도장

최종 도장의 솔리드, 메탈릭, 펄 등 각각의 색상에 따른 도장의 방법과 기술로 한다.

5. 건조(강제 건조)

도장을 한 도막을 강제 건조(60℃×30분 이상)함으로써 경화가 촉진되어 도막 강도, 성능, 광택의 향상을 도모하며 작업의 진행을 빨리할 수 있다.

그러나 자연 건조를 하는 도막보다는 좋은 상태를 기대할 수 없다.

6. 연마 다듬질

도장 작업상에 있어서 최종 공정이다. 마스킹 제거(커버링 벗기기), 콤파운드를 사용한 폴리시, 차의 청소, 최종 점검 마무리 연마의 작업이다.

7. 마스킹 제거(커버링 벗기기)

강제 건조가 끝난 시점에 즉시 커버를 제거한다. 시간이 경과하면 오히려 벗겨내기 어렵다.

8. 콤파운드 · 폴리시

도막 면의 광택, 레벨링(도막표면)에 문제가 없고 먼지가 없을 때는 마무리 버프(finish buff)만으로 좋지만, 도막 표면의 불균일, 광택 불균일, 오렌지 필 등이나 먼지, 이물이 부착되어 있으면 연마할 필요가 있다. 콤파운드 연마를 함으로써 이들의 결점을 수정하여 마무리가 잘되어 미관성이 높은 도막 표면을 만든다. 연마는 폴리셔와 연마용의 버프, 콤파운드의 조합으로 하게 되는데 이 연마 작업에도 상당한 기술이 필요하다.

9. 차의 청소(물청소)

판금, 도장 작업으로 오염된 자동차를 깨끗하게 청소한다. 특히 퍼티 분말, 도료 분진, 연마찌꺼기 등이 부착되어 있으면 정성들여 세차하여 제거한다.

10. 최종 점검, 마무리 연마

세차가 끝난 시점에 다시 점검을 하여 불량부위 등의 점검을 한다. 터치펜도 빠뜨리지 않고, 연마불량 등이 있으면 마무리 연마를 재시행한다.

3. 하지작업

3. 하지작업

작업은 하지(下地)부터 시작한다. 그러나 이 공정이 가장 시간이 많이 걸리고 어려운 것이 사실이다. 일반적인 기초지식을 먼저 알아보고 실제의 작업 현장에서의 세밀한 기술을 설명한다.

01 목적과 중요성

하지 작업의 목적은 판금부위나 열화되어 있는 도막, 상처가 있는 도막을 ① 편평하게 하며, ② 상도와의 밀착성을 향상, ③ 마무리 상태를 향상시키는 것이다.

자동차 보수 도장의 공정에 있어서 하지 처리 작업은 매우 중요한 작업이다.

① 상도의 마무리를 좌우한다.

② 도막 결함의 원인이 되기 쉽다.

③ 많은 시간과 노력이 들게 된다.

또한, 수리 공정 전체의 흐름을 기술자가 판금과 도장으로 분담하여 하지 작업을 분리한다. 일반적으로 판금 기술자는 패널 판금 후의 두께 만들기 퍼티 도포까지 또는 거친 연마까지 하며, 이후는 도장 기술자가 작업을 한다.

상도만을 또는 퍼티 작업부터가 도장 분야라고 하는 정비 공장도 있으나, 부분판금부터 도장까지 한사람의 기술자가 담당하는 곳도 있다. 따라서 판금 기술자와 도장 기술자 쌍방이 이해하여 둘 필요가 있는 부분이 하지 작업이다. 서로 기본을 지키고 작업함으로써 완성도를 향상시킨다.

02 작업을 시작하기 전에

보수 도장 작업을 시작하기 전에는 반드시 다음의 사항을 숙지하여야 한다.

1. 작업지시서의 내용 확인

고객의 의향이 반영된 내용의 작업지시서(견적서)는 작업의 목적, 도장부위, 작업방법, 작업시간 등이 기재되어 있으므로 정확하게 확인한다.

2. 작업차의 점검(작업부위의 세밀한 확인)

작업 지시서와 작업차를 대조해 보아 작업의 내용을 확인한다. 특히 좌, 우의 기입이 잘못되는 경우가 있으므로 실차의 확인을 정확하게 한다.

1. 각 도장 패널의 확인
2. 보수 도장 또는 블록 도장의 구별
3. 블렌딩(blending : 숨김도장)의 유무와 그의 범위
4. 블렌딩 패널의 몰딩 종류, 스티커 등의 탈착 유무
5. 도장 부위 이외 다른 패널의 손상 유무
   - 패널의 손상을 점검 확인하여 필요한 부위에는 마스킹을 한다.
6. 패널의 안쪽 또는 이면 도장의 확인
7. 방청처리의 확인(언더코팅, 내치핑 도장, 실링 도포)
8. 수지부품(범퍼, 그릴, 미러 등)의 도장 유무

3. 작업 패널의 도막 검사

작업차의 도장할 패널(퍼티작업, 상도, 블렌딩을 하는 패널)의 도막에 대하여 조사한다.

신차라인의 소부도막(燒付塗膜)은 도막 위에 퍼티를 발라도 큰 도막의 결함은 생기지 않는다. 그러나 보수 도막에서는 퍼티 작업이나 상도 도장 등에서 용제가 침투되었을 때 불량 열화도막의 경우에는 도막 결함이 발생하기 쉽기 때문이다.

4. 도막의 검사 방법

도막의 상태를 검사하는 방법으로는 육안으로 보는 방법과 시너를 걸레에 묻혀 문질러 보았을 때 도막이 연화(軟化)되거나 용해되는 경우에는 퍼티를 도막 위에 겹쳐 바르게 되면 주름(wrinkle)과 퍼티가 들고 일어나는(lifting) 등 퍼티 자국 등의 결함이 발생한다.

- **용해되는 도막** : 아크릴 래커
- **연화되는 도막** : 우레탄 도막으로 경화제의 양이 부족하였거나 경화가 불충분한 경우

5. 도막의 종류

도막은 상도 도료의 종류에 따라 경도, 두께, 성질이 다소 다르게 되어 있다.

① **신차의 소부도막**

- 멜라민 소부도막 : 솔리드
- 아크릴 소부도막 : 메탈릭, 펄
- 불소 아크릴 도막 : 수지 부품 등

② **보수도막**

- 우레탄 도막
  - 속성 건조 우레탄·경화제 비율 10 : 1
  - 본격 우레탄·경화제 비율 4 : 1, 2 : 1

6. 도막의 판별 방법

기존 도막의 종류는 다음 4가지 방법으로 구별한다.

① **육안 검사**

눈으로 도막의 표면을 판별한다. 귤껍질 표면, 연마 표면, 거울면 표면 등이 있다.

② **용제 검사**

래커 시너를 걸레에 묻혀 천천히 문질러 보았을 때 용해되어 걸레에 묻어나는지를 살펴본다. 래커계는 녹아서 색이 묻어나며 우레탄 도막에서도 경화제 부족, 경화 불량 등의 경우에는 녹아서 색이 묻어난다. 신차의 소부 도막이라도 건조가 덜 되었을 때는 색이 묻어날 때가 있으므로 주의한다.

③ **가열 검사**

P800~1000의 페이퍼로 연마하여 광택을 지운 다음, 80℃이상의 열을 가해서 도막이 연화하는가 여부를 조사한다. 연화되면 광택이 나타나는데 속성 건조 우레탄에서 경화제 부족의 도막이나 아크릴 래커 도막 등은 연화된다. 도막에 연필을 대고서 경도를 조사한다.

④ **연필 경도**

연필의 끝을 납작하게 깎아서 45°의 각도로 도막에 눌러 밀어서 상처의 상태를 본다. 상처 난 1랭크 아래의 경도가 연필 정도이다. 보수 도장을 할 때는 현 차량의 도막 상태가 어떤지, 도막의 종류나 용해되는지의 여부로 작업 방법을 결정한다.

에지(edge)의 제거방법으로는 퍼티를 바르는 방법과 프라이머 서페이서의 방법이 있으며 분무 범위 등에 있어서 용해되는 도막의 경우에는 하지 작업시 상당히 오랜 작업시간과 주의를 필요로 한다.

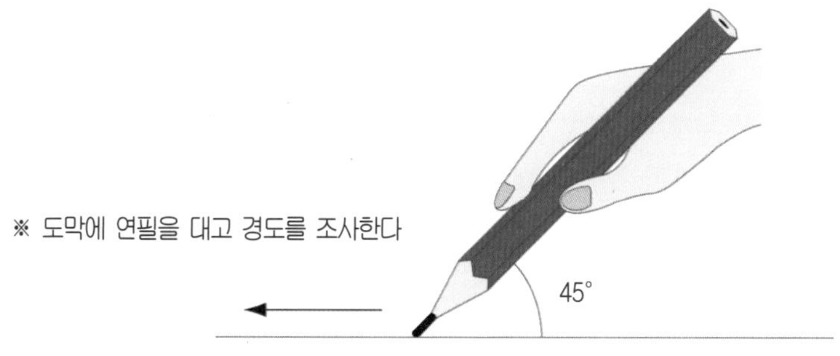

구도막	소 부	속성건조 우레탄	본격 우레탄	불소계	래커계
표면의 상태	귤 표면	얇은 귤 표면	거울면	거울면	연마표면
래커시너로 강하게 문지른다	변화없음	거의 변화없음	변화없음	변화없음	색이 저하된다
P800페이퍼로 연마 후 가열한다	변화없음	변화없음	변화없음	변화없음	연화하여 광택이 없어진다
연필경도	2H	H~2H	H~2H	2H~3H	F~H

※ 래커계 보수 도막의 톱 코트는 현재로는 거의 없으나 비교를 위해서 기재하고 있다.

▲ **도막의 판별**

7. 구도막의 상태와 오목(凹)

구도막 상태의 판별 항목은 육안으로 ① 긁힌 상처, 찰상 등의 손상과 ② 벗겨짐, 갈라짐(크랙) ③ 안료의 들뜸(초킹), 부풀음(블리스터), ④ 변색의 열화가 있는지 여부를 확인한다. 오목부분은 육안으로 ① 광선의 굴곡이나 그늘에서 점검하고 ② 손으로 만져보아 확인한다.

하지 처리가 편평하게 되어 있는가의 여부도 최종적으로는 손의 감각으로 판단하게 되므로 경험에 의한 촉감을 숙달시킬 필요가 있다. 또, 보수를 여러 번 반복하여 도막의 두께 가 한계에 있는 도막도 주의가 필요한데 이것을 판별하는 계기로 이용한다. 2회를 보수하면 약 250~300㎛(마이크로미터) 이상이 되는데 이 때에는 벗겨내는 것이 좋다. 두꺼운 도막에 그대로 도장할 경우 도막이 갈라지거나 균열이 생기는 등 도막의 결함으로 나타나기 때문이다.

8. 판금의 마무리 상태를 본다

도장 작업의 완성도를 높이기 위해 판금 작업의 마무리 상태를 점검한다.

① 판금수정(인출이나 타출) 후의 패널

퍼티의 부착 및 만들기, 마무리 상태, 퍼티면의 연마, 연마자국 등을 점검하고 불완전 부위의 연마나 2차 퍼티 작업(폴리 퍼티 ; 얇게 바르기 퍼티) 등의 필요성을 판단한다.

② 판금 수정(퍼티 작업을 하지 않는 패널)

판금 수정면의 마무리 상태, 요철(凹凸)의 상태를 수정하는 퍼티를 선정한다(판금 퍼티 선택). 판금면의 강판에 샌더를 사용한 절삭 상태나 자국에 의해서 퍼티의 부착 상태가 달라진다.

③ 스폿 용접의 스패터

용접의 접합 상태, 스패터는 발생되지 않는가. 발생된다면 부상을 입으며, 특히 용접 부분의 도막에 열을 받은 상태에 따라 샌더를 사용할 필요가 있다.

④ MIG 용접 부분의 접합 상태

용접 부분이 편평하게 접합되어 있지 않으면 벨트 샌더로 연삭한다.

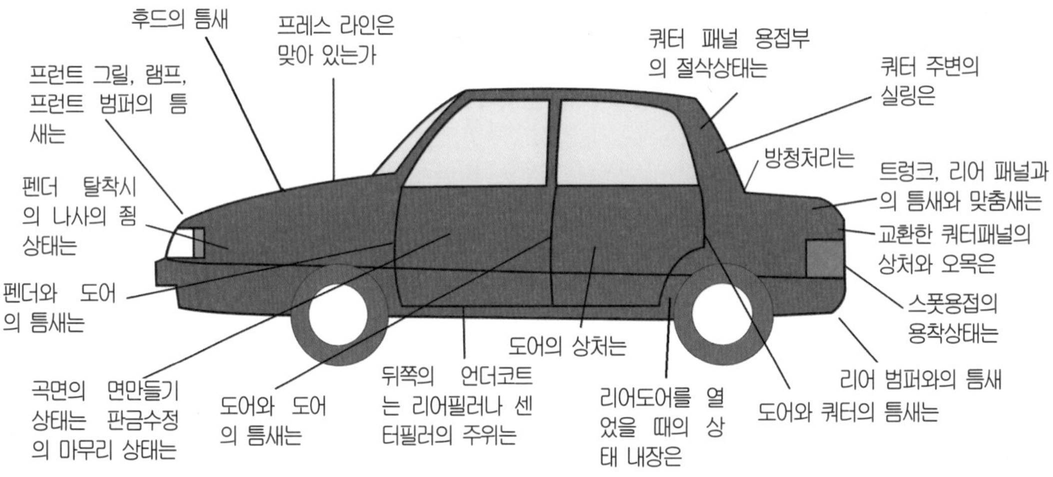

- 작업지시서와 비교해 보아 지시대로 진행하고 있는가
- 하지부위와 도장부위의 재점검
- 상처의 유무 : 보디 전체와 수리하는 패널
- 판금정형의 마무리 상태 : 도장작업의 시간에 영향을 준다.
- 차를 더럽히지 않는 예방의 마스킹(그림에 나타낸 것은 일부만, 실제로는 아직 많은 점검항목이 필요하다.)

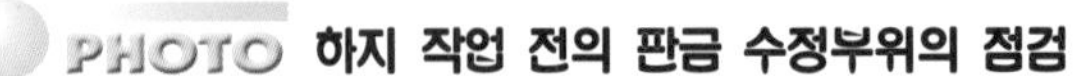
PHOTO 하지 작업 전의 판금 수정부위의 점검

⑤ **교환 패널의 점검**

프라이머의 도장 상태, 패널면의 오목(凹), 상처를 점검한 후 이상이 있으면 테이프 등으로 표시하여 잊고 넘어가는 일이 없도록 한다. 특히 패널의 작은 구멍 등이 있을 경우 필히 수정하여 작업을 하여야 한다.

⑥ **패널 이음의 간극, 나사의 죔 상태**

도장 후 패널의 이음부분을 재조정할 경우 상처를 주거나 볼트의 조임을 할 경우 볼트 헤드의 도료가 벗겨질 경우가 있다. 작업완료 후 재조정할 경우 붓으로 칠하는 경우도 있으나 차이가 나므로 도장 전에 모든 점검수정을 완료하여야 한다.

⑦ **녹의 유무와 도막의 제거**

도장 범위에 녹은 없는가, 도막의 제거 상태는 어떤가, 판금을 하였더라도 제거 부위가 남아 있을 경우 깨끗이 제거해야 한다.

9. 도장하는 관련 부품을 작업대에 나열한다

범퍼, 그릴, 몰딩, 미러, 머드 가드 등 도장해야 할 부속 부품은 병행하여 작업을 할 수 있도록 미리 작업대에 나열하여 준비해둔다. 범퍼나 그릴 등의 하지작업에서는 부품의 안정을 생각해서 튼튼한 작업대에 올려놓고 움직이지 않도록 한다.

이상의 점검이 완료되면 원활하게 작업이 될 수 있도록 작업차의 도장 부위 이외가 더럽혀지지 않도록 마스킹을 한다. 특히 물 연마를 할 때 엔진 룸이나 라디에이터, 휠 등에 연마액이 묻으면 나중에 제거하는데 시간이 걸리므로 확실하게 커버를 해 두는 것이 좋다.

03 하지 도료

하지도료는 ① 금속표면 처리제, 워시 프라이머 ② 퍼티 ③ 프라이머 서페이서로 대별된다. 이외에 퍼티와 프라이머 서페이서의 중간에 활용하는 스프레이 퍼티나 기능별 각종 실리콘 등도 있다. 여기서는 작업 순서에 맞추어 표면 처리제와 퍼티에 대하여 알아보기로 한다.

1. 하지도료의 종류

워시 프라이머, 프라이머, 퍼티, 스프레이 퍼티, 실러, 프라이머 서페이서

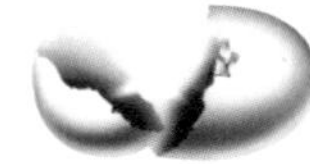

2. 퍼티의 분류

판금 퍼티	최대 50mm 정도의 오목부분을 메운다. 작업성은 다소 나쁨.
중간 타입	경량 타입 : 유리구(球)의 체질 안료를 사용 두껍게 도포되는 성질, 작업성 양호 일반 타입 ─ 10~30mm 정도의 오목에 대응 양자의 구별은 확실하지 않다.
폴리 퍼티	두꺼운 타입 ─ 10~30mm 정도의 오목에 대응 양자의 구별은 확실하지 않다. 일반 타입 : 5mm전후까지의 오목, 판금 후의 해머 자국이나 퍼티면의 굴곡을 수정 마무리 타입 : 퍼티면이나 프라이머 서페이서 면의 기공, 작은 상처를 수정
래커 퍼티	수지는 니트로셀룰로이즈 또는 아크릴 막 두께는 0.5mm정도이며 퍼티면이나 프리이머 서페이서 면의 작은 구멍. 작은 상처를 수정 한다. 1액형으로 대부분은 튜브로 제작. 스포트 퍼티, 그레이징 퍼티 라고도 한다.
특수 퍼티	메탈, 파이버, 메탈+파이버. 녹 구멍, 나사부 등의 보수에 사용한다.
수지보수용퍼티	수지에의 부착, 유연성을 고려하여 설계, 여러 종류가 있음.

▲ 하지 도료의 종류

금속표면 처리제, 워시 프라이머

금속 소재를 노출시킨 상태로 방치하면 공기 중의 수분이나 산소에 의해서 반드시 녹이 발생한다. 이 녹을 방지하는 기능과 차후 공정에서 도료와의 부착을 좋게 하는 효과를 주는 것이 표면 처리제이다.

금속표면 처리 기능을 갖는 것에는 다음의 2종류가 있다.

1. 금속 표면처리제(1액형)

- **성분** : 인산 또는 인산염. 폴리비닐 부티럴 수지, 알코올계 용제 등이 주성분.
- **효과** : 강판에 바르면 인산이 금속면과 반응해서 표면에 인산철 또는 인산 아연 등의 피막을 만든다. 강판면에 활성된 인산 화합물의 표면에는 세밀한 결정의 요철(凹凸)이 만들어져 있으며 이것이 하지 도료와의 밀착성을 높여 강판면의 녹 발생을 억제한다.

2. 워시 프라이머(2액형)

- **2액형** : 일반적으로 사용되고 있는 워시 프라이머(wash primer)는 2액형 타입으로 주제와 첨가제가 세트로 된 것이 주로 사용되며, 메이커에 따라서는 전용의 희석제(전용 시너)가 포함되는 제품도 있다. 주제는 황갈색(탁한 황색)으로서 주제와 첨가제를 혼합하여 도포함으로써 금속표면 처리와 방청의 역할을 한다.
- **주제의 성분(통 또는 플라스틱 용기)** : 폴리비닐 부티럴 수지, 크롬산 아연(방청 안료), 용제
- **첨가물의 성분(플라스틱 용기)** : 인산용액, 용제, 증류수
- **희석제(전용 시너)** : 알코올계 용제, 기타
- **효과** : 주제와 첨가제를 혼합하여 전용 희석제를 가해서 얇게 도장(엷은 붓으로 바르기)함으로써 크롬산과 인산이 화학 반응을 일으켜 피막을 만들고 그 위에 수지 안료가 반응하여 금속 소재에 밀착성이 좋은 방청 피막을 만든다. 방청력으로서는 표면 처리제보다 뛰어나다고 할 수 있으나 우천시 습도가 높을 경우와, 저온시 작업할 경우는 도막의 결함이 발생되기 때문에 방지책을 취할 필요가 있다. 또 제품에 따라서는 직접 폴리퍼티를 도포할 수 없는 것도 있다. 퍼티의 성분이나 용제가 워시 프라이머를 용해하여 밀착 불량을 일으키기 때문이다. 속성건조로 도장 방법도 간단한 이점이 있으나 여러가지 조건이 있으므로 사용 방법을 확실히 지키는 것이 중요하다.

퍼 티

퍼티(putty)는 주로 오목한 곳을 메우기 위해서 이용한다.

판금 퍼티(두께 만들기 퍼티), 중간형 퍼티, 폴리 퍼티(얇게 만들기 퍼티)는 같은 폴리에스테르계이지만 입자의 미세한 정도와 오목을 커버하는 능력에 의해서 구별된다.

이들은 주제(통들이)와 경화제(튜브들이)의 2액형으로 건조는 빠르다. 일반의 강판 뿐 아니라 방청강판과의 밀착성에도 뛰어나 일반적으로 많이 사용된다.

1. 판금 퍼티

판금 퍼티는 보디 필러라고도 불리어진다. 대개는 판금 기술자가 도포하고 거친 연마만 하여 성형을 한다. 본래 미국의 건식연마 방식과 더불어 소개된 것이 이 타입이다.

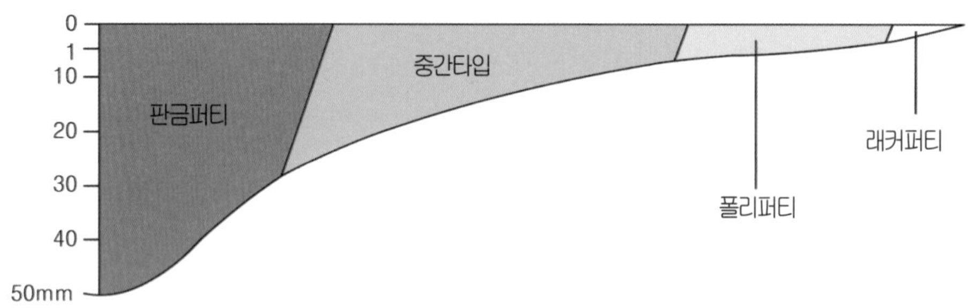

PHOTO 퍼티로 메우는 오목의 깊이

① 조 성

주성분은 폴리에스터 수지와 체질 안료이다. 폴리에스터 수지는 폴리에스터와 스티렌의 분자로 되어 있으며 이 둘은 곧 결합하는 성질이 있는데 이것을 촉진하는 것이 경화제(과산화물=퍼록사이드)이다.

반응은 연쇄적으로 촉진되어서 진행하며 분자끼리 결합한 견고한 그물코 구조의 도막이 된다. 원래 폴리에스터 수지는 공기(산소)에 접촉해도 마르지 않는 성질이 있다. 이와 같은 공기 불건조형 폴리에스터 수지는 유연성, 두께 조성, 밀착성에 뛰어나다.

체질 안료는 이를테면 살집을 늘리는데 기여하는 것으로서 색을 입히는 것보다 체적을 얻기 위한 것이다. 탄산칼슘, 활석(타르)계의 가루 등이 사용되고 있다. 또 도료라고 하더라도 이 종류의 퍼티는 휘발용제를 거의 포함하고 있지 않다. 따라서 건조 후에 수축되는 양이 적다.

② 특 징

최고 50mm까지의 오목(凹)을 메우는 능력이 있으며 표면의 입자는 거칠다. 따라서 폴리 퍼티 등으로 최종적인 정형(整形)을 하게 되는데 작업성, 연마성은 좋지 않다.

2. 중간형 퍼티 / 경량형 판금 퍼티

중간형이란 본래 왁스형과 논 왁스형의 중간 의미를 말한다. 이렇게 세미 왁스형이라고 할 수 있는 것은 연마가 불필요하기 때문이다. 그러나 보디 필러와 폴리 퍼티의 중간 의미에서 사용될 경우도 많다. 현재 살집을 늘리는데 할 수 있는 대부분은 이 중간 타입이다.

① 조 성

수지는 공기 불건조 폴리에스터에 산소로 건조하는 성분을 추가한 것이며 보디 필러와 같은 표면의 눌어붙음이 없다. 체질 안료에는 종래의 것 이외에 글라스비즈(glass beads)를 사용한(100%는 아니다) 것이 있다. 이것이 경량형 퍼티(light weight type)이다. 글라스 비즈는 속에 공기가 들어가 있는 작은 미크론 단위의 구(球)이다. 체적은 있으나 가볍다.

② 특 징

30mm정도까지 패인부분을 메우는 능력이 있으며 표면의 입자는 다소 미세하다. 특히 글라스비즈가 포함되어 있는 경량형 퍼티는 연마성이 뛰어나다. 입자가 미세한 타입은 후막형(厚膜型) 프라이머 서페이서와의 조합 등에 따라 반드시 폴리 퍼티의 보정 공정을 필요로 하지 않는 것도 있다.

3. 폴리 퍼티

폴리 퍼티란 폴리에스터 퍼티의 준 말인데 원래 도료 메이커의 상품명이기도 하다.

살집을 늘리는 타입으로부터 얇은 살집 만들기 타입까지 종류가 많으며 부품만 교환하는 공장에서는 폴리 퍼티만으로 처리할 때도 있다.

① 조 성

수지는 공기 건조형 폴리에스터. 유연성, 두께 조성, 밀착성은 공기 불건조형 폴리에스터보다 못하다. 보디필러와 비교해서 수축성이 크다.

② 특 징

일반적으로 3~5mm정도의 패인 곳을 메우는데 이용되고 있다. 두께 조성 타입에서 약 10mm정도까지 가능하며 입자가 미세하다. 특히 미세하고 얇게 바르는 타입은 마무리용으로서 사용되며 경우에 따라서는 래커 퍼티 대신으로도 사용한다(스푼에 붙는 성질과 연마 작업성이 좋다).

4. 래커 퍼티

① 조 성

니트로셀룰로즈나 아크릴 수지에 체질 안료 등. 안료에서는 두께의 감소가 없는 알루미늄 분말을 사용한 것도 있다. 기본적으로는 상도의 래커 두께 조성을 할 수 있는 것으로 생각하면 된다(1액형).

② 특 징

주로 프라이머 서페이서 면에 생긴 작은 구멍이나 작은 상처를 메우는데 사용한다. 0.1~0.5mm이하 정도로 패인부분에 사용하며. 보정 부위만 사용이 되므로 스폿 퍼티 또는 마찰시키기 때문에 그레이징 퍼티라고도 한다.

5. 광경화형 퍼티

빛(光)을 이용함으로써 경화가 촉진되는 퍼티. 특히 작업 속도가 필요할 때나 작은 상처 보수 등에 사용된다.

① 특 징

1액형으로 용제를 함유하지 않기 때문에 일반 퍼티 특유의 냄새가 없고 흡수도 없다. 따라서 프라이머 서페이서의 공정을 생략할 수 있는 타입도 있으며 전체 하지 작업 시간이 많이 단축된다. 또 빛에 접촉될 때까지는 경화되지 않으므로 사용 가능 시간(작업시간)이 길다.

② 반 응

램프의 광(제품과 일치한 파장이 나오는 전용 램프의 사용으로 특히 건조가 촉진된다) 또는 가시광선의 조사(照射)에 의해 반응 경화한다. 경화시간은 제품에 따라 다르나 몇 초 ~10분 정도이며 색은 빛을 통과할 필요가 있기 때문에 투명 또는 반투명이다. 수지제 범퍼에도 사용할 수 있다.

6. 특수 퍼티

메탈 퍼티, 파이버 퍼티, 메탈+파이버 퍼티 등이 있다.

① 조 성

메탈은 알루미늄 분말 등, 파이버는 유리섬유, 카본(탄소)섬유 등이 사용되고 있다. 일반적으로 통에 들어 있는 주제(主劑), 튜브에 들어있는 경화제의 2액형으로 되어 있다.

② **특 징**

그의 조성으로부터 내구성과 방청력이 특징이다. 패널의 구멍 메우기나 녹슨 부분의 보강·보수 등에 사용된다. 알루미늄 퍼티는 태핑을 하여 나사산을 만든다.

7. 수지 부품용 퍼티

보디 소재에 맞추어진 수지 부품용 퍼티도 있다. 주로 범퍼 수리용이며 2액형 에폭시 수지 접착제 등으로부터 통상 타입에 가까운 1액형 스폿 퍼티 등 여러 가지가 있다.

도료와의 접착성이 나쁜 PP(폴리프로필렌)계 소재는 먼저 전용 프라이머의 도포가 필요할 때도 있다.

관련 기재

샌 더

샌더(sander)의 종류는 모양, 운동, 사이즈 이외에도 기능(흡진 또는 용도) 등으로 여러 가지 기종이 있다. 각각 작업 부위와 목적에 맞추어 구분하여 사용한다.

1. 동력원

전동식과 공기식이 있으며 전동식은 모터를, 공기식은 로터를 회전시키고 있다.

차체 수리공장의 동력원으로는 컴프레서가 중요한 역할을 하고 있으며 샌더도 공기식이 많이 이용되고 있다. 공기식 샌더는 가볍고 쉽게 사용할 수 있으며, 종류가 풍부하고 작업 내용에 따라 선별할 수 있는 것 등이 많이 사용되는 이유이다.

전동식에서는 디스크 샌더나 퍼티 연마용의 오비털 샌더 등이 있다. 특징은 회전력과 파워가 일정하며, 연마시에 안정성이 좋고 요철의 굴곡 제거가 쉬우며 연삭력도 크다. 단점은 샌더 자체가 크고 무겁기 때문에 사용하는데 편리성이 다소 부족하고 또 종류가 적다.

2. 오빗 다이어

원운동을 하는 타입에서는 통상의 싱글 회전 이외에 축을 편심시키거나 보조 기능을 붙여서 다양한 회전 변화를 얻는 것도 있다. 축을 편심시켰을 경우의 변화에서는 더블 액션 샌더의 2중 회전 운동이나 오비털 샌더의 타원 운동이 있다. 이들의 회전 운동에서 축의 변화, 회전의 중심에서의 편심 너비를 '오빗 다이어'라고 한다. 이것은 샌더를 공회전시켜 보면 주위가 2중으로 되어 보이므로 그의 너비를 잘 알 수 있다.

오빗 다이어는 수치가 클수록(7~10mm) 연삭력이 강하며 작업이 빠르다. 또 수치가 적으면(3~4.6mm) 연마 다듬질은 깨끗하나 연삭력은 약하다.

3. 용도에 의한 분류

도막 제거용

① 디스크 샌더

일반적인 싱글 회전의 샌더로서 형상도 여러 가지이다. 파이버 디스크를 사용하는 일반적인 그라인더로 총칭되는 타입 등 싱글 회전하는 공구는 여러 가지 있다.

- **패드 형상** : 원형
- **운동방식** : 모터(로터)의 회전이 그대로 전달된다. 고속으로 일방향으로 회전 운동한다. 싱글 액션 샌더.
- **회전수** : 10,000~12,000rpm의 고속회전 타입과 5,500~2,200rpm급의 저속회전 타입이 있다.
- **사이즈** : 디스크 지름은 100~200mm까지이며 일반적으로 125mm(5인치), 150mm(6인치) 등이 사용된다.
- **특징과 연마 자국** : 연삭력이 크고, 거칠며 회전 방향으로 비교적 큰 자국이 생긴다.
- **용도** : 기존 도막의 제거

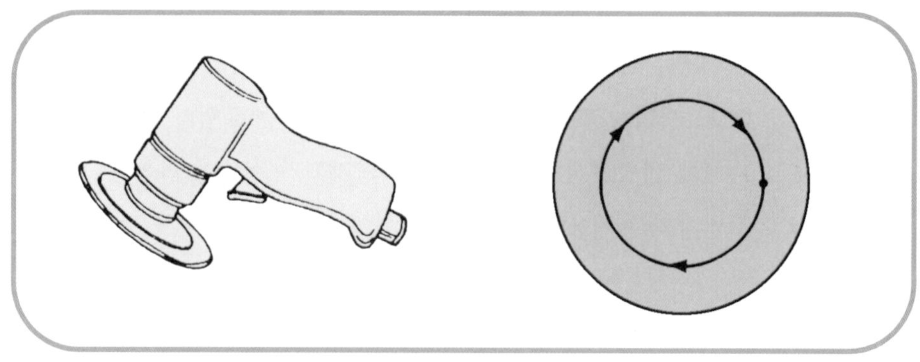

PHOTO 디스크 샌더

- **사용방법** : 일반적으로 패드는 경도가 큰 것을 사용한다. 약간 기울여서 외주 부분을 사용하며, 확실하게 손으로 잡고 작업을 한다. 1부위에 머물지 않고 계속 움직인다(이것은 모든 샌더에 해당한다). 연마 가루가 밖으로 날아가도록 사용하며 정확하게 사용하고 있으면 샌딩 마크가 일직선이 된다.

② **벨트 샌더**

판금 작업에도 사용되지만 좁은 면적, 오목한 부위의 연마에 편리한 샌더이다.

- **모양** : 샌드 페이퍼 대용으로서 면포에 연마 입자를 접착한 벨트를 부착하고 있다.
- **운동 방식** : 연마 벨트가 무한궤도를 그리면서 회전 운동한다(일방향).
- **회전수** : 9,000~16,000rpm
- **사이즈** : 너비 10mm, 20mm
- **용도** : 일반의 샌더를 사용하기에 불편한 부위의 연마용. 작게 패인 부분이나 스폿 용접부분의 도막 제거.
- **사용 방법** : 작업 부위에 선단(先端)을 대고서 사용한다. 벨트에도 번호가 있다.

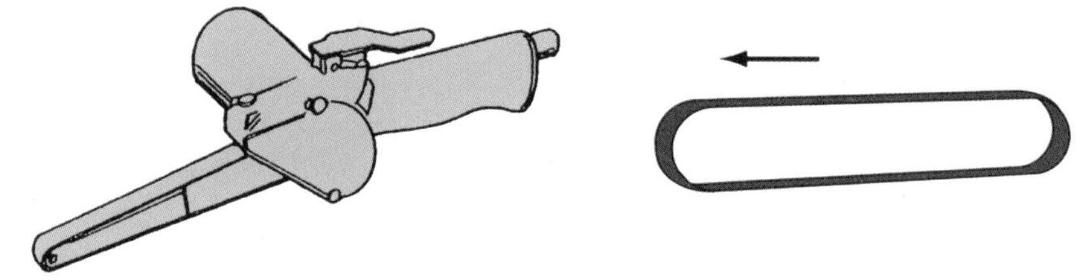

PHOTO 벨트 샌더

거친 연마용

① **오비털 샌더**

OB샌더라고도 하며, 사용하기에 쉽기 때문에 퍼티연마에 가장 많이 사용되며, 더블 액션 샌더와 비교하면 연삭력은 뒤떨어지나 힘이 평균적으로 가해지므로 균일한 연마를 할 수 있다.

- **패드 형상** : 직4각형, 원형
- **운동방식** : 원을 그리면서 왕복하기 때문에 1점을 정하면 타원 운동. 더블 액션 샌더의 회전을 지점에서 멈추게 하면 이와 같은 운동이 된다.
- **회전수** : 6,000~9,000rpm

㉮ 대형·중형 타입

30cm² 이상의 넓은 면적의 퍼티연마에 사용한다.

- 오빗 다이어 : 6~7mm
- 페이퍼 사이즈 : 115×220mm(대형 타입), 100×175mm(중형 타입)

㉯ 소형 타입

25cm² 이하의 좁은 면적의 퍼티연마에 사용한다.

- 오빗 다이어 : 3~5mm.
- 페이퍼 사이즈 : 75×150mm.

㉰ 미니 타입

15cm² 이하의 적은 면적의 퍼티연마에 사용한다. 소형 타입과 미니 타입은 어느 것이나 프라이머 서페이서의 연마에 적합하다.

- 오빗 다이어 : 3~5mm.
- 페이퍼 사이즈 : 75×110mm.

㉱ 롱 타입

사이드 패널이나 슬라이드 도어 등 넓은 면적의 퍼티연마에 사용한다.

- 오빗 다이어 : 4.6~5mm.
- 페이퍼 사이즈 : 100×400mm.

㉲ 원형 오비털

넓은 면적의 퍼티 작업이나 거친 연마(祖硏磨)에 사용한다. 사용방법은 직4각형 타입과 다를 바 없다.

- 오빗 다이어 : 7mm.
- 페이퍼 사이즈 : φ 100mm, 125mm, 150mm.

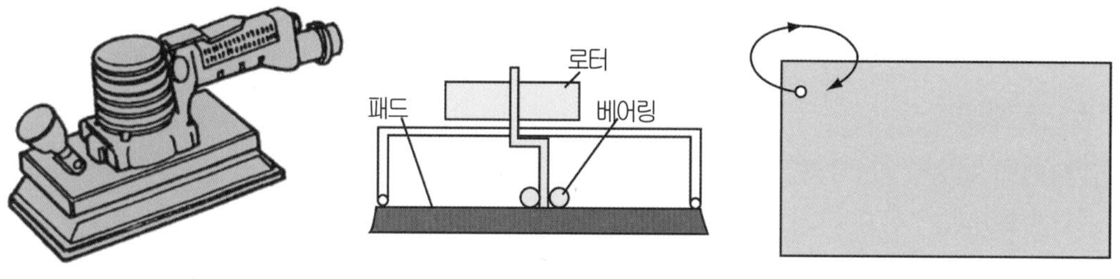

PHOTO 오비털 샌더

② **더블 액션 샌더**

DA샌더라고 하며 또는 듀얼 액션 샌더라고 하는 메이커도 있다. 종류가 많으며 용도가 폭넓기 때문에 사용 빈도가 특히 높다. 오빗 다이어의 큰 타입은 페더에지 만들기, 퍼티의 거친 연마(패드 지름은 150mm가 적당) 등 수치가 작은 타입은 적은 면적의 퍼티 연마, 프라이머 서페이서 연마, 표면 만들기 등에 적합하다.

- 패드 형상 : 원형
- 운동 방식 : 1점을 정하면 원 또는 타원 운동을 하면서 패드 전체로 회전한다(2중회전).

㉮ 거친 연마용

오비털 샌더보다도 연삭 능력이 높기 때문에 퍼티의 거친 연마에 적합하다. 패드가 2중 회전하므로 디스크 샌더(싱글 액션)나 오비털 샌더보다도 페이퍼 자국이 작고, 1랭크 넘버가 거친 페이퍼로 연마할 수 있으며 작업 효율이 좋다. 패드의 페이퍼면 전체를 퍼티면에 편평하게 접촉시켜 가볍게 누르고 연마 상태를 보면서 이동시킨다. 1부위에 집중하면 과도한 연마가 되므로 주의한다.

- 회전수 : 7,500~10,000rpm
- 오빗 다이어 : 6~10mm
- 페이퍼 사이즈 : φ125mm, 150mm(넓은 면적에 적합하다.)

㉯ 적은 면적용

회전수는 높더라도 연삭력은 약하다. 진동이 없으며 깨끗한 연마가 된다. 표면만들기, 프라이머 서페이서 연마에도 적합하다. 절삭보다는 연마하는 샌더이다.

- 회전수 : 6,000~9,000rpm
- 오빗 다이어 : 3~4.8mm
- 페이퍼 사이즈 : φ125mm

기타 100mm, 75mm, 50mm정도의 미니 사이즈도 있다.

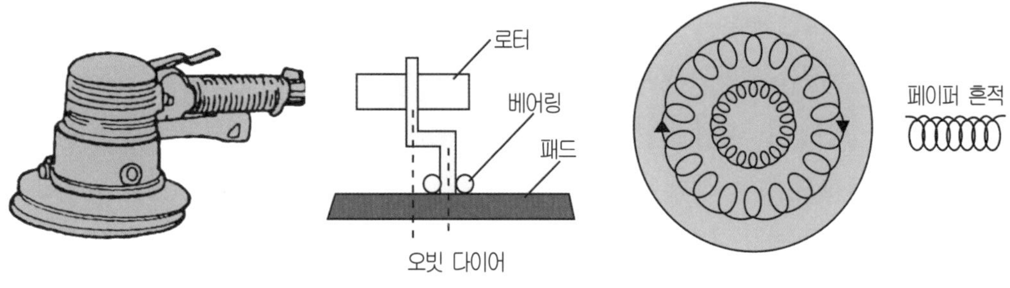

PHOTO 더블 액션 샌더

③ **기어 액션 샌더**

오비털 샌더나 더블 액션 샌더에 비해서 연삭력이 뛰어나며, 작업 능률도 높다. 저속 회전이므로 마찰열이 발생하지 않으며 열에 의한 변형이 생기지 않는다. 퍼티면의 높은 부분에 패드의 페이퍼 면이 접촉되므로 면 만들기에는 효율이 높다. 강한 회전력 때문에 진동함으로 초보자에게는 사용하기 어려운 경우도 있으나 숙달되면 거친 연마 작업이 빨라지고 요철(凹凸)이나 변형 부위를 정리하는 것도 쉬워진다.

- 패드 형상 : 원형.
- 운동 방식 : 1점을 정하면 꽃잎 형으로 회전한다. 더블 액션에서는 패드 지름이 커지면 작업 면에 밀어 접촉시켰을 때 프리 베어링 때문에 회전이 멈출 때가 있는데 이것을 해소하기 위해서 기어(크기 때문에 10 : 1)에 의한 강제적인 편심 구동으로써 회전하는 구조이다.
- 회전수 : 900rpm.
- 사이즈 : φ125mm, 150mm.

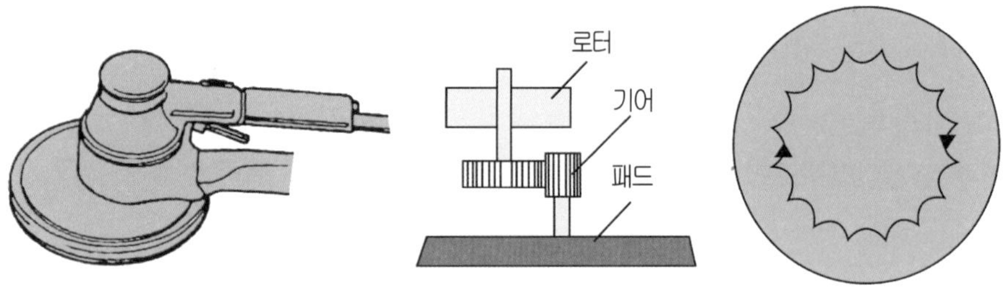

PHOTO 기어 액션 샌더

면 만들기용

① **스트레이트 라인 샌더**

퍼티면의 작은 요철(凹凸)이나 변형을 없애는데 적합하다. 조기 연마 후 면 만들기를 손으로 연마하는 경우보다 빨리 진행하기 위해서 사용한다. 거친 연마부터 사용하면 오히려 시간이 걸릴 때도 있다.

손으로 연마할 때와 같이 전후 운동이므로 원활한 작업을 할 수 있으며 수정의 횟수도 적다. 특히 라인 만들기에는 가장 적합하지만 단, 롱 타입의 경우 소음과 진동이 매우 심하다.

- 패드 형상 : 직4각형
- 운동 방식 : 패드가 전후로 왕복 운동한다.

㉮ 롱 타입

넓은 면적의 면 만들기 연마에 적합하다.

- 스트록 수 : 2,000~3,000회/분
- 스트록 너비 : 20~22mm
- 페이퍼 사이즈 : 95×330mm, 75×330mm, 75×400mm

㉯ 중형 타입

20cm² 이상 퍼티 면적의 면 만들기에 적합하다. 라인 만들기도 간단히 할 수 있다.

- 스트록 수 : 5,200회/분
- 스트록 너비 : 7mm
- 페이퍼 사이즈 : 100×175mm

㉰ 소형 타입

초보자도 사용하기 쉽다.

- 스트록 수 : 5,500회/분
- 스트록 너비 : 7mm
- 페이퍼 사이즈 : 75×175mm

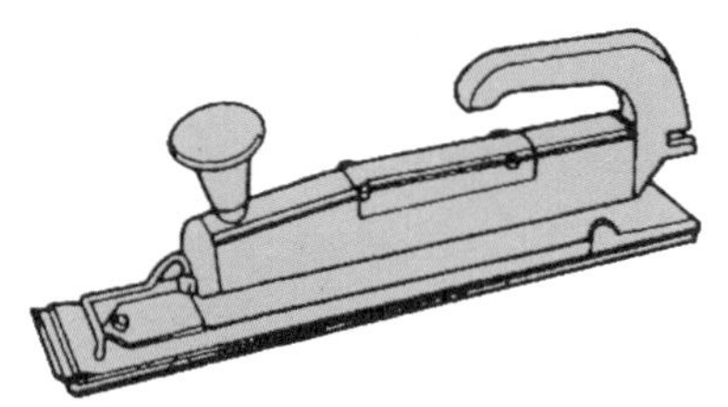

PHOTO 스트레이트 라인 샌더

4. 부가 기능

① 흡 진

퍼티연마의 분진 등을 흡수하는 기능을 가진 것. 대부분 기종의 샌더에 설정되어 있다. 패드 및 페이퍼는 구멍이 뚫린 타입을 사용하며 그 구멍으로부터 연마 분진을 흡입, 호스로 집진 주머니 또는 집진기로 보내진다. 단, 흡진 구멍의 수와 위치, 흡진 호스의 지름은 메이커에 따라 다르다.

② **물 연마**

연마자국이 세밀한 더블 액션 또는 오비털 샌더는 물연마용에 사용. 물연마는 하지 처리에서 프라이머 서페이서의 최종 마무리 등 정밀하게 연마된다. 물은 자급식(自給式)과 타급식(他給式)이 있다.

③ **면 고루기 전용**

'가이드 부착 샌더'라고 부른다. 더블 액션의 좌우에 가이드를 부착하여 일정 이상의 과도한 연삭을 방지하는 것으로서 굴곡 바로 잡기와 라인 만들기에 적합하다. 미숙련자에는 편리하지만 복잡한 곡면(R면) 등에서는 사용하기 어렵다.

알 아 둡 시 다

샌더를 잡는 방법

과도하게 누르지 말고 샌더 본래의 힘을 살려야 한다. 연마하기 위해서는 작업하고 있는 면을 확실히 보면서 사진과 같은 방법으로 잡는 것이 최적이다. 스트레이트 샌더는 손을 받치듯이 잡고 파일로 손연마를 하는 요령으로 움직인다.

▲더블 액션

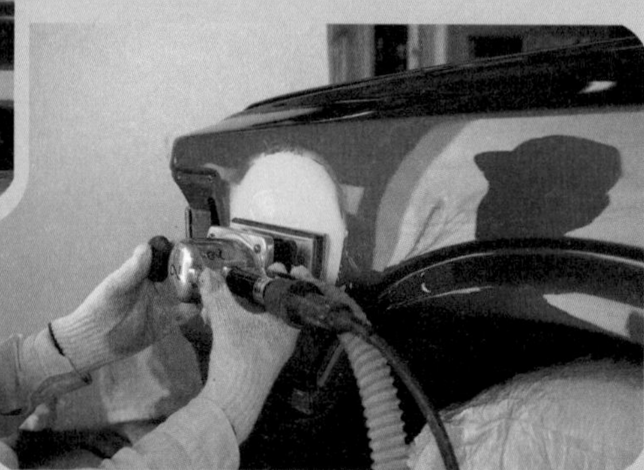

▲오비털, 스트레이트

● 샌더를 잡는 방법

샌드 페이퍼

연마 작업에 중요한 것은 샌드 페이퍼이다. 그대로 손으로 잡거나 받침을 덧대거나 샌더에 붙여서 사용하는 것 등 여러 가지 형태로 사용된다. 따라서 종류가 다양하고 작업에 따라 구분하여 사용하여야 한다.

1. 구 조

기본 재료(배킹)에 연마 입자가 접착제(2층)에 의해서 부착되어 있는 모양이다.

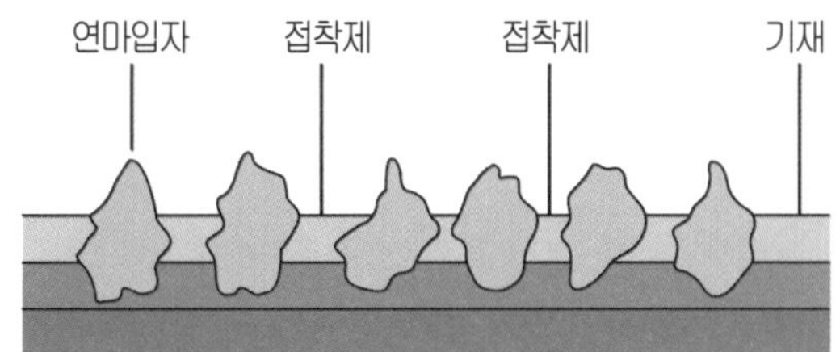

알루미나	실리콘 카바이드
쐐기형	끝이 예리하다

PHOTO 샌드 페이퍼의 구조

2. 기본 재료

종이(물연마용은 물에 견디는 종이)나 면포, 폴리에틸렌계 필름 등이 사용되고 있다. 두께가 다른 종이, 편직 방법이 다른 면포가 목적에 따라 구분되어 사용되고 있다. 자동차 보수에는 종이 재료가 주로 사용된다. 디스크 샌더에 사용하는 파이버 디스크의 기본 재료에는 특수 섬유로 합성된 강한 소재가 사용되고 있다.

3. 접착제

아교나 각종 합성 접착제가 사용되고 있다. 패킹에 연마 입자를 접착하는 제1층과 연마작업으로 입자가 탈락하지 않게 하는 제2층으로 되어 있다.

기본 재료에 대한 연마 입자의 접착에는 입자 사이가 열려 있는 오픈 코트와 막혀 있는 클로즈 코트가 있는데 오픈 코트는 막힘을 방지할 수가 있다.

4. 연마 입자

산화알루미늄(알루미나)과 탄화규소(실리콘 카바이트)의 2종류가 사용되고 있다.

산화알루미늄은 백색 또는 갈색. 내마모성이 우수하고 지속성이 있으며, 단단한 도막의 연마에 적합하다. 탄화규소는 흑색으로서 모양이 조밀하다. 경도(硬度)가 높기 때문에 절삭성이 우수하고 파쇄성이 좋은 것이 특징이며, 비교적 부드러운 도막의 연마에 적합하다. 연마입자의 사이즈는 페이퍼 번호로 나타내고 숫자가 작을수록 거칠며 커질수록 미세하다.

5. 형 태

① 시트, 디스크, 롤

모양으로는 시트, 디스크, 롤로 구별된다. 감겨있는 롤에는 일정한 길이로 재봉틀 자국이 있어서 자르기 좋게 되어 있는 것과 디스크가 연결된 것 등이 있다. 이들 사이즈는 조합해서 사용하는 샌더나 파일/홀더(손연마용의 받침판)와도 관계가 있다.

② 구멍 뚫기

디스크나 시트에서는 구멍이 뚫려 있는 것이 있다. 이것은 흡진 샌더 대용의 페이퍼. 연마 분진의 흡입구가 된다. 구멍의 수와 위치는 샌더 메이커에 따라 다르다.

6. 패드와의 접착 방식

샌더 패드와의 접착은 풀 접착식과 매직식이 있다.

페이퍼의 뒷면에 탈착이 용이한 접착제가 붙어 있는(백페이퍼로 커버되어 있다) 것이 풀 접착식이고 접착털이 있는 것이 매직식이다. 풀 접착식은 패드와 밀착되어 있고 매직식은 쿠션적인 접착으로 되어 있다.

7. 건식 연마용·습식 연마용

페이퍼에는 건식연마(그대로 연마)와, 습식연마(물을 윤활제 대신으로 한 연마)가 있으며 용도별로 되어 있다. 물연마용은 사용 성격에 따라 내수(耐水) 페이퍼라고도 한다.

8. 번 호

페이퍼에는 번호가 있는데 대부분의 경우 뒷면에 인쇄되어 있는 숫자가 번호(#)이다. 숫자가 작은 것이 연삭력이 좋다. 즉, 눈이 거칠다는 것이며 P로 표시되어 있을 경우에 국제규격에 맞는 번호이다.

하지 처리에서 사용되는 페이퍼의 번호는 P16~800의 사이에 있다. 메이커에 따라 다르지만 P16, 24, 36(파이버 디스크), 40, 60 ,80, 100, 120, 150, 180 , 220, 240, 280, 320, 400, 500, 600, 800 등으로 되어 있다. 이 이상 미세한 P1000~3000은 폴리시나 상도의 중연마에 사용한다.

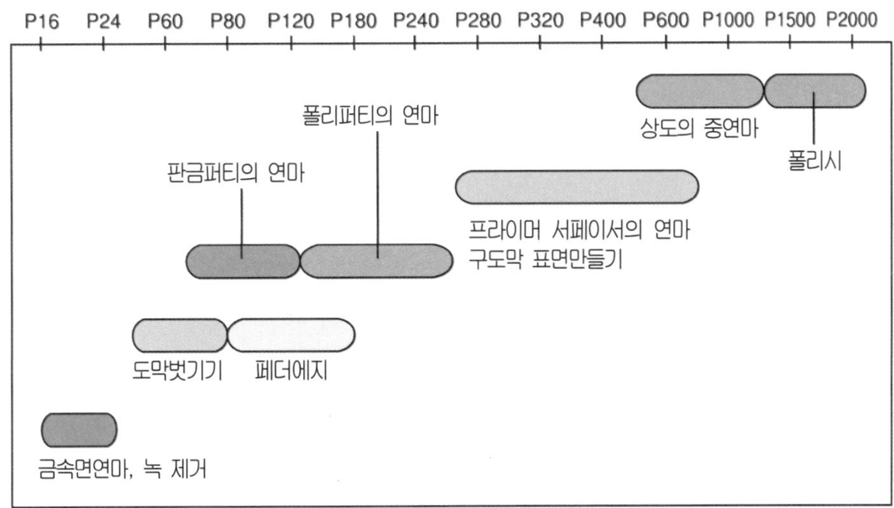

PHOTO 페이퍼 번호와 주된 용도

페이퍼는 제거로부터 프라이머 서페이서 연마까지 하지처리의 관계를 진행하는데 따라 서서히 미세한 번호(숫자가 크다)로 이행한다. 거친 연마 자국을 세밀한 페이퍼로 지워나가는 것이다. 또 단계적으로 사용할 때 시간을 벌기 위해서 중간의 숫자를 건너뛰면, 거친 페이퍼의 연마 상처가 없어지지 않고 남게 되어 도장 후에도 표면에 나타나게 된다.

작업 내용에 맞추어서 사용하는 페이퍼 번호의 기준은 있으나 실제로는 기존도막의 상태, 종류, 요구되는 마무리 수준에 따라서 다소 선택의 여지는 있다.

번호 선택에서 또 하나 주의할 것은 손연마와 샌더로 하는 기계 연마에서는 균일성과 힘의 정도에 따라 먹어 들어가는 상태가 다른 점이다. 같은 번호에서는 손연마에 비해서 샌더를 사용하는 것이 한층 마무리가 곱게 된다. 또 물연마, 건식연마에 따라서도 페이퍼가 먹어 들어가는 상태가 다르다.

9. 페이퍼 사이즈와 주된 흡진 패턴

페이퍼의 사이즈는 샌더와 마찬가지로 인치로 표시되는 경우가 많다. 1인치는 약 2.54cm. 손연마용으로 사용되는 시트 모양인 것을 제외하고 샌더 사이즈에 맞추어서 여러 가지 시판되고 있다. 디스크는 5인치(125mm), 6인치(150mm), 시트는 너비 3인치(75mm), 4인치(100mm)가 많다.

샌더 패드

샌더와 페이퍼의 중간 성격이 되는 것이 패드이다. 페이퍼의 토대로서 R의 성능을 끌어내는 기능을 한다.

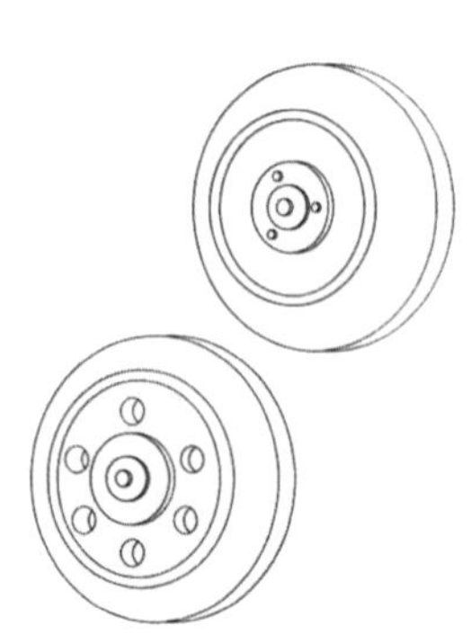

	딱딱한 패드	부드러운 패드
가하는 힘	그대로 전달된다.	일부 흡수되어 전달된다.
연마 자국	깊다	얇다
섬세한 요철	깎아내기	변형되어 타고 넘는다.
곡면의 연마	과도한 연삭	곡면(R)을 따라 연마한다.
용 도	거친연마, 면고르기	표면만들기

PHOTO 패드의 경도와 특성

1. 종 류

내구성, 내열성 등이 뛰어난 수지(樹脂)를 소재에 일체화시킨 것.

부드러운 것, 딱딱한 것, 사이즈, 구멍의 유무, 페이퍼의 첨부 방식으로 변화가 있다.

① 딱딱한 패드와 부드러운 패드

딱딱하다, 부드럽다는 작업 내용에 따라 구분하여 사용한다. 딱딱한 패드는 가해지는 힘이 그대로 전달되어 페이퍼의 자국이 깊어진다. 즉, 연삭성이 뛰어나며 섬세한 요철(凹凸)도 깎아낼 수 있으나 곡면(R면)에서는 과도하게 연삭되는 경우가 있다. 따라서 거친 연마, 면 고루기 등에 적합하다.

부드러운 패드는 힘이 일부 흡수되므로 페이퍼의 자국이 얕아지게 된다. 쿠션 효과 때문에 섬세한 요철은 변형되어 그대로 넘어가게 된다. 곡면(R면)에서는 면을 따라 대응할 수 있다. 따라서 표면 만들기 연마 등에 적합하다.

② **사이즈**

샌더, 페이퍼와 관련이 있으며 디스크(원형)에서는 125mm(5인치), 150mm(6인치)가 주로 사용되고 있다. 오비털 샌더용의 직4각형 타입은 에어 툴 메이커(air tool maker) 및 기종에 따라서 사이즈가 여러 가지 있다.

③ **흡진 구멍**

흡진 샌더에 사용되는 패드에는 구멍이 뚫려 있다. 이 구멍의 위치는 에어 툴 메이커에 따라 다르다.

④ **페이퍼의 부착 방식**

페이퍼와 같이 풀 붙이기식과 매직식이 있다. 패드의 표면은 풀 붙이기식의 경우에는 레저붙임 등이 있고, 매직식에서는 페이퍼의 펠트(felt) 모양의 기모(起毛)가 달라붙은 것처럼 미세한 루프가 한 면을 덮고 있다.

패드와 페이퍼의 접착 정도는 풀 붙이기식에서는 밀착되어 있으므로 「딱딱한 패드 효과」가 얻어지며 힘이 그대로 전달된다. 한편 매직식에서는 패드와 페이퍼에 근소한 틈새가 있으므로 다소 「부드러운 패드 효과」가 있다.

파일, 블록, 홀더

하지(下地)의 연마 작업은 샌더에 의한 기계 연마만으로 종료하는 것은 아니다. 손연마로 수정하는 부분도 적지 않다.

손연마의 경우 페이퍼를 그대로 잡거나, 받침판 또는 블록을 지지하여 작업을 한다. 이와 같은 손연마용 홀더에는 몇 가지 타입이 있다.

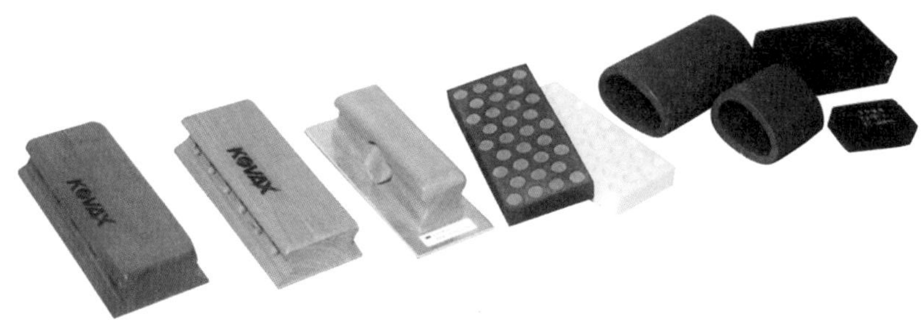

PHOTO 파일, 블록, 홀더

1. 종 류

① 판과 덩어리

형태는 주로 3종류이다.

패널은 직사각형의 판 위에 손으로 잡는 부분이 붙어 있는 것. 이것은 받침판에 샌드 페이퍼를 부착하거나 감싸서 고정할 수가 있으며, 흡진 호스가 부착되어 있는 것도 있다. 일반적으로 나무나 알루미늄, 수지를 소재로 하고 있다.

블록은 여러 가지 모양이 한 세트로 이루어져 각형(角形), 원호형, 그밖에 쐐기형 등 중공(中空)으로 된 것도 있다. 블록에 샌드 페이퍼를 씌워서 사용하며, 고무나 알루미늄을 소재로 하고 고무는 딱딱한 소재로 된 것과 연질고무로 된 것이 있다. 그것은 스펀지 패드. 얇은 각형의 것으로서 최종 연마용이다. 종류가 풍부하므로 작업 부위 및 작업 내용에 따라 구분하여 사용한다.

② 물연마용과 건식연마용

블록은 물연마 홀더의 용도로서 건식연마용, 물연마용, 건식연마－물연마 겸용이 있다. 물연마용은 버켓(양동이) 속에 집어넣거나 하기 때문에 물에 뜨게 되어 있다.

③ 풀 붙이기식과 매직식

페이퍼를 첨부할 수 있는 것은 그 방식에 맞추어 풀 붙이기식과 매직식이 있다.

④ 라인 만들기용

곡면(R면)이 붙은 블록도 있으나 그 밖에 여러 가지 곡선에 맞추어 사용하기 쉽게 한 전용 타입도 있다. 또 미숙련자에게 알기 쉽게 가이드를 부착한 것도 있다.

2. 용 도

① 샌더 연마의 수정

② 샌더로 라인을 만들 수 없는 부분의 연마

③ 최종적인 정밀 연마 작업

표면 조성용 공구

표면 조성이란 구도막의 보수 도장 부분을 거칠게 만들어 도료의 밀착이 잘되게 하기 위한 작업을 말한다.

샌더로도 작업을 하지만, 면적이 좁은 곳 등 샌더로 처리할 수 없는 곳에 표면 조성용 공구를 사용하면 좋다. 따라서 이들은 커다란 연삭력을 필요로 하지 않으며 상도 마무리에 영향을 주지 않을 정도의 미세한 상처를 입힐 수가 있다.

1. 브러시, 휠

수지 등에 연마 입자를 배합하여 만든 브러시 또는 그것을 휠 모양 등으로 만든 것. 브러시 그 자체는 손연마가 되지만 휠 모양은 전용 동력 공구에 장착하여 회전시켜 사용한다.

2. 샌딩 블록

물연마용. 이를테면 숫돌과 같은 것으로서 연속 기공(氣孔)을 지닌 탄성체 블록이다.

정밀 연마에 적합하며 블렌딩(숨김도장)을 할 때의 처리나 상도 도장의 흐름 등의 수정에도 사용한다. 입도는 #600~3000정도이다.

3. 나일론 연마재

본래 상품명은 스코치 브라이트라고도 하는데 이를테면 식기 세척에 사용되는 나일론 부직포에 연마입자를 부착시킨 것. 건식연마, 물연마 어느 방법으로도 사용할 수 있다.

4. 연마 볼

샌드 페이퍼를 짧게 여러 장으로 겹쳐 만들거나 둥글게 한 것. 좁은 부위, 요철(凹凸)면 등의 연마에 적합하다.

퍼티 용품

하지 처리의 기본은 퍼티 작업과 연마작업이다. 퍼티 작업에 관련하여 사용되는 공구는 다음과 같다.

1. 교반 막대

퍼티 뿐만 아니라 도료는 「혼합물」이기 때문에 사용 전에는 반드시 교반(攪拌)할 필요가 있다. 교반과 끌어내기를 겸해서 쓸 수 있는 막대라면 보다 편리하다.

2. 스 푼

퍼티를 바르는 것은 스푼(주걱)의 역할이다. 스푼에는 소재, 모양에 따라 여러 가지 종류가 있다. 손에 잡기 쉬운 크기, 적당한 경도, 비틀었을 때 순응하는 정도가 포인트이다. 작업 부위 및 내용에 따라서 구분하여 사용한다.

PHOTO 스 푼

① **소 재**

- **목재** : 일반적인 소재로는 여러 가지 나무가 있으나 노송나무로 된 것이 좋다. 본래 도장 기술자는 본인이 선호하는 조건에 맞추어 제작하여 사용한다.
- **플라스틱** : 나무에 비해서 쪼개지지 않기 때문에 오래간다. 구부러짐이나 순응성이 좋으며 버티의 세기를 조절하기 위해 페이퍼 등으로 끝부분을 연삭하여 사용하면 좋다. 일반적으로 삼각형의 모양으로 제작되어 면의 용도에 맞춰 사용할 수 있다.
- **고무** : 고무는 탄력성이 풍부하기 때문에 곡면(R면) 등을 처리하기가 매우 유리하다. 모양은 사다리꼴이 많다.
- **스테인리스** : 금속 스푼으로서 강하고 쪼개지지 않으며 퍼티의 반죽이나 개어 붙이기에 적합하다.

② **형 상**

- **3각·발목형(撥木形)** : 일반적인 형태로서 끝부분은 둥글게 되어 있고 길기 때문에 순응성이 좋고 스프링을 이용한 방법으로 할 수 있다.
- **직사각형** : 가로와 세로에 잡는 부분은 둥글게 하고 각각의 너비로서 작업부위의 사이

즈에 맞게 이용한다.

- **스탠드형** : 잡는 부분은 둥글게 하고 삼각형 타입보다도 폭이 있는 것으로 넓은 부위에 사용한다.

③ **탄력성 · 순응성 · 구부러짐**

스푼은 단단한 것과 부드러운 것이 있다. 소재에 따른 기본은 부드러움(軟) : 고무 〉 나무 〉 플라스틱 〉 금속 : 딱딱함(硬)이지만 각각의 소재 중에서도 강한 것과 부드러운 것이 있다. 탄력과 순응성은 반동에 관계되므로 이들의 특징을 살려 작업 부위에 맞게 스푼을 구별하여 사용한다. 작업자의 선호와 숙련도에 따라 적은 종류로 처리할 수 있으면 그것보다 더 좋은 것은 없다.

3. 정 반(定盤)

정반이란 퍼티를 반죽하기 위한 작업대로서, 소재는 금속(철, 알루미늄, 스테인리스), 나무, 유리, 플라스틱, 종이 등 여러 가지가 있다. 어느 것이나 표면은 매끈한 평면으로 되어 있다. 바닥에 놓고 사용하는 것과 손잡이나 손가락으로 지지하는 것이 있다. 1회 사용할 때마다 잔류의 퍼티를 제거하여 세정(洗淨)하는 수고를 덜기 위해서 시트 모양으로 표면을 벗겨내는 1회용 타입의 정반도 있다.

PHOTO 정 반

4. 서 폼

원래 상품명이지만 일반적으로 사용되고 있는 명칭이다.

보디 필러(판금 퍼티)용의 파일(줄)로서 근래에는 사용하는 경우가 거의 없지만 갖추고 있는 공장도 있다. 종류로는 둥근커터, 평커터, 원통커터의 3종류가 있으며 커터가 그물코 구조로 되어 있어 무를 강판에 가는 것과 같은 느낌으로 퍼티 표면을 깎는데 사용된다.

05 도막의 제거

보수 도장의 공정에서 목적, 이유, 사용하는 설비기기, 사용하는 재료(소모품 등), 방법(순서), 주의사항, 점검사항(공정내 검사)에 대하여 알아보기로 한다.

샌더에 의한 제거

1. 목 적

도막을 제거하고 금속 표면을 나타나게 한다.

2. 이 유

① 판금 작업을 하기 위해서

- 인출 판금 작업에서 스터드(stud)나 인출용 와셔가 용착되지 않는다. 도막 자체가 절연물이므로 통전(通電)되지 않는다.
- 도막을 벗기지 않고 판금작업을 하면 도막이 갈라지거나 면이 거칠게 되어 패널면의 요철(凹凸)을 판별하기 어렵게 된다.
- 패널의 일부가 패였을 경우 금속 표면을 나타나게 함으로써 판금작업을 하기 쉽게 한다.

② 도막이 열화되어 있다

- 도막에 균열(cracking)이나 터짐이 있을 때.

③ 도막의 결함이 발생

- 층간(層間) 불량의 원인으로 생겨 작은 부풀음이 발생한 도막
- 도막의 하부에 녹 등이 발생하여 부풀음이 생겼을 경우.

표층(表層)이 아닌 층간이나 하부로부터 생기는 도막 결함일 경우에는 그 위에서부터 도장할 수 없기 때문에 손상된 도막의 제거가 반드시 필요하다.

3. 사용 기기

도막 제거용 샌더에는 파이버 디스크를 사용하는 그라인더 타입과 통상의 싱글 회전 디스크 샌더가 있다. 좁은 부위의 제거에는 벨트 샌더를 사용한다.

4. 사용 재료

① 제거용 페이퍼

샌딩할 때는 페이퍼류가 주로 사용된다. 페이퍼는 도막의 종류나 막의 두께, 사용하는 샌더 등에 의해 달라지므로 그의 조건에 적합한 것을 선정하여 사용한다.

일반적으로 건식연마용 페이퍼로서 도막제거에 사용하는 P40, 60, 80이 일반적이다. 디스크 샌더의 패드에 부착하여 사용하며 사이즈는 125mm φ가 많다.

② 기타 제거용 연마재

페이퍼 이외의 연마재로서 비교적 널리 사용되는 파이버 디스크의 기본 재료는 발카나이즈드 파이버를 사용하며, 숫돌 재료(연마입자)로는 알루미나(AA), 탄화규소(CC)를 합성 수지 접착제로 굳힌 것이 있다. 번호는 16~150까지. 사이즈는 100~180mm φ까지 여러 가지가 있다.

그 외에 도막 제거용으로서는 금속제의 브러시, 연마재가 들어 있는 나일론의 부직포를 굳혀서 디스크 모양으로 만든 것과 부채꼴로 겹쳐 만든 페이퍼가 있는데 이를 하이 디스크 페이퍼라고도 부른다. 사용은 회전 공구에 장착하여 이용하며, 벨트 샌더로 사용하는 벨트 페이퍼는 너비 10mm 또는 20mm, 번호는 40~120까지 여러 종류가 있다.

5. 작업 방법

① 준 비

도막의 종류, 도막의 두께, 형상(패널)에 적합한 샌더와 페이퍼를 선정하여 준비한다.

② 테이프 마스킹

손이 미끄러지면서 접촉되었을 때 상처를 입힐 가능성이 있는 부품이나 위험성이 있는 라인 주변 등은 고무 테이프 등을 붙여서 예방해 준다.

③ 제거 작업

- **신차 소부 도막** : 디스크 샌더(저회전 타입=2,200~5,500rpm)의 패드는 약간 소프트한 타입이 좋다. 페이퍼는 매직 또는 풀 붙이기로 P60~80을 사용한다. 샌더는 손으로 확실히 잡고 도막면에 가볍게 접촉시킨다. 페이퍼의 접착면(제거면)에 대하여 15~20°의 각도로 경사지게 한 다음 가볍게 왼쪽에서부터 오른쪽으로, 가로 방향으로 (페이퍼 회전 방향의 관계로 인해) 움직이면서 작업을 한다. 같은 장소에 샌더를 멈추는 것은 피하며 도막의 제거 상태를 확인하면서 순서대로 이동시킨다.

- **보수, 재보수 도막**(두꺼운 퍼티층을 갖는다) : 디스크 샌더에 P40의 페이퍼를 부착시켜 작업을 한다. 판금 퍼티가 두껍게 부착되어 있는 경우에는 디스크 샌더에 P24~30의 페이퍼를 부착시켜 제거한다. 고속용 디스크 샌더를 사용할 경우 도막면에 강하게 접촉시켜 작업을 하면 회전력과 연삭하는 힘으로 말미암아 강판면이 가열하여 변형되거나 타게 되므로 주의한다.
- **가는 홈부분** : 홈의 너비에 따른 벨트 샌더는 절삭이 잘 되므로 강판에 깊은 연마자국을 주지 않도록 번호를 선택할 필요가 있다.
- **녹이 생긴 도막** : P16~24 페이퍼를 디스크 샌더에 부착시켜 제거한다. 도막제거와 동시에 강판면의 녹도 제거한다.
- **얇은 강판의 도막** : 파이버 디스크나 건식연마용 페이퍼를 사용하여 작업을 하면 열이 발생하며 패널이 늘어나거나 변형되는 경우가 많다. 방열형 페이퍼(장방형, 금망형) 등을 사용하면 이 결함을 방지할 수 있다.

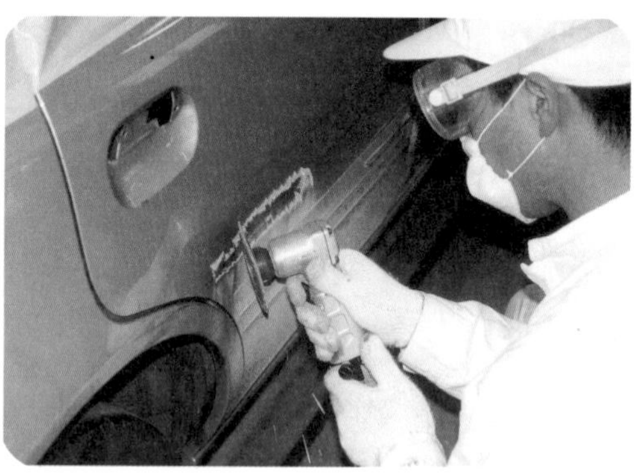

PHOTO **도막 벗기기**(유리에 마스킹도 반드시 할 것)

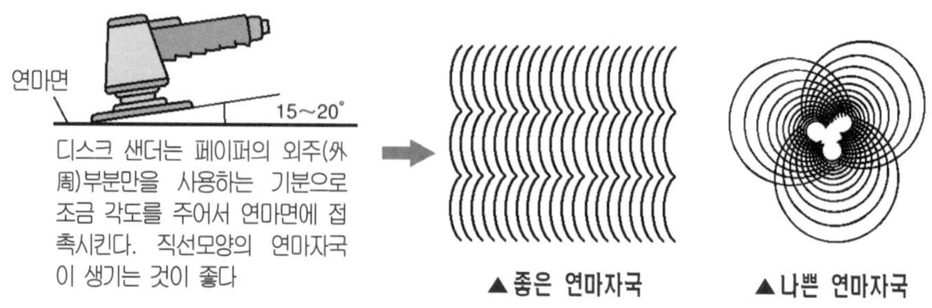

PHOTO **디스크 샌더를 잡는 방법과 연마 자국**

④ 거친 연마 자국을 지운다

P16~40으로 도장을 깎아낸 다음, 패널의 깊은 상처는 P80~120의 페이퍼로 연마하여 수정한다. 이것을 수정하지 않으면 패널에 프라이머 서페이서를 도장했을 때 상처가 나타나 필요 없는 곳에도 퍼티를 도포하여야 한다.

⑤ 에어 블로

연마 후 도료의 가루를 에어 더스터 건으로 제거한다. 공기압은 0.39~0.59MPa (4~6 kg/cm²). 주위의 패널까지 비산(飛散)될 경우가 많기 때문에 보디 전체를 에어로 청소한다.

6. 주의 사항

① 안전을 위하여 보호구를 장착한다.

- 방진 마스크 : 제거 작업시 도막의 연마 분진이나 먼지를 흡입하지 않기 위해서
- 보안경(goggles) : 제거 작업중에 먼지나 이물질이 눈에 들어가는 것을 방지한다.
- 장갑 : 부상을 방지하기 위해서.

② 제거 작업에서는 패널도 깎아버리기 때문에 금속의 분진이 발생하기도 한다.
윈도 글라스를 포함하여 작업에 관계가 없는 패널에는 마스킹을 해 둔다.

③ 샌더는 확실히 잡고 작업을 해야 사고를 방지한다.

④ 샌더는 페이퍼 면이 패널에 대하여 15~20°가 되도록 접촉시키며, 무리하게 힘을 가하지 않도록 한다.

⑤ 샌더의 이동은 제거 상태를 보면서 천천히 좌에서 우측으로 일정한 속도로 이동시킨다.

7. 점검 사항

- 도막의 제거가 미흡한 곳은 없는가.
- 녹은 남아 있지 않은가.
- 용접 부위에서 남은 절삭은 없는가.
- 패널의 고르기는 잘 되었는가.

제거를 한 다음에 패널 면이나 용접 부위를 잘 점검하여 완전한 연마 상태로 한다.

리무버에 의한 제거

신차, 보수도장 모두가 도막의 성능이 향상되어 있기 때문에 표면 조성(밀착성의 향상을 위한 작업) 연마만으로 상도 작업을 할 수 있다. 만약 표면이 거칠게 손상되어 있더라도 표면조성 연마 후에 우레탄 프라이머 서페이서를 뿌리면 대응할 수 있을 경우가 많다. 그러나 루프나 후드(보닛)등의 수평면이 산성비 등에 손상되어 제거가 필요한 차도 적지 않다.

루프나 후드 등은 면적이 넓고 샌더로 제거하면 마찰열로 강판이 늘어나거나 변형되는 경우가 있다. 넓은 면적의 샌더 작업은 대단한 노력을 요구하며 대량의 분진이 발생하는 등 위생상의 문제도 있다. 이러한 경우 리무버를 사용하여 제거하는데 리무버(박리제)에 의한 제거 작업은 다소 시간이 걸리고 번거롭지만, 패널의 손상시키지 않는 장점이 있다.

1. 목 적

넓은 면적의 손상된 도막을 제거하여 강판면(금속표면)을 노출시킨다.

2. 이 유

샌딩에 의한 도막제거 작업은 다음과 같은 현상이 나타난다.

- 넓은 면적의 패널(루프, 후드, 트렁크, 원박스 카의 사이드 패널, 도어 등)이 열화되었을 경우 도막을 벗길 때 샌더를 사용하면 페이퍼 면 접착부의 회전마찰로 강판이 늘어나 변형되는 현상이 나타난다.
- 넓은 면적은 도막을 제거하는 시간이 많이 걸리며 대량의 먼지를 수반한다. 공장 내에 먼지가 날리게 되면 다른 작업자의 건강에도 영향을 주며 장시간 샌더 작업을 할 경우 피로해지고 능률도 저하된다.

3. 사용기기

- 브러시 : 리무버를 도포한다.
- 용기 : 리무버를 보관한다.
- 스크레이퍼, 스푼 : 도막을 긁어낼 때에 사용한다.
- 세차 브러시 또는 솔 : 도막을 제거한 다음 남아 있는 리무버를 씻어낼 때에 사용한다.
- 걸레, 수건 : 씻어 낸 다음의 수분의 제거, 버킷도 필요하다.
- 디스크 샌더 (전동식, 에어식)

- 더블 액션 샌더(오빗 다이어 8~10mm의 파워가 있는 타입) : 도막 제거 후 강판면의 연마에 사용
- 에어 더스터 : 물기 제거, 청소용

4. 재 료

- 리무버(제거제) : 주성분은 염소계 탄화수소 용제 메틸렌 크로라이드.

  침투성이 높고 증발하기 쉽기 때문에 파라핀을 배합하고 있다. 이 파라핀이 표면에 떠서 용제의 증발을 방지한다. 종류는 알칼리성, 산성, 중성 등이 있으며, 자동차의 도막 제거용으로는 알칼리성 타입이 주로 사용되고 있다.

  구(旧)도막의 종류에 따라 용해력이나 용해 상태에 차이가 있다. 강력한 용해력을 가지며, 특유의 강한 냄새가 나며 피부에 묻지 않도록 취급에 주의가 필요하다.
- 천 테이프 : 커버 작업용
- 건식연마 페이퍼 : P120,80,60 등. 도막 제거 후의 연마용, 사이즈 125mm φ 외.
- 탈지제
- 걸레

5. 작업 방법

① 준 비

냄새가 매우 강하므로 통풍이 잘되는 곳에서 작업을 해야 한다. 작업중 리무버를 포함한 가스가 주변으로 흩어질 경우가 있으므로 안전상 주위에 차량을 두지 않도록 하거나 경우에 따라서는 비닐 커버를 씌워서 예방한다.

리무버, 용기, 브러시, 고무테이프, 마스킹용 비닐커버 등 도막을 벗겨내는 스크레이퍼, 스틸 스푼을 준비한다. 안전 보호구로서는 보호 마스크, 고무장갑, 작업복에 리무버가 묻을 경우가 있으므로 고무 또는 비닐의 에이프런을 준비하면 좋겠다.

제거가 끝난 다음 청소도구로는 빗자루, 쓰레받기, 제거한 도막 찌꺼기를 담을 쓰레기 봉투도 필요하다. 제거한 패널면의 청소용구, 솔, 세차 브러시, 수분제거용 걸레 등도 준비한다.

② 커버 작업

도막을 제거할 부분을 남기고 천 테이프, 비닐 시트를 사용하여 마스킹을 한다.

패널의 틈새에 리무버가 들어가지 않도록 세심하게 커버링하고 플라스틱 부품 등은 리무버가 부착되면 용해될 수 있으므로 이들도 천 테이프 등으로 보호한다.

③ 리무버의 도포

도막이 두꺼운 부분은 미리 상처를 만들어 놓는다. P40,36 페이퍼로 도장면을 거칠게 하면 리무버가 침투하기 쉽기 때문이다. 퍼티가 들어가 있는 부분은 깊은 상처를 만들어 준다. 브러시에 충분히 리무버를 발라서 도장면에 도포한다(리무버를 아끼지 말 것). 도막이 두꺼운 부분은 도포 후에 얇은 비닐 시트나 폴리에틸렌 시트를 덮어서 용제의 증발을 방지하면 침투성이 증가하여 도막의 부풀음이 좋아진다. 리무버 도포 후 약 3~10분 정도가 되면 도막이 부풀어 오르게 된다(소부도막, 우레탄은 수축되며 부풀고, 래커계 도막은 이완되며 용해된다).

④ 도막의 제거

부풀어 오른 도막을 스틸 스푼이나 스크레이퍼로 벗겨 낸다. 필요 이상으로 힘을 주어서 깎아낼 필요는 없으며 충분히 침투되어 있으면 간단히 벗겨낼 수가 있다. 무리하게 힘을 주거나 스푼 또는 스크레이퍼의 각도가 나쁘면 강판에 상처를 입히게 된다(차밑에 비닐이나 헌 신문을 깔아두면 도막 찌꺼기의 제거를 빨리 할 수 있다).

⑤ 제거가 덜 된 도막의 처리

도막이 두껍고 리무버의 침투가 불충분하여 도막이 남아 있는 경우 다시 리무버를 도포하여 충분한 시간을 두고 확실히 침투시킨 다음에 스크레이퍼 또는 스푼으로 긁어낸다.

⑥ 도막 찌꺼기의 뒷처리

제거 작업이 끝나고 흩어진 도막 찌꺼기는 별도 수거하여 깨끗이 처리한다.

⑦ 마스킹의 제거

제거작업이 끝나면 커버한 테이프, 비닐 시트를 제거한다. 이때 리무버의 나머지 찌꺼기가 마스킹재에 부착되어 있으므로 주의하면서 제거해야 한다.

⑧ 물 청소

제거가 끝난 패널면에는 리무버의 나머지 찌꺼기가 부착되어 있으므로 깨끗이 제거하지 않으면 도장 후에 도막의 결함 원인이 된다. 나머지 찌꺼기의 제거방법은 강판면에 물을 흘리면서 솔이나 세차용 브러시로 문질러서 깨끗이 제거한 다음 걸레나 타월로 수분을 닦아낸다.

⑨ **건조, 에어블로 작업**

에어로 차량 전체를 불어내어 수분을 제거하고 건조시킨다. 수분이 남아 있으면 녹이 발생되므로 신속하게 처리한다.

⑩ **남아있는 도막의 제거**

패널의 구석 등에 남아 있는 도막을 P60~80의 페이퍼를 사용하여 샌더나 손작업으로 깎아낸다.

⑪ **패널 전면 연마**

제거한 패널의 전면(全面)을 더블 액션 샌더(오빗 다이어 8~10mm파워 타입)로 연마한다. 사용하는 페이퍼는 P80~120이며, 이 번호로 연삭 흔적이 거칠 때는 P180의 페이퍼를 사용한다. 더블 액션 샌더는 패널 면에 페이퍼를 편평하고 가볍게 밀어 접촉시켜 회전력에 의한 연삭을 한다. 샌더를 정확하게 일정한 속도로 이동시킴으로써 깨끗한 페이퍼의 연마자국이 되도록 한다.

⑫ **에어블로, 탈지**

연마 종료 후에 에어블로를 한다. 안쪽에서 바깥으로, 위에서부터 아래로 신중하게 작업을 한다. 패널의 이음면, 틈새 등은 세심하게 불어내어 도막 찌꺼기나 먼지를 완벽하게 제거해야 한다.

에어블로가 끝나면 탈지(脫脂)작업을 하는데 깨끗한 걸레에 탈지제를 충분히 묻혀 패널의 연마면을 정성들여 닦아낸다. 다른 한손으로는 깨끗한 걸레를 잡고 탈지한 면을 닦아 낸다.

6. 주의 사항

작업은 통풍이 잘 되는 곳에서 하며, 시작하기 전에 보호구를 몸에 장착한다(고무장갑, 방독 마스크, 보안경, 고무 앞치마 등). 제거 부위 이외에는 천 테이프나 비닐 등으로 마스킹을 한다.

리무버 통의 뚜껑을 열 경우에는 내부에 가스가 충전되어 있으므로 걸레 등으로 덮은 상태에서 뚜껑을 열어 가스를 배출시킨 다음 리무버 액을 사용한다. 리무버의 도포는 충분히 솔에 묻힌 다음 얼룩이 없도록 일정하게 발라야 하며, 두껍거나 얇을 경우 얼룩이 발생하여 깨끗한 도막의 제거를 기대할 수 없게 된다. 스크레이퍼나 스틸 스푼으로 도막을 긁어낼 경우 패널에 상처를 주지 않도록 날의 각도와 힘을 주는 방법 등을 고려하여 작업해야 한다.

리무버가 피부에 묻었을 경우에는 즉시 수돗물로 씻어 내며, 염증을 일으켰을 경우에는 피부과의 전문의에게 의뢰하여 치료를 받는다. 도장 전 리무버의 찌꺼기는 물로 깨끗이 씻어내야 하며, 남아있을 경우 도장을 하면 건조불량, 밀착불량, 블리스터, 녹 등의 결함이 생긴다.

작업 후 도막의 찌꺼기를 청소하고 사용한 브러시, 용기 등을 깨끗하게 물로 씻어서 정리 정돈을 한다.

7. 점검 사항

- 제거할 때 누락된 곳은 없는가
- 리무버의 찌꺼기는 없는가
- 페이퍼 연마는 빈틈없이 되어 있는가
- 탈지와 에어 블로는 하였는가. 특히 패널의 이음매에 나머지 찌꺼기가 없는가
- 물 세척과 수분 제거가 잘 되었는가

샌드 블리스터(sand blister)에 의한 제거

샌드 블리스터는 패널의 도막이나 녹 부분에 특수한 모래를 공기의 압력을 이용하여 분사시켜 도막 제거와 녹을 제거하는 공구이다.

샌더나 리무버에 비해서 작업 방법이 비교적 간단하며, 깨끗하게 마무리되는 것이 특징이다. 샌더로 작업하기가 어려운 부분, 좁은 라인의 홈, 주름이 있는 플로어 패널, 보디 관련 하부의 도막 벗기기나 녹 제거에 위력을 발휘한다.

1. 주의 사항

- 사용방법을 확실히 숙지하고 안전수칙을 준수하여 작업한다.
- 모래가 날리지 않도록 차단막이 있는 작업장이 필요하다. 뿌려진 모래의 회수방법도 생각해 둘 필요가 있다(회수기능이 있는 기종도 있다.).
- 작업자의 안전대책을 확실하게 준비한다. 분사된 모래로부터 보호받을 수 있도록 방진복이나 안경부착 마스크와 가죽장갑을 착용하여 안전을 도모한다.
- 사용한 특수 모래는 회수하여 재사용할 수가 있다.

페더 에징(feather edging, 단 낮추기)

도막의 페더 에징이란 상처나 패인부분 등을 보수를 하기 위하여 패널 일부분의 도막을 제거한 강판면과 구도막과의 턱진 부분을 매끈하고 경사지게 만드는 것을 말한다.

상도 후의 도막 결함이나 구도막과의 층이 생기지 않도록 하는 작업으로서 패널을 전면 제거할 경우에는 필요가 없는 작업이기도 하다. 보수 도장 공정 중에서 이 작업은 매우 중요한 포인트의 하나이다.

페더에지 위에 퍼티를 도포하고 프라이머 서페이서 도장 및 상도를 하는데 있어서 도막이 얇아져 있는 만큼 내용제성(耐溶劑性), 밀착성 등이 약해지는 부위로서 결함이 생기기 쉬운 만큼 세심한 주의가 필요하다. 턱 제거 작업은 간단한 것 같지만 의외로 어렵다. 샌더 취급 방법에 요령이 있다. 작업 포인트가 벗어난 방법으로 하면 깨끗하고 자연스런 모양을 얻을 수 없으며, 단지 강판 면에 넓게 커지는 결과만 될 것이다.

1. 목 적

도막을 제거한 강판면과 구도막의 경계층을 완만하게 경사진 모양으로 만든다.

2. 이 유

① 도장 마무리 후 도막의 결함

구도막이 부풀어 올라오거나 경계선이 나타난다. 퍼티나 프라이머 서페이서 등의 용제가 구도막과 강판면의 틈새에 들어가 구도막을 침해하고 부풀어 오른다. 또한 건조기로 가열했을 때 구도막과의 틈새에 공기가 가열되어 풍선처럼 부풀어 오르는 현상이 나타난다.

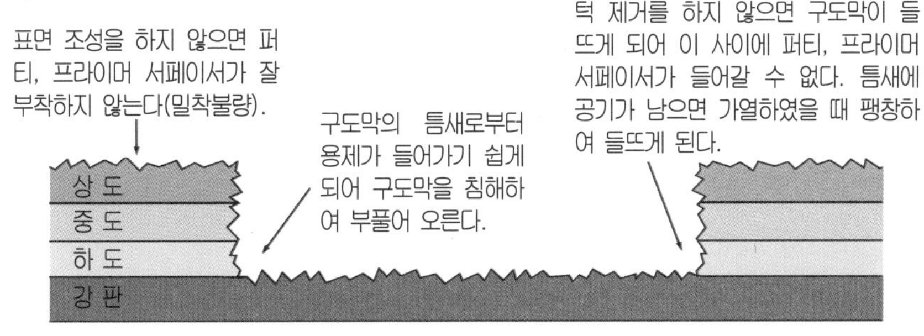

PHOTO 페더 에징을 하지 않으면 도막의 결함이 생긴다

PHOTO 페더에지

② **퍼티나 프라이머 서페이서와의 부착성 향상**

턱 제거(페더에지)를 함으로써 동시에 구도막의 표면이 조성되어 퍼티나 프라이머 서페이서의 부착성이 좋아진다.

③ **작업의 합리화**

구도막이 두껍지 않을 경우에는 확실하게 페더에지를 함으로써 퍼티 작업을 생략하고 프라이머 서페이서 작업만으로도 도막의 층을 없앨 수가 있다.

3. 사용 기기

공구로서는 일반적으로 더블 액션 샌더를 사용한다.

이 작업에는 연삭용으로 파워가 강하고 고회전이 지속되는 것이 적합하다. 회전속도는 7,000~10,000rpm, 오빗 다이어는 6~10mm, 패드 지름 125mm, 패드의 경도는 중간 타입. 페이퍼 접착은 매직 또는 풀 접착식이며 소음과 진동이 적은 타입이 좋다. 또 효율을 높이기 위해서 연삭력이 강하고 작업성이 좋은 기어 액션 샌더도 널리 이용되고 있다.

4. 사용 재료

건식연마용 원형 페이퍼, 매직·풀붙임 타입. φ125, φ150 등. 번호는 P80, 120, 180, 240 등이다. 단, 연마재의 메이커에 따라 페이퍼의 입자나 성능, 절삭성, 지속성 등은 미묘하게 다르다. 도막의 종류, 도막의 두께 등에 따라서도 페이퍼의 절삭성, 지속성이 달라지므로 정확히 파악한 다음에 선정한다.

5. 작업의 순서

① 준비와 마음가짐

- 도장의 범위와 도막의 종류를 확인한다.
- 공구와 재료를 갖춘다. 더블 액션 샌더 연삭용 또는 기어 액션 샌더(125mm φ)와 건식 연마 페이퍼. 도막의 종류, 두께에 의해서 번호를 바꿀 필요가 있으며 P80, 180, 240을 갖추어 놓는다. P240은 페이퍼의 흔적 지우기 및 표면 조성을 위한 것이다.
- 작업 장소는 퍼티 바르기, 퍼티연마로 계속할 수 있는 정 위치로 한다.
- 작업 시간을 정한다.
- 차의 오염방지와 고객의 차를 취급하고 있는 이상 도막 부위 이외에는 오염되지 않도록 커버링한다(엔진 룸, 실내, 트렁크 룸, 휠 하우스 등).

② 페더에지 조성

방진 마스크, 장갑 착용

- 도막에 맞는 페이퍼를 더블 액션 샌더에 장착한다(일반적으로 P80).

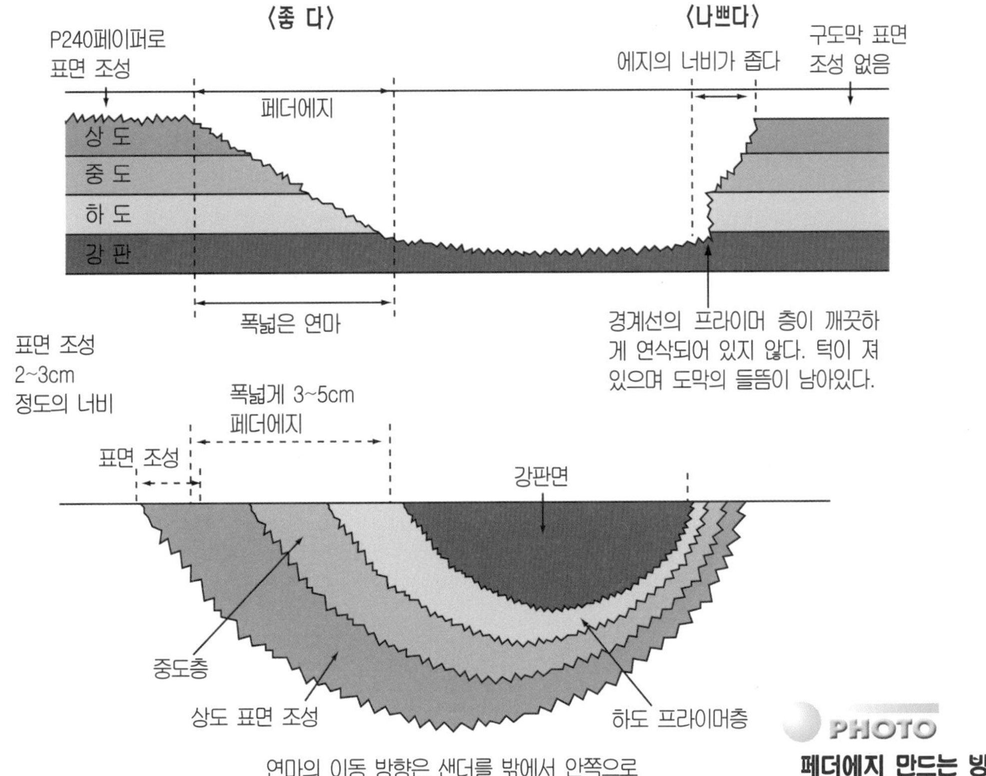

PHOTO
페더에지 만드는 방법

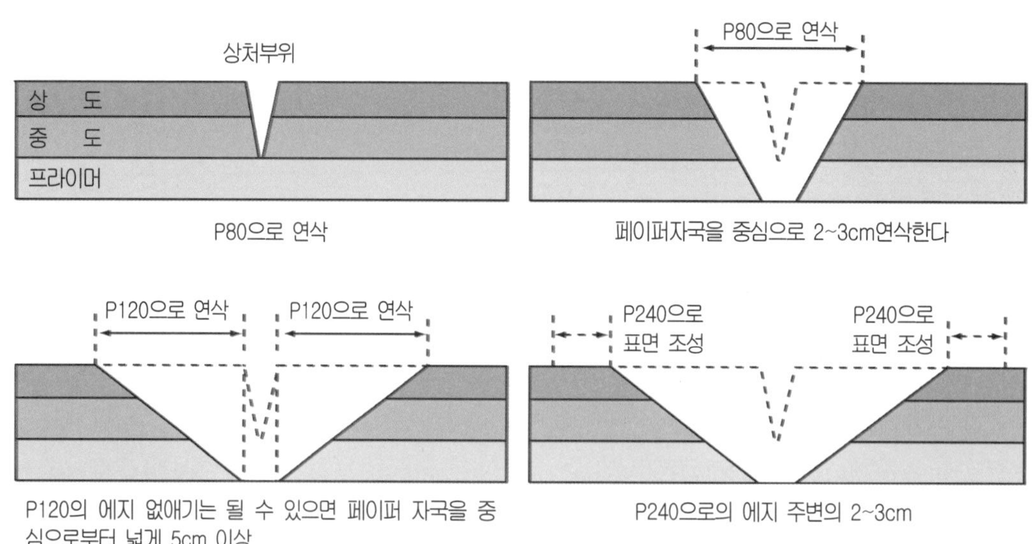

PHOTO 페이퍼 번호와 페더에지(턱 제거)

- 도막의 층(강판면과 구도막의 경계)에 페이퍼 면을 평행하게 접촉시켜 회전시킨다. 페이퍼 면을 도막면(에지부분)에 접촉시킨 다음 샌더를 회전시킬 경우 공기 압력은 트랜스포머로 0.49MPa(5㎏/cm²)가 되도록 조정한다.
- 샌더는 강하게 누르지 말고 가볍게 접촉시켜 회전력으로 연마한다.
- 에지의 중심을 샌더의 페이퍼 중심에 평행하게 밀착시켜 이동하면서 페더에지(턱 제거)를 한다.
- 에지의 외측으로부터 내측으로 향하여 샌더를 움직여야 보다 깨끗한 페더에지를 얻을 수 있다. 내측(강판면)으로부터 구도막쪽으로 움직이면 강판의 도막 끝만 연삭되어 깨끗하고 경사진 상태가 되지 않는다.
- 연삭이 늦다고 해서 샌더를 강하게 눌러 접촉시키면 강판면이 가열되어 변형(열로 강판이 늘어난다)된다. 연삭은 회전력으로 하며 절삭이 잘 안될 경우는 페이퍼의 입자가 마모되어 있기 때문에 신품으로 교체하여 사용한다. 페더에지의 경우 강판면에도 페이퍼가 접촉되기 때문에 입자가 빨리 마모된다.
- 페더에지의 너비는 도막의 두께나 기타 조건에 따라서 다르지만 약 3~5cm정도의 폭으로 넓게 연삭한다.

- 대략 페더에지가 만들어진 다음에 P80, 120, 240의 고운 페이퍼로 교환하여 거친 연마 자국을 연마한다.
- 에지 연마의 주변에는 약 2~3cm의 너비를 P240의 페이퍼로 약간 표면조성을 한다.

③ 더블 액션 샌더로 페더에지가 깨끗하게 되지 않을 때

손연마로 페더 에징을 한다. 파일(매직 타입이 작업하기 쉽다), 핸드 블록(받침고무, 구멍 뚫기 패드, 스펀지 패드 등)에 P100, 120 또는 180의 페이퍼를 부착시켜 도막의 에지 외측에서부터 내측으로 향하여 연마하면 비교적 간단히 페더에지를 할 수 있다. 우선 더블 액션 샌더에 P80의 페이퍼를 부착하여 대략 페더에지를 하고 P120의 페이퍼로 도막의 외측에서 내측으로 향하여 손연마를 하면 깨끗한 경사면이 만들어진다.

마지막으로 P240의 페이퍼로 도장의 기반을 만들어 주는데 퍼티 작업을 두껍게 한 도막은 이와같은 방법으로 비교적 간단히 할 수 있다.

④ 선 상처의 페더에지

신차 도막(소부도장)에서 선모양의 상처는 페더에지(턱 제거)가 어렵다.

- 더블 액션 샌더 패드에 P80의 페이퍼를 부착시켜 선의 상처에 대고 조금 비낌으로 떠오르게 한 상태(패드 각도 3~5°정도)로 연마한다.
- 상처를 중심으로 2cm정도 너비의 에지가 만들어지면 페이퍼를 P120으로 바꾸어 에지에 패드를 밀착시키고 도막의 외측에서부터 내측으로 이동시키면서 폭 넓게 3~5cm의 페더에지를 만든다. 패드의 페이퍼 면을 평행하게 하여 도막에 샌더를 가볍게 접촉시켜 작업한다.

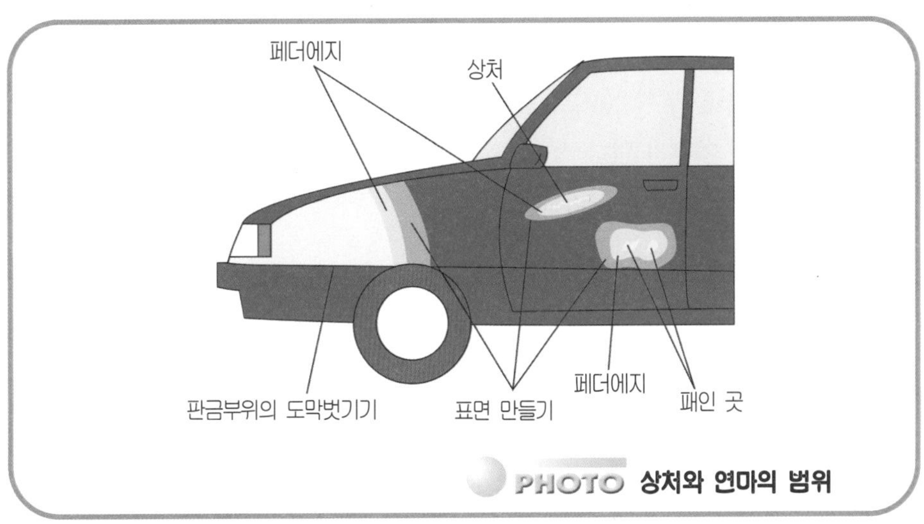

PHOTO 상처와 연마의 범위

- 3~5cm의 에지가 만들어지게 되면 P240의 페이퍼로 바꾸어서 에지의 주위에 구도막의 표면 만들기를 한다.

6. 주의 사항

- 작업 시작 전 안전을 위하여 방진 마스크, 보안경, 장갑착용 등 안전장구를 갖춘다.
- 공기압을 트랜스포머로 0.39~0.49MPa(4~5kg/cm²)가 되도록 설정한다. 높은 압력으로 사용하면 진동이 크고 회전으로 인한 떨림이 발생되어 작업이 불안정하게 되며 깨끗한 마무리가 되지 않는다.
- 사용하는 페이퍼는 절삭성이 좋은 것을 사용한다. 입자가 마모되었거나 오래 사용한 것으로는 작업이 진행되지 않는다. 절삭이 잘 안된다고 샌더를 강하게 접촉시키면 열이 발생되어 강판이 변형될 경우가 있으므로 주의한다.
- 샌더는 강하게 누르지 말고 가볍게 접촉시켜 회전력으로 연마한다.
- 에지는 넓게 만들며 경사는 될 수 있으면 완만하게 한다.
- 페이퍼의 면은 평행으로 접촉시킨다. 비스듬히 사용하면 더블 액션 샌더를 빨리 손상시키고 패드가 변형된다.
- 고속회전으로 작동되므로 샌더는 단단히 힘주어 잡고 허리를 고정하여 올바른 자세로 작업을 한다.
- 페더에지 작업이 끝나면 사용한 샌더는 에어로 깨끗이 청소한다.

① 점검사항

- 도장하는 패널의 패인 부분이나 상처는 남아 있지 않는가.
- 벗겨짐은 남아 있지 않는가.
- 선 모양의 상처는 남아 있지 않는가. 이것이 있으면 도장한 다음에 지렁이처럼 도막의 부풀음이 생길 경우가 있다.
- 에지의 경사짐은 깨끗하게 되어 있는가.
- 에지의 주위에 표면 만들기가 되어 있는가.
- 도막의 점검은 하였는가. 구도막이 시너 등의 용제에 강한가 약한가 등.

에어블로와 탈지

연마 작업을 하면 연마 부분이나 주변의 패널면 뿐 아니라 공장 전체가 분진으로 더러워진다. 작업차의 연마된 부분을 깨끗하게 하는 것이 이 작업이다.

1. 목 적

블록 또는 부분적으로 제거한 면을 페더에지하여 연마한 다음 분진, 먼지, 유지, 이물 등을 제거하여 깨끗한 면이 되도록 한다.

2. 이 유

패널이나 패널연마면 및 강판 표면에 오염의 원인인 분진, 유지, 먼지 등이 남아 있으면 도장 후에 도막의 결함이 발생되기 쉽기 때문이다.

오염 위에 도료를 바르면 우선 강판면에 프라이머나 퍼티가 완벽하게 부착되지 않는다. 따라서 ① 강판면에 녹이 발생하여 도막에 부풀음이 생긴다. ② 층간 밀착성이 떨어지므로 블리스터의 원인이 된다.

3. 사용 공구

① 에어 더스터 건

청소용 공구(도장 작업 뿐 아니라 정비, 판금, 차내 청소에도 사용한다)로서 압축 공기만을 분출하는 것이다. 손가락으로 레버를 당기면 노즐에서 압축공기가 분출되어 먼지, 이물, 수분 등을 불어서 날려버린다.

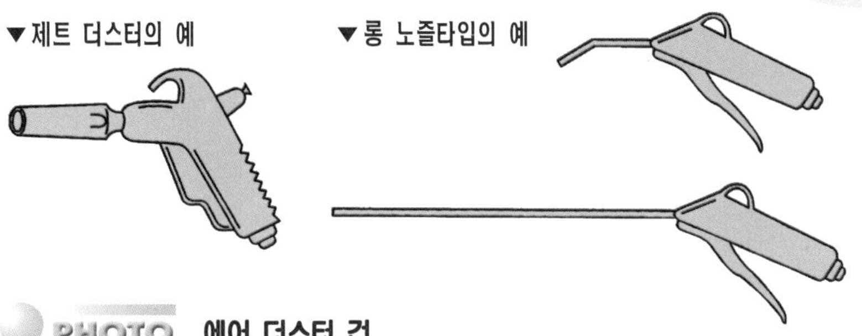

PHOTO 에어 더스터 건

여러 가지 모양이 있으며 용도에 따라 구분해서 사용하면 효율적이다.

예를 들면 도어의 안쪽이나 프런트 필러 등 손이 들어가지 않는 곳, 패널의 이음매 깊은 곳 등을 에어블로를 할 때는 노즐이 긴 타입을 사용함으로써 속에 있는 먼지나 이물질을 간단하게 제거할 수 있다. 손이 들어가기 어려운 좁은 틈새에도 이 더스터는 편리하다. 또 물체의 건조를 빨리하고 싶을 경우에는 압축공기가 분출하는 힘에 의해서 제거 또는 증발시킬 수 있어 좋다.

4. 사용 재료

① 탈지제

패널면의 유지 오염을 제거하는 클리너로서 몇 종류의 용제가 조합된 것. 용제의 용해력이 강하면 도막면을 팽창 또는 연화시켜 도막의 결함 원인이 되므로 용해력이 약하고 속성 건조하면서 왁스나 실리콘 제거, 유지류 등의 오염이 쉽게 제거되는 것이 좋다. 또 탈지제는 상도 도장시에 흩날리는 것을 방지하는 역할도 필요하다.

② 걸레, 종이 와이퍼

도장 작업에 빼놓을 수 없는 것으로서 매우 중요하다. 연마, 청소, 탈지, 오염의 닦아내기(공구, 용기 청소 후 닦아내기)에 사용되며 기타 여러 가지에 활용된다.

흰 걸레, 종이걸레, 천 걸레에 비해서 실 부스러기, 면 부스러기가 발생하지 않기 때문에 먼지가 깨끗이 제거되며 사용하기에 편하다. 탈지에 사용한 후에는 스프레이 건이나 도료용기 청소 등 닦아 내기에 사용할 수 있으며 최종적으로는 바닥에 엎지른 도료를 닦아 내기 등에 사용하기가 좋다.

Reference

헌 천 걸레라도 색깔이 있는 것은 도장용에 부적합하다. 시너나 탈지제를 묻혔을 경우 염료가 녹아서 오히려 청소할 곳에 색깔이 묻게 되는 경우도 있다.

5. 작업 방법

① 에어블로

에어블로는 안쪽에서부터 실시한다.

실내, 도어의 안쪽, 필러의 안쪽 주변, 펜더와 도어의 틈새에 들어가 있는 방진, 먼지, 이물질을 불어낸다. 이후 외판에 부착되어 있는 먼지, 이물질을 위로부터 아래로 향해서 제거하며 이때 먼지가 차내로 들어가지 못하도록 더스트 노즐의 방향에 주의한다.

도막을 제거, 페더에지를 한 이후 연마자국에 들어가 낀 먼지를 공기로 쓰다듬는 식으로 확실히 털어낸다.

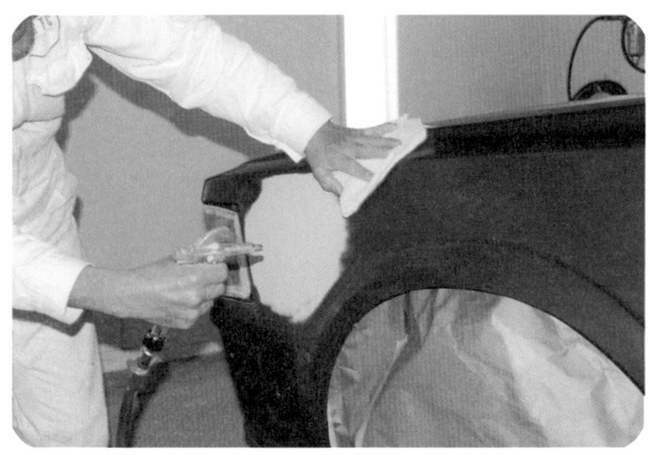

PHOTO 에어블로(퍼티 작업시)

② **탈 지**

걸레에 탈지제를 충분히 묻혀서 한손에 잡고 패널면을 닦는다. 특히 강판이 노출된 면은 빈틈없이 하여야 하며 또 다른 한손에는 건조하고 깨끗한 걸레로 오염을 제거한다는 느낌으로 확실히 닦아낸다.

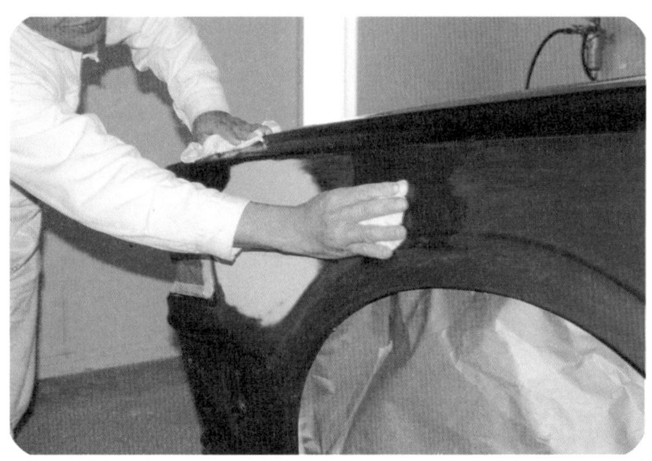

PHOTO 청소·탈지

③ **에어블로**

최종적으로 차량 전체를 에어로 불어낸다.

6. 주의 사항

- 공기압은 0.39~0.49MPa(4~5kg/cm^2)로 조정하여 사용한다.
- 차량 내부는 안에서 밖으로, 외부는 위에서 아래로 불어내며 먼지가 속으로 들어가지 않도록 주의한다.
- 강판면이나 도막면의 연마자국은 빈틈없이 작업을 한다. 연마자국에 걸려 있는 먼지를 제거하는 기분으로 에어블로를 실시한다.
- 탈지용의 걸레는 깨끗한 것을 사용한다. 탈지제는 충분히 묻혀 사용하며, 닦아 내기용 걸레도 깨끗한 것을 사용한다.
- 탈지한 패널 면을 맨손으로 만지지 않을 것. 손에는 기름기와 오염물질이 있으며, 특히 손의 땀은 블리스터의 근원이 된다. 만약 실수로 손이 접촉되었을 경우에는 다시 깨끗이 닦아내고 작업준비를 해야 한다.

7. 점검 사항

- 앞 공정의 제거와 페더 에징은 잘 되어 있는가.
- 먼지나 이물질은 남아 있지 않은가.
- 탈지와 닦아내기는 확실히 하였는가.
- 탈지를 한 다음에 강판면을 맨손으로 만지지 않았는가.

이 에어블로와 탈지는 도장작업의 공정마다 실시한다. 간단한 것 같지만 매우 중요한 작업이다.

방청과 금속면 처리

패널의 판금 수정이 끝나고 도막제거, 페더에지, 탈지 등 일련의 작업이 완료되면 노출된 강판면의 표면처리와 방청처리가 필요하다.

강판면이 노출되어 있더라도 퍼티의 도포가 필요없는 상태의 패널에는 프라이머 서페이서를 도포함으로써 녹 방지의 대용이 될 수 있다. 그러나 강판면에 직접 도포할 때 래커계의 1액형보다 2액형의 우레탄계 프라이머 서페이서를 사용하는 것이 더 좋다.

1. 목 적

신차의 골격이나 주요 패널에는 대부분 방청강판이 사용되고 있다.

방청강판에는 여러 가지 종류가 있으나 일반적으로는 철판의 표면이 아연 도금이나 합금층으로 되어 있다.

강판(철판)은 녹이 발생하면 점점 내부로 진행하여 부식되는데 방청강판은 녹이 발생하기 어렵고 발생하더라도 표면에만 발생하게 된다.

이 방청강판이라도 판금작업에서 표면을 샌더로 연마하면 아연이나 합금층이 절삭되어 철판 표면이 노출되므로 녹이 발생된다. 즉, 방청작업이란 노출된 철판의 표면을 녹이 발생되지 않도록 처리하는 것이다.

2. 이 유

신차 라인의 표면처리는 인산 아연의 피막 처리를 하여 금속 표면의 방청과 하도도료의 밀착성 향상의 역할을 하고 있다.

차체 수리 공장에서도 노출된 강판면에 직접 퍼티를 바르는 것이 아니라 금속의 표면 처리를 확실히 한 다음 도장작업으로 옮겨감으로써 녹에 의한 도막의 결함을 방지하여 품질 높은 도막을 만들 수가 있다.

3. 사용하는 공구 및 재료

- 금속면 표면 처리제 또는 워시 프라이머
- 희석용 용기(폴리 용기, 도자기, 유리 용기 등). 금속제의 용기는 사용하지 않는다. 금속이 표면 처리제 액과 반응하여 성능이 저하된다.

- 브러시, 깨끗한 걸레, 교반용 등
- 보호구(고무장갑, 긴 장화, 고무 또는 비닐제 앞치마, 방독 마스크 등). 맨손으로 금속 표면 처리제를 사용하지 않을 것. 인체에 유독하므로 작업하기 전에 보호구를 착용해야 한다.

4. 작업 방법

금속 표면 처리제

각 도료 메이커의 지정 매뉴얼에 따를 것.

- 표면 처리제는 메이커가 지정하는 비율로 희석하여 사용한다(준비한 용기로 희석). 원액에 희석액을 가한 다음 잘 섞어서 사용할 것.
- 연마, 탈지한 강판 표면에 걸레 또는 브러시 등을 사용하여 도포한다. 백색 걸레를 사용하여 도포할 경우에는 걸레를 골프공 정도로 만들어 표면 처리제를 걸레에 충분히 침투시켜 강판면에 도포한다(걸레를 사용해서 도포하는 방법을 탄포 도장이라고 한다). 브러시의 경우는 털이 조금 길고 부드러운 것이 사용하기가 쉽다. 면적에 따라 브러시의 크기를 선택하고 표면 처리제를 묻혀서 브러시의 자국이 생기지 않도록 도포하며, 거의 1회 도장으로 완료한다.
- 구도막에 도포하지 않을 것. 도포되었을 경우 즉시 건조한 걸레로 닦아낼 것.
- 도포 후 5~6분 지나면 용액이 강판 표면에서 화학반응을 일으키기 시작한다.
- 도포한 강판 표면의 광택이 없어져 색이 변하면 물 세척을 한다. 깨끗한 수돗물로 표면의 잔액을 씻어낸다.
- 수분을 제거 건조시킨다. 건조한 강판 표면에 얇게 인산철 피막이 만들어져 있다.
- 건조된 금속면은 시간을 끌지 말고 신속하게 다음의 퍼티 작업이나 프라이머 서페이서 작업을 시작한다. 도포 후 장시간 그대로 방치하면 녹의 발생이나 기타 도막의 결함 원인이 된다.

① 주의 사항

- 사용하는 표면 처리제는 메이커의 사용 또는 작업 방법에 따른다. 사용하기 전에 설명서 등을 충분히 읽는다.
- 보호구를 착용하고 작업을 한다.
- 철제, 알루미늄 등의 용기는 사용하지 않는다. 폴리 용기, 도자기, 유리 용기를 사용한다.
- 표면 처리제를 지나치게 많이 만들어 놓으면 차후에 사용할 수 없으므로 사용에 필요량

만 희석한다.

- 도포 후, 즉 화학 반응 후에는 깨끗한 물로 나머지 찌꺼기를 깨끗이 씻어 낸다.
- 구도막에는 절대로 처리제를 도포하지 않는다. 도포된 경우 즉시 건조한 걸레로 깨끗이 닦아낸다. 도막 위에 처리제가 도포된 그대로 도장하면 도장 후 도막 벗겨짐, 블리스터, 밀착불량에 의한 도막의 들뜸이 생긴다.
- 건조 후에는 즉시 다음의 작업으로 퍼티도포와 같은 공정으로 진행한다.
- 사용한 브러시와 용기는 물로 깨끗이 세척하여 둔다.
- 표면 처리제의 원액은 용기의 뚜껑을 꼭 닫고 서늘하고 어두운 곳에 보관한다.

※ 인산액 (원액)은 녹제거제로 사용할 수 있다. 사용방법은 각 메이커의 설명서를 참조할 것.

워시 프라이머

① 도장 방법

스프레이 건 도장(작은 범위로부터 넓은 범위로 대응할 수 있으나 마스킹이 필요), 브러시 도장(보수 도장 면적이 작을 때), 걸레 도장(=탄포도장, 작은 면적으로부터 넓은 면적까지 : 시너 희석은 분무 도장의 2배로 희석하여 도포한다)의 3가지 방법이 있으나 작업 효율과 균일성을 고려하여 스프레이 건을 사용한 분무 도장 방법에 대하여 설명한다.

Reference

브러시 도장, 걸레 도장에는 숙련을 요구하며 도막이 균일하게 되지 않을 경우가 많고 필요 이상으로 두껍게 바르면 성능면에서 좋지 않은 작용을 일으킬 경우가 있다.

② 도장 작업의 순서

㉮ 준 비

1. 워시 프라이머의 준비[주제(主劑), 첨가제, 전용 희석제]
2. 공구, 용기의 준비

- 희석용 용기
- 스프레이 건 : 중력식, 구경 1.0~1.3mm. 도료 컵은 중력식의 경우, 일반적으로 알루미늄제이며 워시 프라이머를 집어넣으면 금속 반응을 일으킬 경우가 있다. 플라스틱제 컵이나 안쪽이 테프론으로 가공되어 있는 타입을 사용한다.

- 도료 교반 막대 : 나무, 대나무, 플라스틱제를 사용하며 금속제의 교반 막대는 피한다.

3. 안전 위생 보호구 : 방독 마스크, 내용제 장갑. 워시 프라이머는 인산, 크롬산이 들어가 있으므로 유해하다.
4. 건조기 : 반사식 건조기 등. 우천, 고습도, 기온이 낮을 경우에 도장면을 따뜻하게 하거나 건조시키기 위해. 또 작업의 능률면에서 반드시 필요하지만 지나치게 고온으로 하지 말아야 한다.

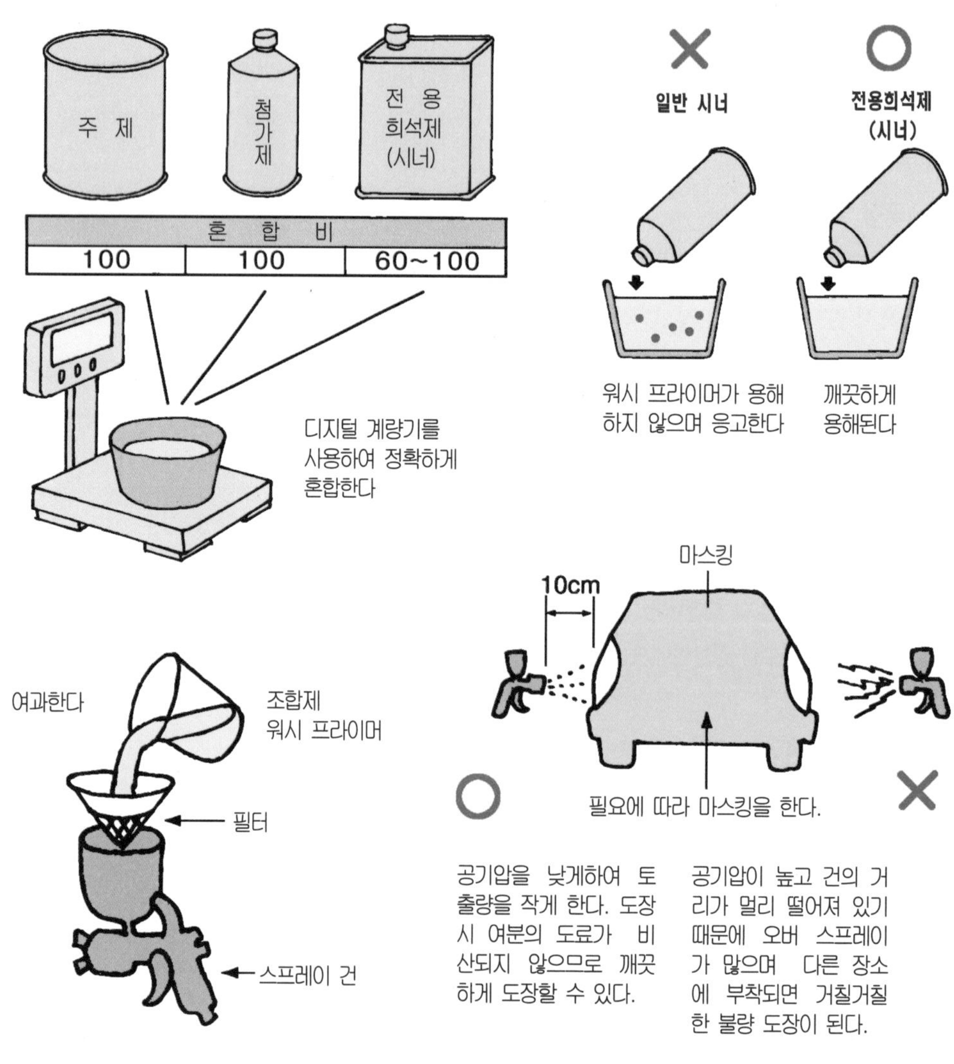

PHOTO 워시 프라이머 분무

㉯ 작업 순서

기본적으로는 각 도료 메이커의 사양서, 설명서 등에 의해서 작업한다.

1. 조합(調合) : 워시 프라이머는 사용량만 조합한다(각 메이커에서 지정하는 배합 비율을 지킨다). 조색용 계량기에 용기를 올려 놓고 주제와 첨가제의 양을 계측하여 가한다. 필요에 따라 전용 희석제를 가한다. 희석제는 분무작업이 쉽고 도막의 두께를 얇게 하기 위해서 필요하다.
2. 마스킹(커버링) : 분무 부위 이외에 도료의 분진이 묻지 않도록 한다.
3. 에어블로, 탈지 : 분무하는 강판 노출부의 에어블로와 탈지를 실시하여 깨끗하게 한다.
4. 도료의 여과 : 조합한 워시 프라이머를 필터(여과지)로 문질러 도료 컵에 집어넣는다. 도료를 넣기 전에 스프레이 건을 조정해 둘 것(분무 상태의 컨디션을 볼 것).
5. 방독 마스크의 착용(신체의 보호)
6. 분 무

강판 노출부에 얇고 균일하게 분무한다(공기압을 낮게 하여 토출량을 적게 한다). 금속면에 색상이 엷게 배일 정도면 된다. 표준은 1회 도장, 또는 2회 도장.

- 패턴 너비 ……………… 1 3/4~2 1/2 회전 열림(돌렸다가 되돌림)
- 공기 압력 ……………… 0.15~0.19MPa(1.5~2.0kg/cm²)
- 토 출 량 ……………… 1 3/4~2 1/2 회전 열림(돌렸다가 되돌림)
- 도료 점도 ……………… 10초, FC#4, 20℃
- 건의 거리 ……………… 10~15cm
- 건의 스피드 …………… 80~100cm/초
- 패턴의 겹침 …………… 1/2~2/3 정도
- 분 무 횟 수 …………… 1~2회 얇게
- 도료막의 두께 ………… 3~5 미크론

Reference

▶ **워시 프라이머를 두껍게 바르면 효과가 떨어지므로 얇게 바른다.**

▶ **분무할 때는 구도막에 도포되지 않도록 할 것. 도포되었을 경우 즉시 닦아 내거나 건조시킨 후 페이퍼 연마로 제거한다.**

7. 건조 : 워시 프라이머 면을 건조시킨다(상온 건조를 해도 좋다.).
   상온 건조(자연건조) : 20℃ × 1시간 정도
   강제 건조 : 60℃ × 10분 정도
8. 스프레이 건의 세척 : 분무가 완료된 다음 스프레이 건을 시너로 깨끗이 세척한다.
9. 건조 후 8시간 이내에 다음 공정을 작업한다 : 건조 후 8시간 이내에 퍼티 도포나 프라이머 서페이서 분무 등의 다음 공정으로 들어간다. 방치해 두면 도막의 결함, 블리스터나 방청력의 저하가 생긴다.

③ **주의 사항**

- 조색에 사용하는 용기는 플라스틱 또는 유리 용기를 사용하고 교반 막대도 나무나 플라스틱제를 사용한다.
- 조색은 각 메이커의 매뉴얼에 따라야 하며 주제·첨가제, 희석제, 전용의 희석제(전용 시너)를 사용한다.
- 점도를 낮게하여 분무한다. 9~10초(두껍게 도장되지 않도록 하기 위해서)
- 사용가능 시간 준수 : 주제·첨가제, 희석제를 조합시킨 워시 프라이머는 지정 시간 내에 사용한다. 사용 가능 시간이 지난 도료는 성능이 열화되어 결함을 발생한다.
- 워시 프라이머는 얇게 도포되어야 효과를 발휘한다(도막 두께는 3~5미크론). 두껍게 도포되면 갈라지거나 들뜸의 원인이 된다.
- 구도막에 도포되지 않도록 할 것. 워시 프라이머는 구도막에 도포성이 나쁘므로 도포된 경우에 분무 직후라면 걸레로 닦아내고 잘 닦이지 않을 경우에는 건조시켜 P180~240의 페이퍼로 연마하여 제거한다.
- 사용 후 남은 도료는 버린다. 필요량만을 계산하여 조색하고 8시간 이내에 사용할 수 있으면 좋으나 남는 것은 버린다.
- 스프레이 건은 분무 작업이 완료되는 즉시 세척한다.
- 주제 · 첨가제는 확실히 뚜껑을 닫고 서늘하고 어두운 곳에 보관한다.
- 제품에 따라서는 판금 퍼티나 폴리 퍼티와의 호환이 안 좋은 것도 있다. 퍼티의 용제 성분(스틸렌)에 의해서 워시 프라이머가 침해되어 분리 또는 부착 불량을 일으키는 것이 있다.
- 우천, 습도가 높을 경우 도장시 특히 주의가 필요하다. 브러싱(백화현상 ; 白化現象)

이 일어난 도막은 방청 효과나 부착력이 나쁘다.

- 방독 마스크, 예방 장갑을 착용.

④ 점검 사항

- 균일하게 분무되었는가. 도포 후 남은 것은 없는가.
- 구도막에 도포되어 있지 않는가.
- 두껍게 바르지 않았는가.
- 스프레이 건과 용기는 세척하였는가.
- 건조 후 방치되어 있지 않는가.

⑤ 우천, 고습도, 한랭시의 도장방법

워시 프라이머 도장에서 어려운 것은 우천, 고습도, 한랭시의 경우이다.

이와 같은 주위 여건을 고려하지 않고 일반적인 도장을 하게 되면 브러싱이 발생하여 크레임의 원인이 되므로 작업하지 않는 것이 좋겠지만 도료의 성질을 알고 주의함으로써 결함을 미연에 방지할 수 있다.

- 강판을 따뜻하게 한다. 표면을 따뜻하게 하여 습기를 제거한다. 30~40℃정도(거의 사람의 피부)가 좋다.
- 에어 호스로부터 수분이 나오지 않도록 트랜스포머의 물을 확실히 제거한다.
- 강판면이 건조한 다음에 분무한다. 두껍게 도장이 되지 않도록 얇게 분무한다. 강판면이 사람의 피부 온도 정도이므로 빨리 건조한다. 분무할 때 도막이 거칠하지 않게 할 것. 점도에 충분히 주의한다.

04 퍼티 작업 전에

퍼티 작업은 간단한 것 같지만 시간이 걸리고 어려우며 그 결과는 도장의 마무리에 크게 영향을 주므로 매우 중요하다.

판금 작업 후 패널의 요철(凹凸)을 편평하게 하고 면내기와 라인 만들기를 어떻게 하는가에 의해서 최종적인 「양부」가 결정되므로 기술자나 공장의 평가도 좌우되는 매우 중요한 공정이라고 할 수 있을 것이다.

판금 작업 후 요철이 조금 있더라도 퍼티 작업을 확실히 하면 최종적으로 작업을 완료한 뒤 「매우 훌륭한 판금이다」 라고 평가를 받는다. 그러므로 퍼티 작업은 가장 힘든 노동이면서 전 공정의 작업시간과 관계가 깊고 위생적인 면에서의 문제가 있으므로 신중하고 정확하게 해야 한다.

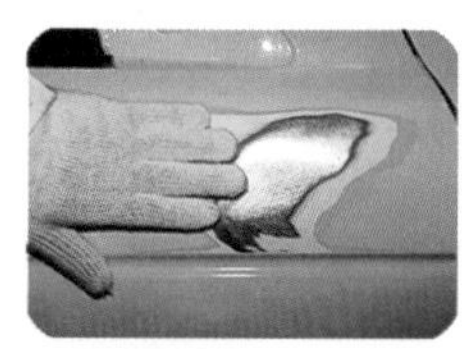

패널 전체의 형상과 판금 마무리 상태의 확인 ……… 판금면의 요철은?

• 도막 상태의 점검
-소부도장인가
-보수도장인가

• 퍼티의 선정
① 판금퍼티 두께만들기용
② 판금퍼티 표준
③ 폴리퍼티

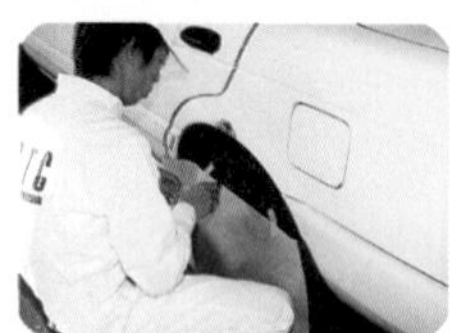

작업부위 이외는 오염되지 않도록 시트 커버를 마스킹한다.

공구나 페이퍼 등은 툴 캐리어(커트)에 정리해서 놓는다.

퍼티를 개는 면에는 먼지, 이물질이 없게 한다.

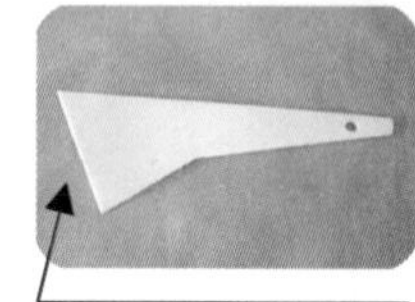

이 면은 상처가 없게 깨끗이 해 놓는다. 상처를 남기면 퍼티에 상처가 생긴다. 내수페이퍼 P400이상으로 연마한다.

PHOTO 퍼티 작업 전에

퍼티 베이스의 교반

퍼티 베이스(主劑)의 교반은 매일 아침에 작업이 시작되기 전에 실시한다.

새로운 퍼티 통을 열었을 때는 그 때마다 한다.

1. 목 적

통 속의 퍼티 베이스를 균일한 상태로 한다.

2. 이 유

통의 뚜껑을 열면 퍼티 베이스 위에 와니스(수지)가 떠오른 상태가 되어 있는데 이것은 주성분인 와니스, 체질안료, 용제가 각각 분리되어 있기 때문이다. 균일하게 교반하지 않고 사용하게 되면 각 성분의 균형을 깨뜨리게 되므로 퍼티 도포를 하더라도 본래의 효과를 얻을 수 없게 된다.

수지, 용제가 떠올라 있는 상부층은 점도가 낮고 특히 부드럽게 되어 있으며 이 부분만을 덜어내어 사용하게 되면 흘러내리기 쉽고 필요한 퍼티 도막의 두께를 얻을 수 없는 상태가 되므로 성능저하와 건조가 늦어진다.

반대로 계속 사용하여 절반 정도가 된 퍼티 베이스는 수지, 용제가 적어서 점도가 높아진다. 도포하기 어려울 뿐 아니라 부스러지기 쉬우며 핀홀의 생성이 많고 경화 후 여린 도막이 되어 버린다. 따라서 신품이나 사용하던 퍼티는 사용 전 반드시 교반하여 그 성능을 잃지 않도록 한다.

3. 교반을 위한 공구

- 나무 또는 대나무의 교반막대 : 퍼티를 교반할 수 있는 굵기의 것.
- 퍼티 교반기 : 드릴에 장치하여 사용.
- 퍼티 스푼

4. 사용하는 재료

- 세정용 시너
- 닦아내기용 걸레
- 각종 퍼티 베이스류

5. 교반의 작업 방법

① 교반막대 사용의 경우

- 교반 막대, 퍼티 스푼, 퍼티 베이스를 준비
- 뚜껑을 열고서 베이스의 상태를 본다.
- 교반 막대를 손에 잡고 퍼티 베이스 속에 찔러 넣는다.
- 한쪽 손으로 통을 꼭 누르고 교반 막대를 상하로 절구방아 찧듯이 움직인다.
- 교반 막대를 상하 운동함으로써 퍼티 베이스가 회전 운동을 하여 혼합되며 균일하게 된다.
- 약 5분 정도 후 균일한 혼합이 되며, 사용여부의 결정은 베이스의 색, 반죽 상태로 판단한다.
- 교반이 끝난 다음에는 교반 막대를 스푼으로 깨끗이 긁어내고 통의 가장자리에 묻은 퍼티도 스푼을 사용하여 중앙으로 모아둔다.

- 사용한 교반 막대와 퍼티 스푼 등은 세정용 시너로 깨끗이 씻어둔다.

② **교반기 사용의 경우**

- 교반기-전동 또는 공기 드릴 사용.
- 드릴에 교반기를 장치한다.
- 뚜껑을 열고 퍼티의 상태를 본다.
- 드릴에 장치한 교반기를 퍼티 베이스 속에 집어 넣는다.

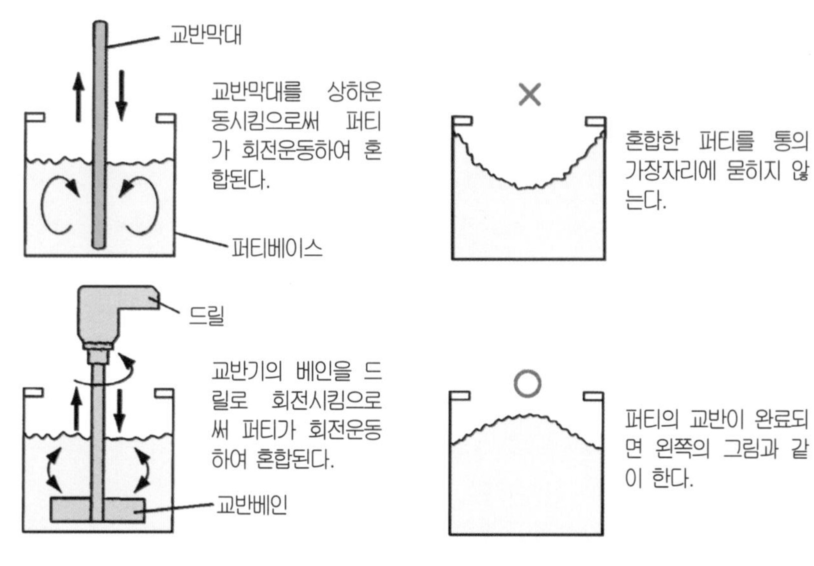

PHOTO 퍼티의 교반

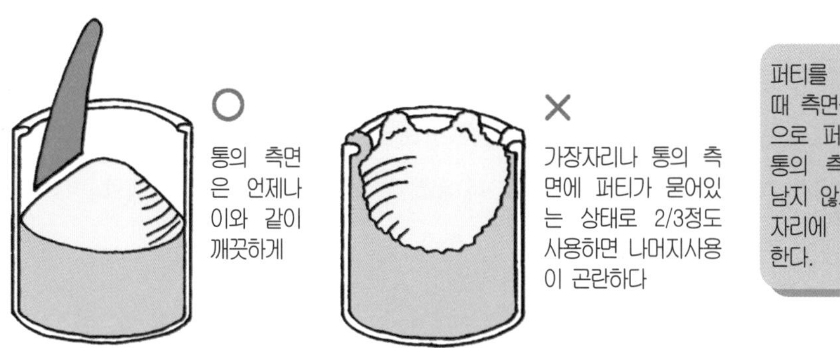

퍼티를 통에서 꺼낼 때 측면을 따라 스푼으로 퍼내듯이 한다. 통의 측면에 퍼티가 남지 않도록 또 가장자리에 묻지 않도록 한다.

PHOTO 퍼티를 꺼내는 방법

- 통을 손 또는 발이나 무릎으로 확실히 움직이지 않도록 하고 드릴의 스위치를 ON시켜 교반기를 작동시킨다.
- 교반기의 베인이 회전함으로써 퍼티가 회전 운동을 일으켜 균일한 상태로 혼합된다.
- 약 3~5분 정도 작동시키면 균일한 상태가 된다.
- 교반이 완료된 후 기구를 꺼내서 스푼으로 베인 등에 묻어 있는 퍼티를 긁어내고 세정용 시너로 닦아낸다.

6. 주의 사항

- 교반 막대나 교반기를 세정용 시너로 세척하여 사용한다.
- 교반 상태의 기준은 퍼티 베이스상의 용제, 수지가 없어져 균일하게 될 때까지.
- 금속제의 교반 막대를 사용하면 통의 안쪽에 칠해 놓은 코팅이 벗겨져 분진의 원인이 된다. 또 내면의 코팅이 벗겨지면 통에 녹이 발생되어 저장의 안정성이 손상된다.
- 사용한 기구는 반드시 세정하여 소정의 장소에 수납한다.

7. 점검 사항

- 퍼티 베이스가 균일하게 되었는가.
- 통의 뚜껑 주위에 퍼티 베이스가 부착되어 있지 않는가.
- 사용한 기구는 세정하여 정리하였는가.

사용하는 퍼티의 선정

판금의 마무리 상태에 따라 사용할 퍼티를 선택한다.

① **거친 판금 정형**

강판 면에 상당히 깊게 패인부분(凹)이 있을 경우에는 두꺼운 용도의 판금 퍼티를 사용한다.

② **요철(凹凸)이 적은 판금 정형**

정성들인 판금 수정에서 굴곡, 요철이 얕을 때는 표준형의 판금 퍼티를 사용한다.

③ **도막의 상처만**

강판 면에 패인 부위가 없고 도막의 상처뿐일 경우에는 표준형 폴리 퍼티나 세목(細目) 폴리 퍼티를 사용한다.

10 퍼티 반죽

퍼티가 잘 도포되지 않으면 다음 공정의 연마 작업에 있어서 시간이 걸릴 뿐 아니라 2~3회 재반복 작업을 함으로써 재료(퍼티나 페이퍼)와 시간(퍼티 바르기, 건조, 연마시간)에 큰 손실이 따른다.

퍼티와 경화제의 혼합

1. 목 적

퍼티 베이스(主劑)와 경화제(hardener)를 혼합하여 반죽한다. 퍼티를 도포하는 면적에 따라 필요량의 베이스를 통에서 꺼낸 다음, 퍼티 베이스 100에 대하여 경화제 2의 비율로 혼합시켜 색이 균일하게 될 때까지 신속하게 반죽한다.

2. 이 유

- 퍼티 베이스와 경화제를 규정 양으로 혼합해야 반응 경화된다.
- 비율을 지키지 않으면 퍼티 본래의 성능이 발휘되지 않는다.
- 사용 가능시간(可使時間)이 있으므로 신속하게 혼합하여 퍼티 도포를 할 필요가 있다.

※ 경화제의 배합을 육감으로 하면 고른 성능이 나타나지 못한다(계량기 또는 전용의 퍼티 디스펜서의 사용이 바람직하다).

3. 재료(퍼티류)

- 퍼티를 바르면 패널의 판금 정형 마무리 상태에 따른 것을 선택하여 사용한다.
- 판금 퍼티 두께 만들기용
- 판금 퍼티 표준형(중간 퍼티)
- 폴리 퍼티

4. 사용 공구

- 정반 : 알루미늄제, 철제, 플라스틱제, 특수 종이, 목재 등
- 스푼 : 플라스틱 스푼, 나무 스푼, 금속 스푼 등

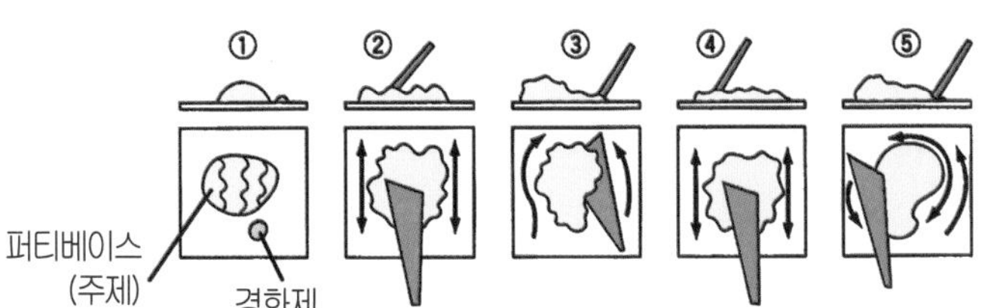

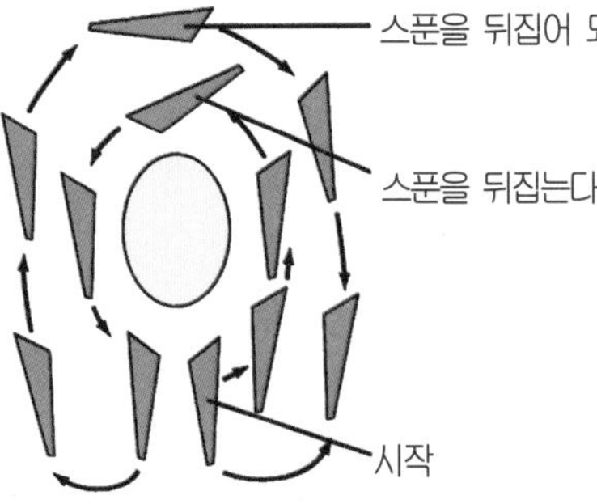

퍼티 반죽시 스푼의 사용방법
어떻게 돌려도 반복한다.

〈반죽한 퍼티〉

- 사용가능 시간이 있다. 약 5~10분
- 균일한 색상이 될 때까지 혼합하지 않으면 결함이 생긴다.
- 베이스와 경화제의 혼합비는 디지털계량기로 정확하게 계량한다.
- 필요한 양만 꺼낸다.
- 신속하고 정확하게 작업한다.

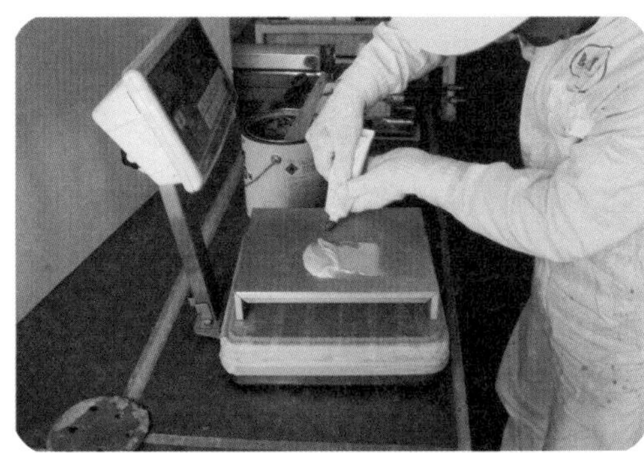

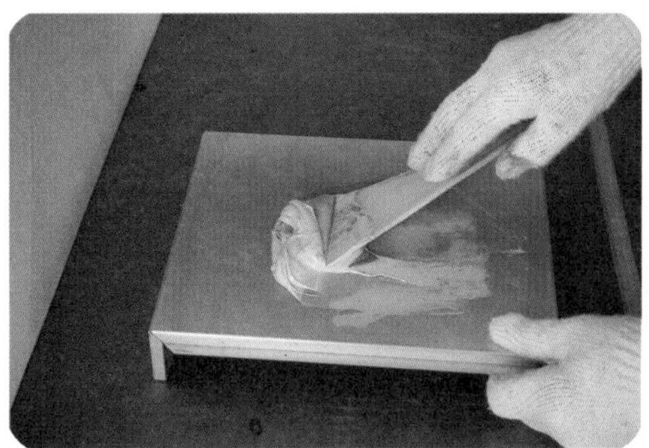

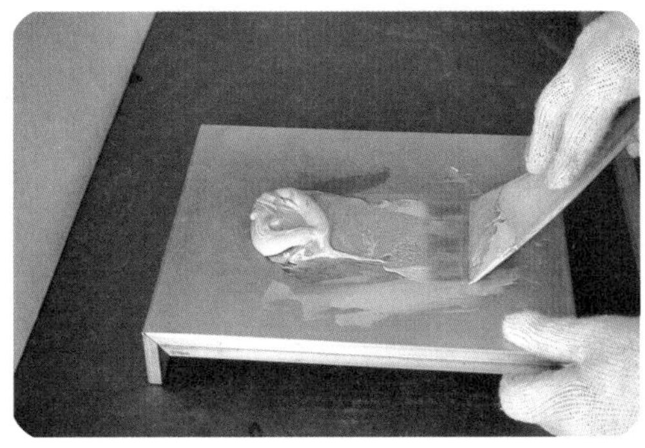

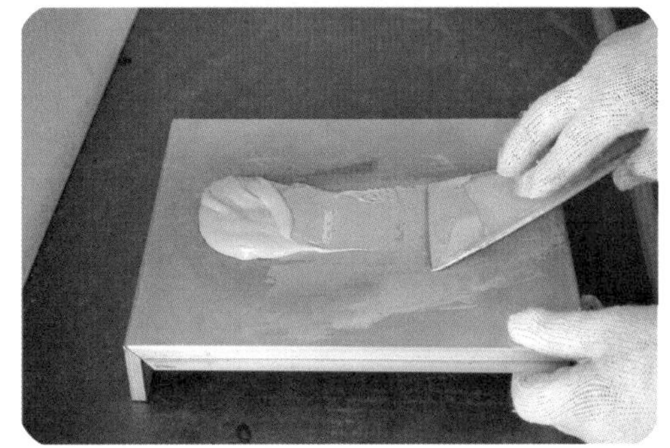

PHOTO **퍼티의 혼합 방법**

5. 작업 순서

- 정반과 스푼을 청소·탈지(脫脂)한다.
- 통속의 퍼티 베이스를 필요한 양만큼 스푼으로 꺼내서 정반 위에 얹는다.
- 튜브로부터 경화제를 규정량만큼 짠 후 정반 위에 얹는다.
- 퍼티 베이스와 경화제를 스푼으로 혼합한다. 혼합은 퍼티를 반죽하듯이 스푼을 회전시키면서 공기가 말려 들어가지 않도록 신속하게 한다.
- 퍼티 베이스와 경화제가 혼합되면 색의 얼룩이 없어져 균일한 색상이 된다. 이 단계에서 퍼티 도포가 가능하다.

알 아 둡 시 다

스푼을 잡는 방법

스푼은 인지와 중지로 눌러서 잡는다.

스푼을 잡는 방법 ▶

6. 주의 사항

- 퍼티는 낭비가 없도록 필요한 양(量) 만큼 꺼낸다.
- 퍼티를 꺼낼 때 통의 가장자리에 묻지 않도록 한다. 가장자리에 묻은 퍼티가 말라서 통 안에 떨어지면 이물질·먼지의 원인이 된다.
- 경화제를 밀어내기 전에 튜브를 손에 잡고 주물러 부드럽게 만든다[속의 경화제 페이스트(paste)를 균일하게 하기 위해서].
- 경화제와의 혼합비는 제품에 따라 미묘하게 다를 경우가 있으므로 확인해 둔다(일반적으로 100:2).
- 공기중의 수분에 민감하게 반응하므로 캡을 단단히 죄고 직사광선에 노출되지 않도록 서늘하고 어두운 곳에 보관한다.

- 퍼티는 경화제를 가하면 5~10분 정도에서 반응이 시작된다. 사용 가능 시간이 있으므로 1~2분 내에 신속하게 혼합하여 퍼티 도포를 한다.
- 공기가 말려들지 않도록 하여 색상이 균일해질 때까지 반죽한다.
- 손에 퍼티가 묻을 수 있으므로 장갑을 끼고 작업을 한다.

7. 점검 사항

- 퍼티의 색상이 균일하게 되었는가.
- 색이 고르지 못한 상태로 퍼티를 도포하면 경화불량, 부착불량 등의 결함이 발생된다.

Reference

▶ **퍼티와 경화제의 배합을 정확하게 하기 위해서는 계량기 또는 전용의 퍼티 디스펜서 사용을 권장한다. 눈대중으로 배합하여 발생되는 상황 즉, 경화제의 과도첨가, 경화제 부족 등의 결함을 예방할 수 있다.**

11 퍼티 도포하기

정반 위에서 퍼티 베이스에 경화제를 섞어 반죽한 퍼티를 필요한 부위에 스푼(주걱)으로 도포하는 작업이다.

1. 목 적

판금 수정에서 강판면이 요철(凹凸)이 되어 있는 부위에 퍼티를 도포하여 편평하게 만든다. 강판에 방청력을 제공하며(방청 도료가 도포되어 있지 않을 때), 도막의 상처를 없앤다.

2. 이 유

도막의 상처, 턱, 작게 패인 부위[凹] 등을 퍼티로 메워서 편평하게 한다.

판금 수정부위의 요철, 굴곡, 라인, 곡면 등과 구멍, 삭은 부분, 도막의 상처, 턱, 작게 패인 부위(凹) 등을 메워서 편평하게 수정한다.

3. 재 료

① **판금 퍼티 또는 폴리 퍼티**

퍼티가 도포된 부분의 면 상태에 따라 적절한 퍼티를 사용한다.

4. 사용 공구

① 플라스틱 스푼, 나무 스푼, 금속 스푼, 고무 스푼

퍼티가 도포된 면에 적합한 스푼을 사용한다.

② 퍼티 와이퍼

두껍게 도포된 표면을 건조하기 전에 깎아서 대충 면의 만들기를 할 수 있는 특수 공구. 상품명이지만 동종 제품의 총칭으로서 일반화되어 있다.

5. 작업 순서

① 퍼티를 도포하는 방법

- 정반으로부터 1회분의 퍼티를 스푼에 적당량은 떠낸다.
- 퍼티 도포를 하는 부분 전체에 얇게 훑듯이 도포한다.

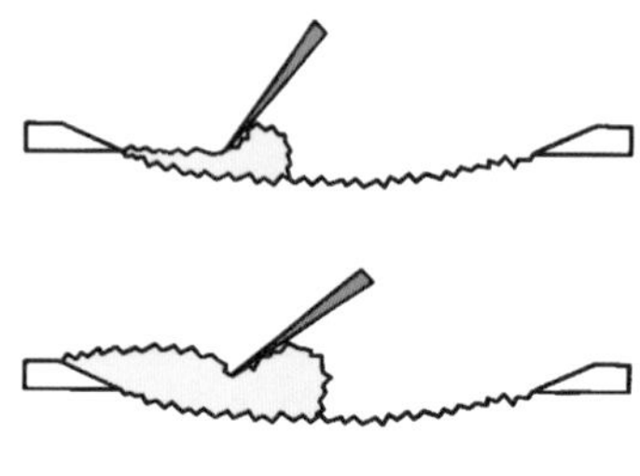

① **훑어서 바르기**
패널에 스푼을 세우는 자세로 하여 훑으면서 전면(全面)에 얇게 퍼티를 바른다. 스푼에 힘을 가한다.

② **덧붙이기**
덧붙일 수 있도록 퍼티를 스푼에 충분히 떠서 스푼을 눕히듯이 덧붙이기를 한다. 순서에 따라 신속하게 도포한다.

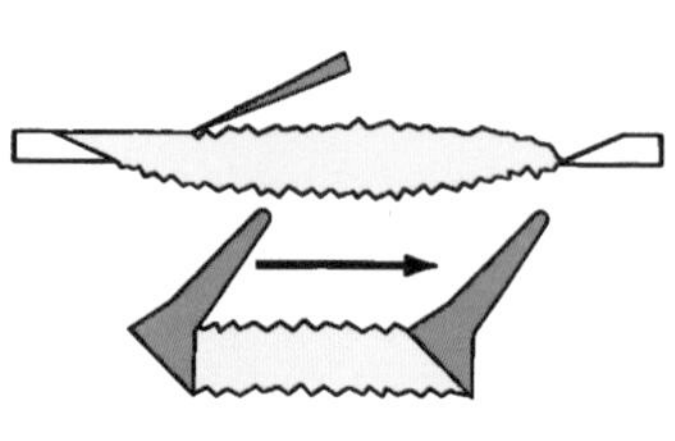

③ **퍼티 고르기**
퍼티 베개 현상이나 퍼티면에 요철(凹凸)이 있을 때, 스푼을 눕혀서 표면을 고른다. 스푼에 묻어있는 퍼티는 정반 위로 다시 가져온다. 스푼에 그다지 힘을 가하지 않으면서 표면의 퍼티가 마르기 전에 신속하게 한다.

※ 퍼티를 바를 때 스푼은 신속하게 움직인다.

훑으면서 도포를 하지 않았을 경우 트러블 퍼티와 강판면 사이에 틈새가 생긴다.
훑는 도포를 게을리 할 경우 연마한 강판이나 도막의 페이퍼 눈[目] 사이에 퍼티가 들어가지 않아 틈새로 인한 결함이 발생한다.

부착 불량, 녹, 벗겨짐, 블리스터 등

우천, 고습도, 겨울철

강판면에 습기가 있다.
강판면이 젖어 있다.

퍼티의 부착이 나빠진다. 퍼티를 도포하는 부위를 건조기 등으로 가열하면(25~35° 정도) 부착력이 좋아진다.

PHOTO 퍼티를 도포하는 방법

- 스푼을 세우는 상태(거의 45°)로 잡고 조금 누르면서 도포한다.
  강판면에 대하여 퍼티의 부착성을 높인다(부착력 향상).
  연마한 연마자국 속에 퍼티가 들어가 부착력이 증가한다.
  퍼티와 강판면 사이에 틈새가 없어져 방청효과가 생긴다.
- 훑듯이 도포를 한 다음에 덧붙임을 한다.
  덧붙임은 스푼에 퍼티를 적당량을 묻혀서 눕히는 상태로 바른다.
  퍼티를 도포는 기술과 스푼을 눕혀 작업하는 요령은 매우 중요하다.
  스푼 베개 (퍼티를 도포할 때 생기는 퍼티의 주름살 또는 산)를 만들지 않게 한다.

스푼 뒤집기를 자주하여 스푼 베개를 펴준다. 스푼 베개를 펼 때는 스푼에 묻어 있는 퍼티를 정반에서 제거하여 스푼을 깨끗하게 한 다음에 한다.

6. 주의 사항

- 퍼티 작업시에는 장갑을 착용한다.
- 손에 퍼티가 묻으면 잘 떨어지지 않는다(피부가 약한 사람은 염증을 일으킨다.).
- 부착성을 높이기 위해서 반드시 훑어서 도포한다.
- 덧붙임을 할 경우 핀홀의 원인이 되는 공기가 들어가지 않게 한다.
- 스푼 베개를 할 때는 스푼을 깨끗하게 닦아낸 다음에 눕히는 상태로 하여 도포한다.
- 굳기 시작한(경화가 시작한) 퍼티는 절대로 사용하지 않는다. 퍼티의 부착이 나빠지거나 핀홀이 생긴다.
- 사용 후 남은 퍼티의 처분은 빈 통 속에 물을 채워두고 그 속에 처분한다. 계란 크기 덩어리의 경화 반응열은 150℃이상이 되므로 도료나 용제가 묻은 종이, 걸레에 싸서 버릴 경우 발화하기 쉽다.
- 퍼티 도포 작업 후 사용한 정반, 스푼은 즉시 세척한다.

7. 점검 사항

- 퍼티가 덜 도포된 곳은 없는가.
- 불필요한 부분에 퍼티가 묻어 있지 않는가, 묻어 있을 경우 건조하면 떨어지지 않으므로 신속하게 제거한다.
- 사용한 정반이나 스푼은 세척하였는가.
- 퍼티의 통이나 경화제의 뚜껑은 닫았는가.

12 작업 부위별 퍼티를 도포하는 방법

요철(凹凸)이 심한 패널

판금 작업 후 패널에 요철(凹凸)이 많이 남아 있을 때 한번에 두껍게 덧붙이기를 하려고 하면 제대로 작업이 안된다. 스푼 베개나 주름살이 만들어져 연마하는데 시간이 걸리고 요철이나 굴곡이 없어지지 않아 생각대로 깨끗한 면이 나오질 않는다.

결과적으로 연마 후 재차 퍼티를 도포하여야 하는데 이와같은 경우 퍼티의 연속 도포가 있다.

1. 퍼티의 연속 도포(1차 연마)

구체적으로 퍼티를 2~3회 계속해서 겹쳐 도포함으로써 페더에지, 에어블로, 탈지를 철저하게 한 다음 아래 순서대로 실시한다.

① 패널면에 깊이 패인 곳이 어디에 있는가를 확인한다.

② 퍼티를 선택한다(판금 퍼티는 방청 강판용으로서 두껍게 도포한 경량 타입이 일반적이다. 판금용 알루미늄 퍼티도 널리 사용된다).

③ 퍼티 도포에 사용하는 스푼은 허리가 강한 것이 적합하다. 스푼의 너비는 퍼티 도포 면적에 적합한 것을 사용하는데, 일반적으로는 9cm 너비가 사용하기 쉽다. 너비의 크기와 허리가 강한 스푼을 사용함으로써 퍼티의 면 고르기를 어느 정도 할 수 있다.

퍼티의 도포 방법

① 1차(훑듯이 도포)

패널이 부분적으로 크게 오그라든 부위에 훑듯이 도포하여 퍼티를 덧붙이기 한다. 덧붙인 퍼티에 핀홀이 생기지 않도록 스푼으로 표면을 편평하게 하며 이 작업은 스푼에 묻어있는 퍼티를 정반에서 깨끗이 제거한 후 작업을 한다.

스푼을 30° 전후의 각도로 잡고 힘을 주어 누르면서 편평하게 한다. 이 기술에 의해서 퍼티면의 요철이 감소하고 어느 정도 면 만들기도 된다.

스푼과 정반은 사용 후 반드시 깨끗이 세척한다.

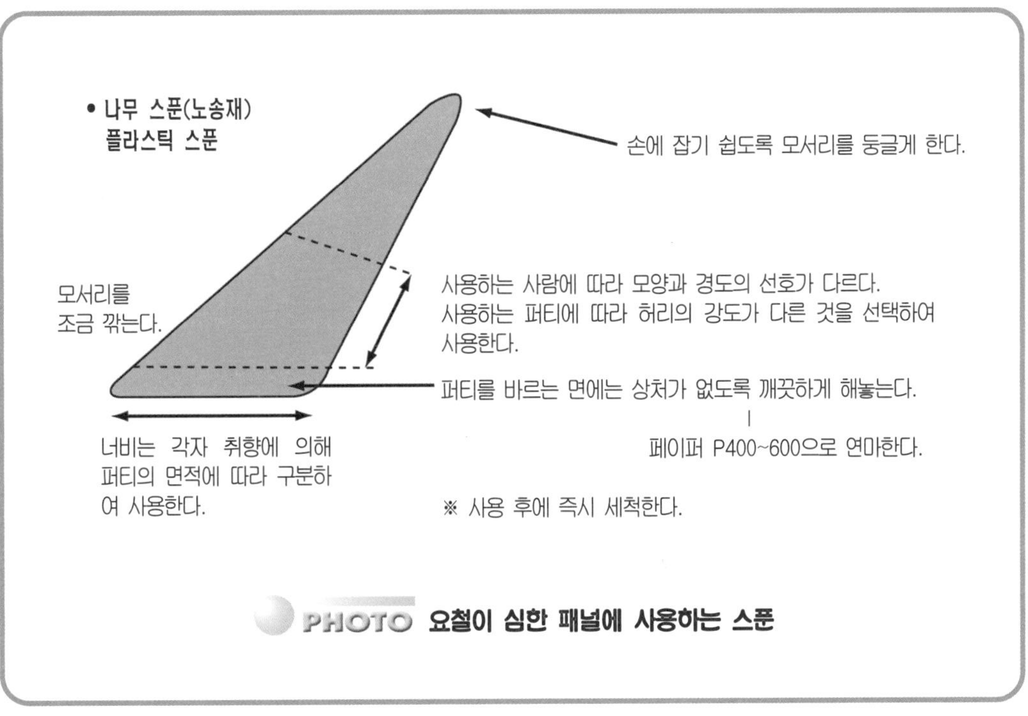

PHOTO 요철이 심한 패널에 사용하는 스푼

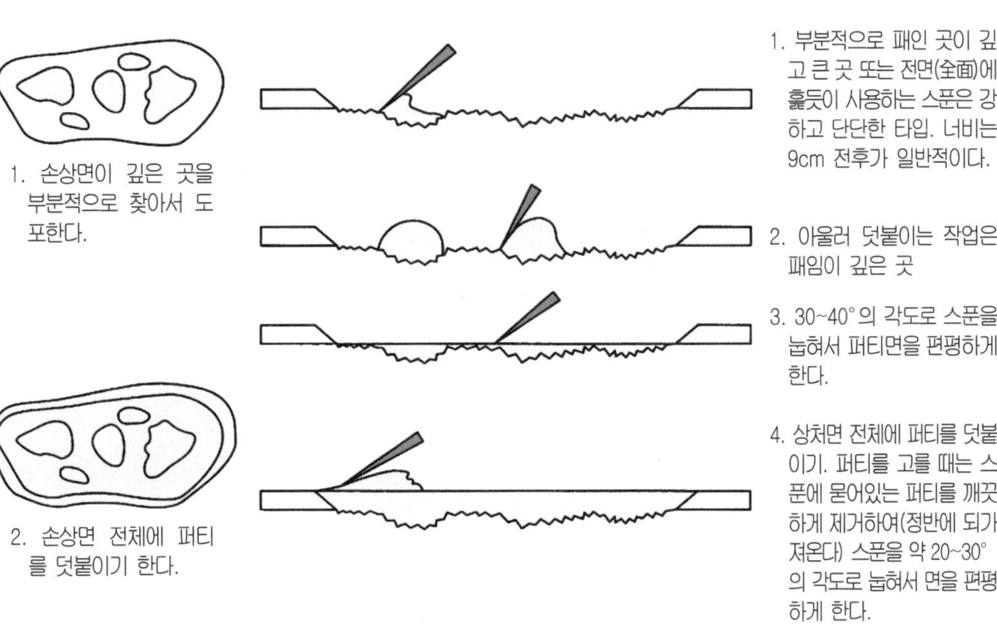

PHOTO 요철이 심한 패널의 퍼티 도포

② 2차

약 5~10분 후, 다시 퍼티를 반죽하여 첫번째 바른 퍼티는 연마하지 않은 상태로 상처가 있는 면 전체에 퍼티를 덧붙인다(1차에 도포된 퍼티는 경화가 진행중이기 때문에 연마는 안되지만, 이 위에 도포하더라도 부착성에 문제는 없다).

두께를 무리하게 만들지 않으므로 핀홀이 없는 깨끗한 퍼티 작업이 가능하다. 2차 도포에서 충분한 덧붙이기가 되지 않을 경우 다시 덧붙이기를 한다.

이 방법의 장점은 퍼티를 도포하고 나서 연마와 도포를 반복하는 번거로운 작업을 생략한 것이다. 퍼티를 2~3회 계속 도포하고 1회의 연마로 작업을 종료시킬 수 있어 매우 합리적이다. 또 핀홀이 생기지 않고 밀도가 높은 도막을 얻을 수 있으며, 깊은 도막의 상처나 매우 심하게 패인 자국 등도 이 방법으로 해결된다.

프레스 라인

프레스 라인 부분의 손상은 퍼티 바르기가 쉽지 않아서 숙련된 기술이 요구된다. 요령은 스푼을 약 20~30°정도로 기울여 라인을 따라서 보기 좋게 퍼티를 도포한다.

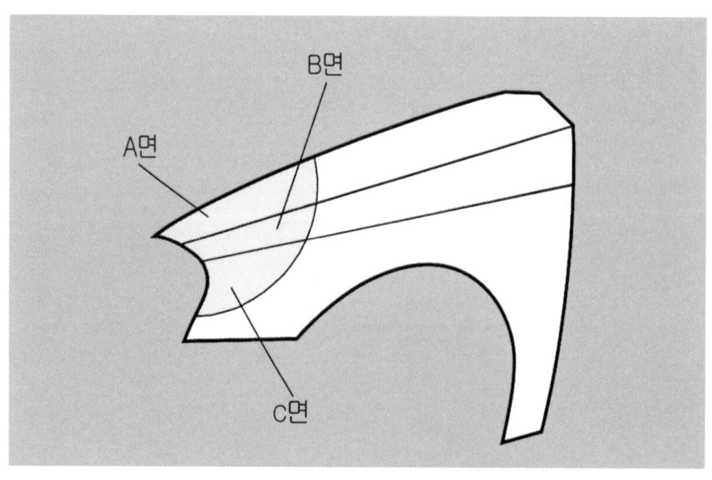

PHOTO 프레스 라인에 의한 퍼티 도포

1. 일반적인 방법

① 강판면에 밀착성의 향상을 위해 손상부분 전체(A면, B면, C면)에 퍼티를 얇게 도포한다.

② A면에 퍼티를 덧붙여서 도포한다.

③ B면에 퍼티를 덧붙여서 도포한다.

④ A, B면에 도포된 퍼티를 깨끗하게 정리하여 프레스라인을 만든다(스푼의 각도, 힘의 가감이 중요하다).

⑤ C면에 퍼티를 덧붙인다. 동시에 C면에 도포된 퍼티를 정리하여 B면과 C면의 프레스 라인을 스푼으로 깨끗하게 만든다.

그러나 경험이 적은 사람에게는 상당히 어렵다. 따라서 다음의 방법을 사용하면 비교적 간단하고 깨끗하게 퍼티 작업을 할 수 있다.

2. 마스킹 테이프를 이용하는 방법

① B면의 프레스 라인에 마스킹 테이프를 붙인다.

② A면, C면에 퍼티를 훑듯이 도포하며 덧붙이기를 한다.

③ 퍼티 베개를 신속하고 깨끗하게 고른다.

④ 퍼티 도포가 완료된 다음에 붙여 놓았던 테이프를 떼어 낸다.

⑤ 스푼과 정반을 세척하고 있는 동안 퍼티의 표면은 건조한다(약5~10분 정도).

⑥ A면, C면의 퍼티의 표면을 손가락으로 만져보아 퍼티가 손가락에 묻지 않으면 A면, C면의 프레스 라인에 테이프를 붙인다.

⑦ B면에 퍼티를 훑듯이 도포하고 덧붙이기를 한 다음 깨끗이 고른다.

⑧ 퍼티 도포가 완료되면 테이프를 떼어 낸다.

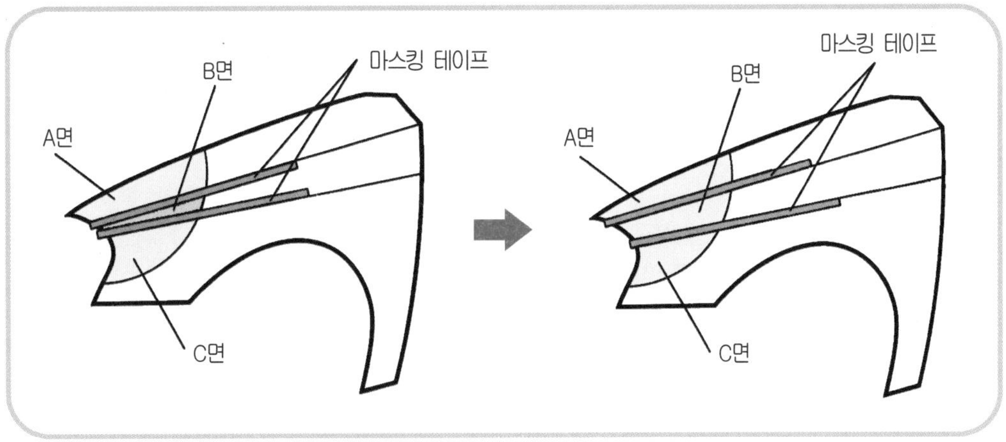

PHOTO 마스킹 테이프를 이용하는 방법

곡면(R면)

외판 패널은 평면보다 곡면 부분이 실제로 많다. 외측으로 둥그런 곡면이 있으면 역곡면(역R)이라고 하는 내측으로 구부러지는 암과 같은 면이나 가느다란 라인도 있다. 이와 같은 여러 가지 곡면에 대하여 퍼티를 도포하고 연마하는 것은 쉽지 않다.

곡면의 퍼티 도포에는 스푼의 사용 구분이 매우 중요하다.

1. 스푼의 선택

① 나무 스푼, 플라스틱 스푼

일반적으로 사용하는 것이지만 허리가 부드럽고 퍼티 작업시에 마무리가 좋은 것이 중요하다. 너비는 패널의 형상에 맞는 것을 사용한다. 또 퍼티를 도포하는 쪽의 면을 똑바로 하지 않고 조금은 곡면으로 붙이는 것도 하나의 방법이다.

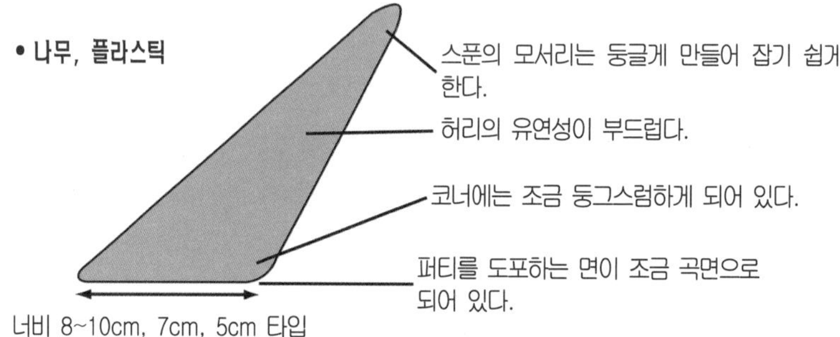

PHOTO 역곡면에 사용하는 스푼

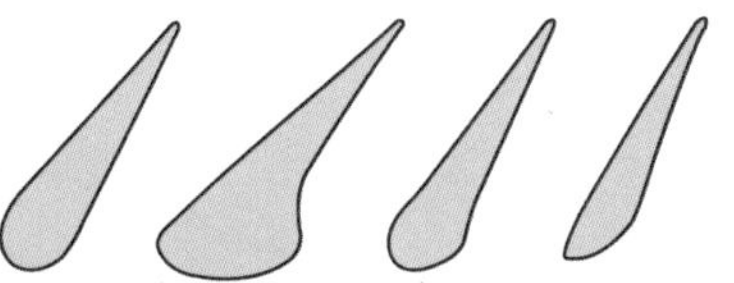

▲ 여러 가지 타입의 자작(自作) 스푼, 곡면, 라인용의 특수 스푼
- 스푼의 너비는 라인에 따라 그의 정도를 만든다.
- 패널의 곡면 형태에 따라 선택·사용한다.

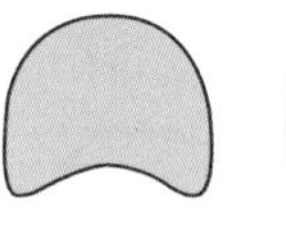
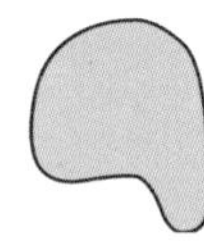
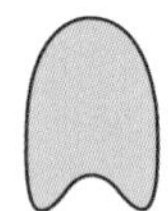

▲ 자작(自作)의 고무스푼 예

곡면, 역곡면을 깨끗이 퍼티 작업을 할 수 있도록 손으로 만든 고무 스푼 : 고무판을 이용하여 깎아 만든다.
이런 형상의 라인(凹부)에서도 사용할 수 있다.
각 코너의 형상이 다르며 곡면에 따라 사용한다.

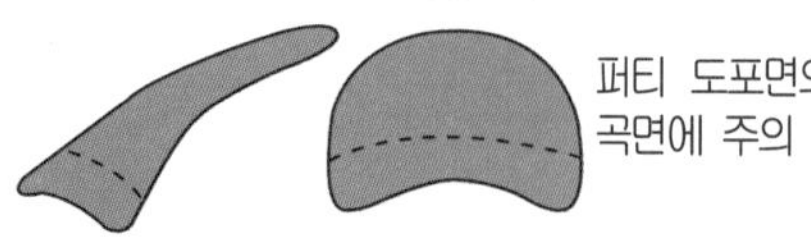

▲ 곡면을 퍼티 작업하는 특수스푼, 플라스틱, 나무스푼
- 요철(凹凸)이 심한 곡면을 만들 때 사용
- 깊이 패인(凹) 부위를 메운다 : 퍼티 도포로 어느 정도 면만들기를 하는 스푼
- 조금 허리가 강하다 : 조금 두께가 있다.

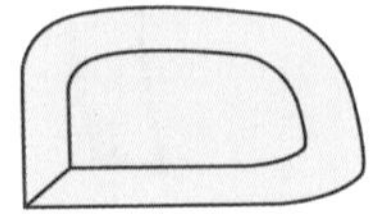

◀ 일반적인 고무 스푼

곡면 형상에 알맞은 면을 사용하여 퍼티를 도포한다. 도포하는 요령은 세우는 것보다 눕히는 것이 좋다. 곡면, 역곡면의 양쪽을 사용할 수 있다.

PHOTO 곡면용의 각종 스푼

② 고무 스푼

일반적인 3각과 타원을 조합시킨 형상의 것을 사용하기 쉽다. 패널의 곡면에 맞는 스푼의 면을 이용해서 퍼티를 도포하면 쉽게 작업할 수 있다. 또 적당한 두께의 고무판을 여러 가지 곡면용으로 자기 나름대로 연구해서 가공해도 좋다.

2. 퍼티를 도포하는 방법

곡면에 따라 세로로 도포할 것인가, 가로로 도포할 것인가 하는 것은 특별히 정해진 것은 없다. 다만 연마하기 어려운 부분에는 스푼 베개가 생기지 않도록 퍼티면을 깨끗이 해 둔다. 그 곡면에 알맞은 스푼을 이용한다.

▶ 도어

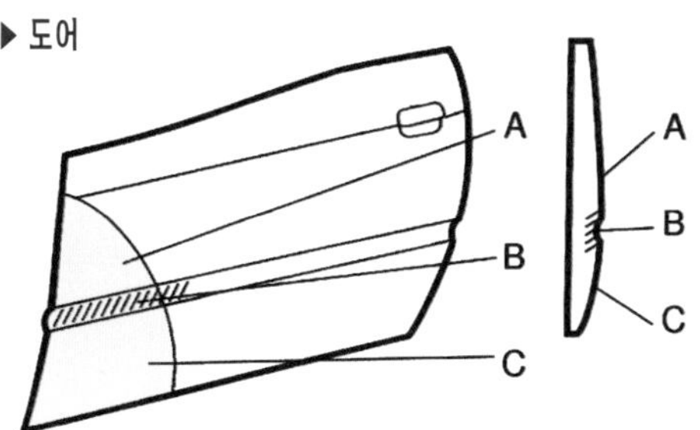

① B면 충격 부분의 오목한 곡면을 중심으로 고무 스푼을 사용하여 퍼티를 라인에 따라 가로 방향으로 펴서 도포한다. 연마하기 어려운 곳이기 때문에 스푼 베개가 생기지 않도록 퍼티를 깨끗하게 고른다.
② A면 충격부위에 퍼티를 가로 방향으로 늘려서 도포한다. 나무 스푼 또는 고무 스푼을 사용
③ C면에 퍼티를 가로 방향으로 늘려서 도포한다.
(註) 훑듯이 도포하는 경우 퍼티를 세로 방향으로 늘려서 도포하여도 상관없다

▶ 펜 더

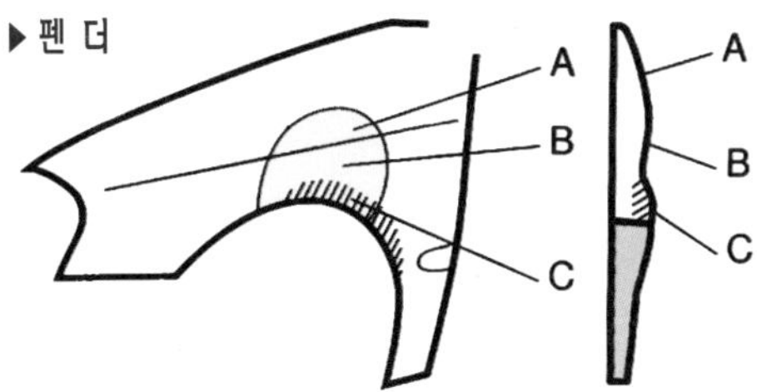

① A면 충격 부분에 퍼티를 도포한다. 고무 스푼 또는 일반 스푼을 사용.
② B면에 퍼티를 바른다. 일반 스푼 또는 고무 스푼. 퍼티는 가로 방향으로 펴서 도포한다.
③ C면의 곡면에 따라 고무 스푼을 사용하여 퍼티를 도포한다.
④ B면과 C면의 패인(凹)부위를 고무 스푼으로 깨끗이 한 후 스푼 베개를 없앤다.

▶ 쿼터 패널

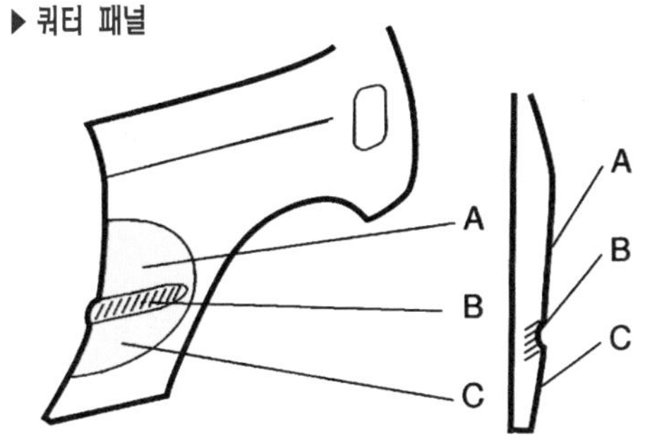

① 충격 부분 A면에 일반 스푼을 사용해서 퍼티를 가로로 늘려서 도포한다. 세로로 도포하여도 좋다.
② 충격 부분 C면에 일반 스푼 또는 고무 스푼으로 퍼티를 도포한다. 가로 또는 세로로 도포한다.
③ B면 부분의 역곡면은 고무 스푼을 사용하여 퍼티를 라인에 따라 도포하고 깨끗하게 고른다.
(註) 패널의 곡면에 맞는 고무 스푼을 사용한다.

곡면에 퍼티를 도포하는 방법

홈 모양의 프레스 라인

홈 모양으로 되어 있는 사이드 라인에 생긴 충격의 퍼티 도포는 특히 패인[凹]부위 속에 스푼이 들어가기 어렵고 라인 만들기도 어렵다.

1. 사용하는 퍼티

중간형의 판금 퍼티로 알맞게 두꺼운 도포가 가능하다. 핀홀이 발생하지 않으며 연마가 쉽고 입자가 미세한 타입이 적당하다.

2. 사용하는 스푼

① **나무 스푼(노송나무), 플라스틱 스푼** : 그림 중 B면, C면에 퍼티를 도포할 때 사용. 홈이 패인[凹]부위에 들어갈 수 있는 너비가 가는 스푼으로서 조금 허리가 부드러운 타입.

② **고무스푼** : 일반적인 고무 스푼(타원 변형 타입)으로 가장 너비가 좁은 부분을 이용해서 퍼티를 도포한다. 길고 4각인 타입.

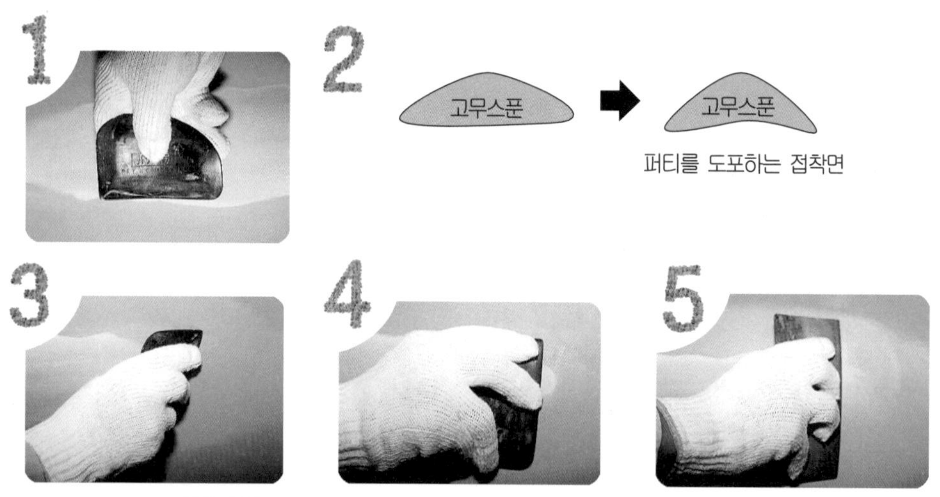

❶ 엄지와 인지 사이에 고무 스푼을 끼운다. 엄지로 스푼의 중앙을 누른다.
❷ 반대쪽의 인지와 중지는 조금 간격을 벌려서 잡는다. 인지와 약지에 힘을 주면 스푼이 활꼴로 휜다. 라인을 따라 유연성 좋게 퍼티를 도포한다.
❸ 고무 스푼은 손가락의 힘을 이용하여 엄지, 인지, 약지 등을 잘 조절하여 힘을 가감함과 동시에 스푼을 움직이면서 곡면에 따라 퍼티를 도포한다.
❹ 퍼티를 훑듯이 도포하고, 얇게 도포하는 것은 스푼을 세우듯이 작업한다. 덧붙이기, 고르기는 스푼을 눕히듯이 작업한다.
❺ 길고 사각인 타입도 잡는 방법은 일반 타입과 같다.

PHOTO 고무 스푼을 잡는 방법

③ 일반 스푼

3. 작업 순서

① **패널의 연마와 페더에지**

홈의 오목(凹)면 연마는 벨트 샌더(10mm 너비, P120 페이퍼)를 사용한다. 페더에지(턱 제거)는 더블 액션 샌더를 사용할 수 없기 때문에 손작업으로 한다. 소프트 타입의 얇은 스펀지 패드에 P120 페이퍼를 부착시켜 연마한다.

A면, E면은 더블 액션 샌더(P80~120 페이퍼)로 페더에지를 만들어 연마한다.

② **에어 블로와 탈지**

정확하고 신중하게 탈지(脫脂)한다. 종료 후에는 맨손으로 만지지 말 것.

③ **마스킹 테이프를 붙인다**

B면과 D면의 라인에 마스킹 테이프를 붙인다, 특히 C면의 퍼티가 완전히 붙도록 라인을 따라 깨끗하게 붙인다.

④ **퍼티의 도포**

퍼티를 반죽 A면과 E면에 일반 타입의 스푼으로 훑듯이 도포하여 덧붙이거나, 스푼 마크를 지워버린다.

⑤ **홈의 오목 부위에 퍼티 도포**

C면에 퍼티를 도포한다. 이때 C면의 너비에 따라 스푼을 사용한다. 나무 스푼 또는 플라스틱 스푼이나 고무 스푼을 사용한다. C면은 연마하기가 어려우므로 고무 스푼으로 퍼티면을 깨끗하고 편평하면 나중에 작업이 쉽다.

⑥ **마스킹 테이프를 때어낸다**

퍼티 바르기가 끝나면 즉시 테이프를 떼어 낸다. 정반(定盤)이나 스푼을 세정(洗淨)하는 동안에도 퍼티의 경화는 진행되고 있으므로 세정이 끝날 무렵에는 퍼티면을 만지더라도 손가락에 묻어나지 않게 된다.

⑦ **또다시 마스킹 테이프를 붙인다**

퍼티가 반건조 상태에서 A면과 E면의 프레스 라인에 따라 테이프를 붙인다. C면은 퍼티면 전체에 테이프를 붙인다.

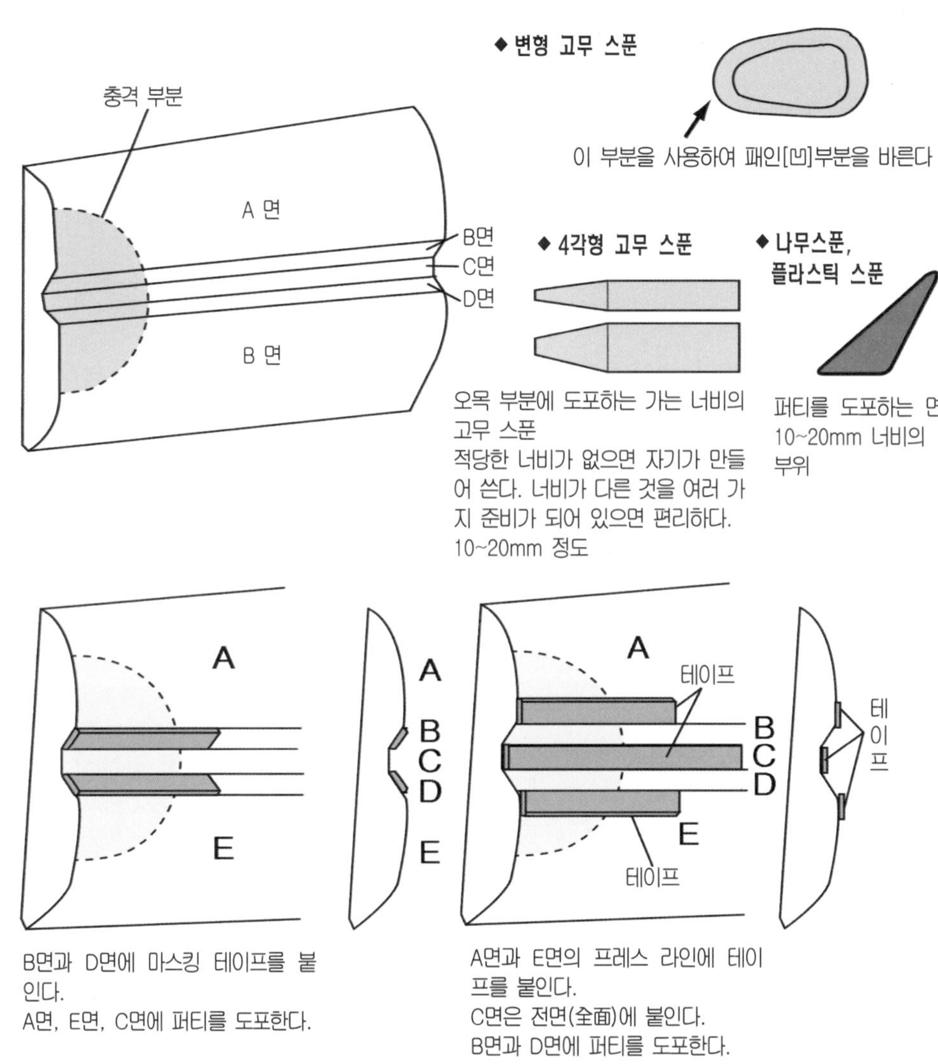

PHOTO 홈 상태 프레스 라인의 퍼티 도포방법

⑧ 또다시 퍼티 도포

퍼티를 반죽하여 B면과 D면에 도포한다. 일반 스푼으로 도포하기가 어려울 때는 면의 모양에 맞는 스푼을 사용한다. 훑듯이 붙이는 덧붙임 작업을 한 후 퍼티면을 고무 스푼 등으로 깨끗하게 고른다.

⑨ 테이프를 떼어 낸다

퍼티를 모두 도포한 후 테이프를 떼어 내고 일련의 작업을 마친다.

퍼티를 편리하게 도포하기 위한 공구류

이 시스템의 기본은 스푼과 퍼티면 고르기용 공구의 편성에 따라 경험의 유무에 불구하고 패널에 패인(crate)부위를 누구라도 간단하게 메울 수 있고 퍼티의 표면을 깨끗하게 할 수 있다는 점이다. 또 패널면이나 도막면의 요철과 굴곡의 면 고르기 효과도 있으므로 아울러 연마 작업이 빠르고 쉽게 할 수 있는 이점도 가지고 있다.

1. 퍼티면 고르기용 공구의 특징

① 공구 자체가 패널이나 곡면에 맞도록 조정이 된다.

② 손으로 가볍게 구부림으로써 패널면이나 곡면에 맞추는 타입도 있다.

③ 사용 방법의 요령을 알아둘 필요가 있다.

④ 퍼티 바르기 면적에 따라 구별하여 사용할 수 있도록 형상 또는 크기가 다른 타입이 준비되어 있다.

⑤ 프레스 라인이나 내향(內向) 곡면 등의 까다로운 면에 퍼티 도포를 간단하게 할 수 있는 것도 있다.

⑥ 라인에 맞도록 성형한 스푼을 사용하여 퍼티를 고르는 것은 프레스 라인과 같은 퍼티면이 만들어진다.

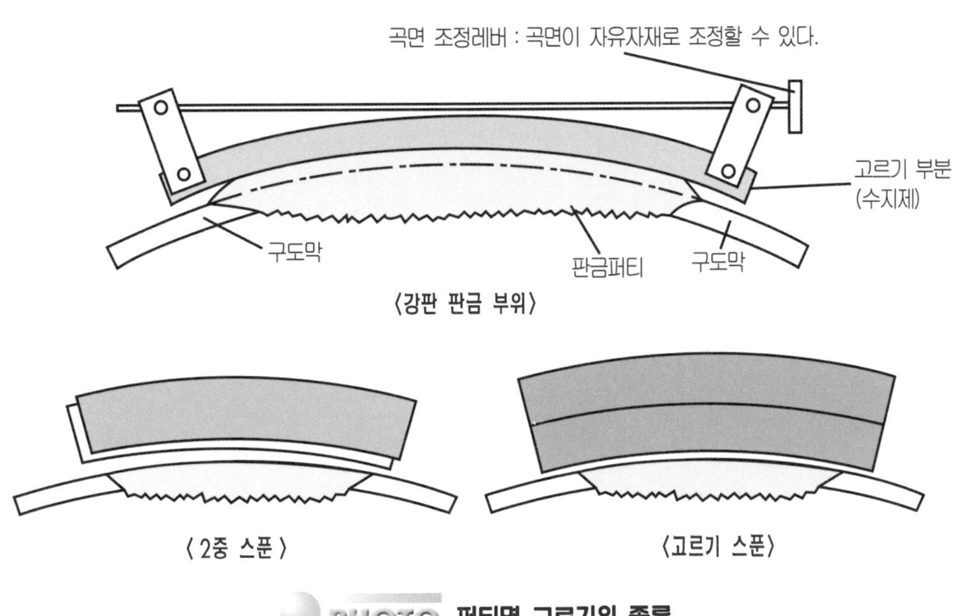

PHOTO 퍼티면 고르기의 종류

곡면은 양손으로 잡고 공구로 구부려서 조정

일반 스푼으로 두껍게 도포한 퍼티면을 전용 공구를 사용하여 위에서 아래로 고르게 하면서 퍼티면을 편평하게 한다.

◆ 2중 스푼의 사용방법

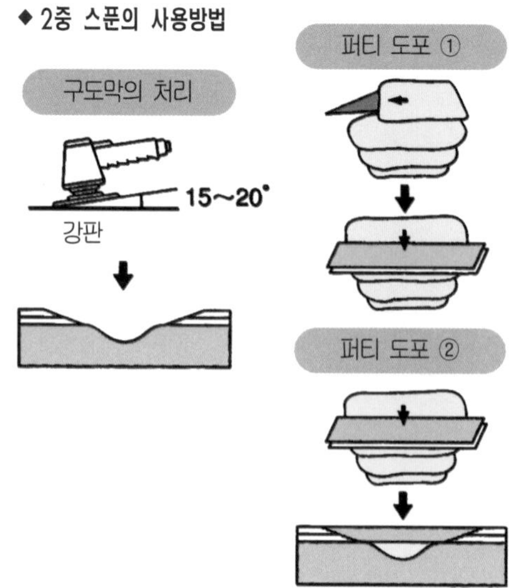

PHOTO 고르기 공구의 사용방법

2. 단 점

① 사용이 끝나면 즉시 세정(洗淨)을 해야 한다.

② 공구에 묻은 채로 퍼티가 굳어버리면 세정하더라도 떨어지지 않고 시간이 걸린다. 또 굳은 퍼티를 무리하게 떼려고 하면 공구를 손상시킬 수 있다.

③ 퍼티 표면이 부드러운 동안에 신속하게 퍼티 고르기를 하지 않으면 효과가 없다. 퍼티가 굳기 시작할 때나 잘 되지 않았다고 해서 여러 번 반복하면 퍼티 표면이 거칠어지고 기공(氣孔)이 생기므로 결함의 원인이 된다.

④ 복잡한 라인이나 특수 곡면에는 적합하지 않다. 반대로 작업하기 어려운 것도 있다.

13 퍼티의 건조

폴리에스테르계의 퍼티 경화는 같은 2액형 상도나 프라이머 서페이서에 비하면 훨씬 건조 시간이 짧다. 제품에 따라 다를 수 있지만 상온(20℃)에서 20~40분 전후가 일반적인 연마 가능 시간으로 되어 있다. 이 건조의 촉진에는 가반식(可盤式) 건조기나 스폿 히터를 사용해도 좋다. 스폿 히터를 손으로 잡을 때는 열이 고르게 전달되도록 주의한다.

경화 여부의 확인은 퍼티의 주변 즉, 퍼티의 막 두께의 얇은 부위에 손톱으로 상처를 내서 확인한다. 이것은 변화의 구조가 화학 반응에 의하여 자체 발생한 열로 쉽게 촉진되기 때문에 두꺼운 부위의 건조가 더 빨리 진행한 것이다.

또 광경화형 퍼티의 경우 건조 시간은 더욱 짧게 되어 있다. 빛의 조사(照射)로 경화하지만 제품에 따라 전용 램프가 효과적인 타입과 가시광선을 이용하는 타입이 있다.

14 퍼티 연마

도장작업 전체 공정에서 퍼티 연마가 가장 어려운 작업이라고 한다. 퍼티 연마의 불량은 도장 마무리에 크게 영향을 미치기 때문이다.

어려운 원인

① 연마하는 퍼티면의 형상이 천차만별이며 공구의 사용 방법도 일정하지 않다.

② 모두가 손작업으로 된다. 공기나 전동 공구를 사용하더라도 기술자의 손으로 작업을 하는 것은 틀림없다. 개인의 기술에 따라 차이가 있으며, 그것에 따라 작업 시간 차이도 크다.

③ 공구의 선택도 개인에 의해서 달라질 경우가 많으며, 일관된 연마의 시스템이 정착되기 어렵다(공장 단위로 시스템을 편성하고 있는 예도 볼 수 있으나 기술자 각자가 사용하는 공구는 다를 때가 많다).

④ 연마 상태의 판단을 감각에 의존하고 있다. 손바닥으로 퍼티면을 훑어보아서 판단하므로 기술자에 따라 정밀도가 다르다. 이 감각을 숙련하는 데는 본인의 노력과 훈련 밖에는 없으며, 감각에 의한 것이 선척적인 것도 있기 때문에 표준화가 어렵다.

⑤ 연마 상태를 판정하는 계기류도 있으나 패널의 형상에 완벽하게 맞다는 것은 말하기 어렵다. 곧은 자와 같이 스트레이트 게이지나 곡면용 게이지 등 여러 가지가 있으나 미묘한 요철을 판단하는 것은 말처럼 그리 쉽지만은 않다. 숫자로 말하면 3~10미크론 정도이지만 상도(上塗)를 해 보면 눈에 띄도록 크레임(claim)의 원인이 되기도 한다.

⑥ 패이[凹]거나 기복을 확인할 수 있는 가이드 코트를 이용하더라도 최종적인 판단은 손에 의해서 결정하게 된다.

퍼티 연마의 순서

1. 준비와 순서(공구와 재료의 배치)

샌더류는 더블 액션 샌더(125, 0150mm φ), 오비털 샌더(오빗 다이어 6~10mm), 기어 액션 샌더(125, 150mm φ), 면 만들기용은 스트레이트 샌더 연마자국의 흔적 제거나 표면 만들기에는 더블액션 샌더(오빗 다이어 3~6mm). 기타로는 손연마용의 받침목, 파일, 패드 등이 있다.

파일은 퍼티 면적에 따라 크기의 대, 중, 소(L, M, S)나 곡면 또는 라인을 연마하기 위한 것 등 여러 가지 타입을 준비한다.

페이퍼는 샌더에 패드나 파일에 적합한 것으로 한다. 번호는 거친 연삭은 P80, 면 만들기는 P120~P180, 페이퍼의 자국 제거는 P240, 표면 조성은 P240~P320 등 5종류가 필요하다.

또 연마 후 에어블로로 사용하는 에어 더스트 건, 탈지·청소에 사용하는 탈지제와 걸레. 이들을 모두 가지런히 툴 캐리어에 정리해 놓고 작업하는 차량 옆에 둔다. 작업 도중에 공구나 페이퍼류를 찾으려고 공장 내를 방황하지 않기 위해서이다.

작업중에 본인 외에 기술자의 안전 위생과 환경보전을 생각할 것.

구체적으로는 방진마스크, 안경과 장갑의 착용, 퍼티 분말은 불어내지 말고 진공 청소기 등으로 빨아 흡입한다. 수리하는 차의 도장 부위 이외는 오염되지 않도록 비닐로 감싸둔다.

이상의 준비가 끝난 다음에 연마 작업을 시작한다.

2. 퍼티의 연마

스푼 베개를 제거한다

숙련된 기술자라면 스푼 베개를 만들지 않고 깨끗하게 퍼티를 도포할 수 있으나 우선 일반적으로는 우선 이 스푼 베개를 편평하도록 연삭한다.

① 샌더를 사용하는 경우

더블 액션 샌더, 오비털 샌더 또는 기어 액션 샌더를 사용하여 패드에 P80 페이퍼를 부착시켜 퍼티면에 가볍게 접촉시켜 샌더의 회전력을 이용하여 연마한다. 퍼티면에 샌더를 강하게 밀어 붙이지 말고 스푼 베개를 연삭하는 느낌으로 샌더를 움직인다.

② **손연마의 경우**

파일에 P80 페이퍼를 부착시켜 거친 연삭을 한다. 파일을 움직이는 방법으로는 가로 연마, 오른쪽 비낌 연마, 왼쪽 비낌 연마를 반복한 후 가로 방향으로 왕복 연마하는 요령으로 스푼 베개를 연삭해 나간다.

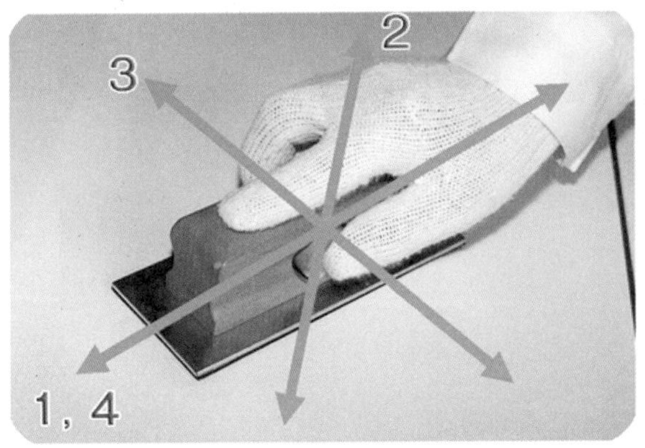

PHOTO 파일을 움직이는 방법

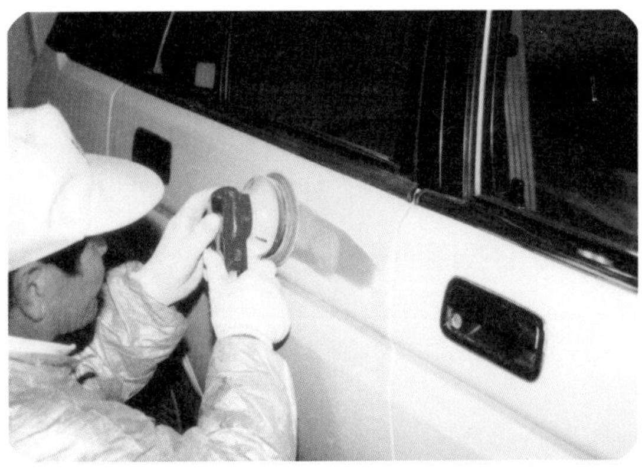

PHOTO 스푼 베개의 연삭공구

퍼티면이 높은 부분을 연삭한다

퍼티면을 손으로 훑어보아 높은 부분을 연삭한다. 이때 낮은 부분은 연삭하지 않는다.

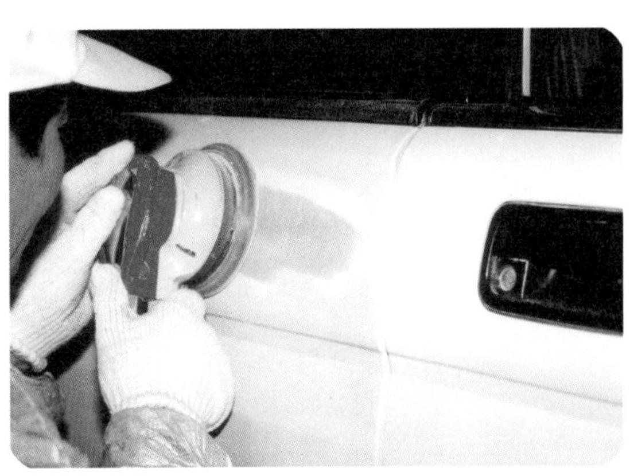

PHOTO 높은 부분을 연삭한다

① **샌더를 사용하는 경우**

더블 액션 샌더 또는 오비털 샌더에 P120 페이퍼를 부착시켜 높은 부위를 연삭한다. 부주의를 하면 높은 곳이나 낮은 곳도 동시에 연삭되므로 높은 부분만을 연마하도록 힘써야 한다.

기어 액션 샌더나 스트레이트 샌더는 패드의 페이퍼면이 퍼티의 높은 부분에만 접촉되므로 면 만들기가 쉽고 이 작업에는 가장 적합하다.

② 손연마의 경우

파일에 P128 페이퍼를 부착시켜 높은 부분을 중심으로 연삭한다. 연마하는데 따라 대충의 면이 만들어진다.

에지의 턱을 제거한다

퍼티의 에지 부분의 단차를 연마하여 도막 사이를 편평하게 한다. 이때 도막면을 지나치게 연삭하지 말 것.

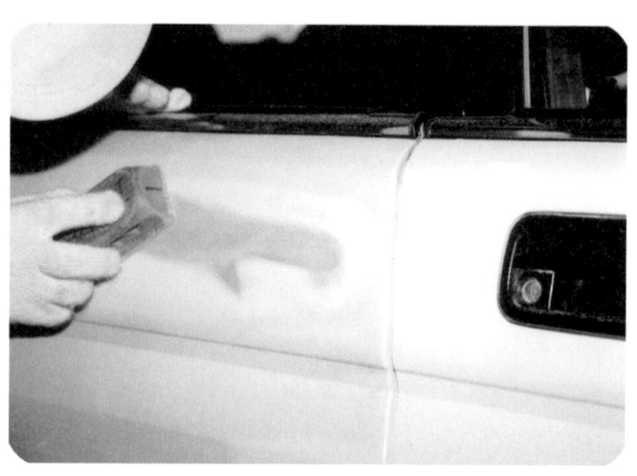

PHOTO 에지의 턱을 제거한다

① 샌더를 사용할 때

오빗 다이어 5mm 정도의 더블 액션 샌더가 적합하다. 오빗 다이어가 큰 더블 액션샌더나 오비털 샌더는 연삭력이 강하기 때문에 지나치게 연삭될 경우가 있다.

페이퍼는 P180~240. 퍼티면에 가볍게 페이퍼를 접촉시켜 샌더의 회전력으로 연삭한다. 샌더를 강하게 밀착시키지 않는 한 퍼티 주변의 도막은 깎여나가는 경우가 없다. 퍼티의 단차를 연마하는 작업이므로 연마 상태를 확실하게 육안으로 확인하면서 샌더를 움직인다.

② 손연마의 경우

받침목이나 파일에 P180 페이퍼를 부착시켜 퍼티의 에지 부분을 연마한다. 구도막을 갈아내지 않도록 주의하면서 연마자국을 넓히지 않을 것. 에지 부분의 단차가 없어지면 패널면과 퍼티 부분에 요철 굴곡의 상태가 확실히 들어나게 된다.

3. 퍼티 전체의 면 만들기

퍼티 전체의 면 만들기는 손연마가 좋으나 기계연마일 경우에는 스트레이트 샌더를 사용한다. 페이퍼는 P180, 스트레이트 샌더를 움직이는 방법은 손연마와 같다.

손연마는 받침목 파일에 P180 페이퍼를 부착시켜 작업을 한다. 퍼티면 전체를 가로로 연마하고 왼쪽 비낌, 오른쪽 비낌에 대하여 교차연마를 하면 요철이 없어지며 이 연마 방법을 반복함으로써 정확한 면 만들기가 이루어진다.

면 만들기 연마는 가이드 코트를 도포하면서 처리하면 연마 상태와 요철의 유무를 잘 알 수 있으므로 작업이 쉽다. 가이드 코트에는 파우더 타입이나 스프레이 타입이 있으며 선호하는 것을 사용하면 된다.

4. 연마자국 제거와 표면 조성

면 만들기가 완료되면 연마자국을 없애는 것과 퍼티 주변의 도막 표면 조성을 한다. 이 작업에서는 손연마보다도 샌더를 사용하는 것이 깨끗하고 빨리 된다.

표면 만들기용 샌더로 패드는 소프트 타입, 페이퍼는 P240~320으로 연마한다. 손연마의 경우 P240~320의 페이퍼를 소프트 패드(스펀지 타입의 부드러운 패드)에 부착시켜 처리한다.

연마 작업을 쉽고 간단히 할 수 있는 요령을 정리해 보면 공정(工程)에 있던 샌더를 재치있게 구분하여 사용하는 방법과 요령을 터득할 것, 마모되어 절삭이 잘 안되는 페이퍼는 사용하지 않을 것. 손연마할 때 파일을 잘 사용하는 것 등이 있다.

알 아 둡 시 다

가이드 코트

「가이드 코트」라는 것은 퍼티 또는 프라이머 서페이서의 연마 작업에서 패인(crate)부분이나 굴곡이 없는 면 만들기를 하기 위한 보조 공정이다.

사용하는 것은 파우더 타입 에어졸 캔(래커 광택지우기 블랙) 스프레이 분무(래커계 섀시블랙 등) 검은 유성(油性) 등이 있다.

▲ 가이드 코트

연마하고 있는 부분에 가이드 코트를 스프레이 또는 문질러 바르고 연마하면 높은 곳은 연마되고 낮은 곳은 검은 색상이 부착된 상태로 남는다. 전체의 색상이 없어질 때까지 연마한다.

소재에 따라서는 연마 종료 후 면에 검게 남아 있을 경우 닦아낸다. 이 작업은 1회 뿐만 아니라 굴곡이 없어질 때까지 필요에 따라 하면 된다.

15 폴리 퍼티 작업

판금 퍼티를 연마한 후 점검하여 불량한 곳이 있다면 또다시 퍼티 작업을 필요로 하게 된다. 이때 불량 부분의 수정 등 몇 가지 이유로 사용하는 것이 폴리 퍼티(얇게 도포하는 퍼티)이다. 입자가 미세하므로 매끈한 마무리가 가능하다.

퍼티면의 연마 마무리 점검

연마 후 퍼티면의 점검에서 볼 수 있는 불량에는 다음과 같은 것이 있다.

① **기 공(氣孔)**

기공은 구멍이 모여 있는 것으로 판금 퍼티를 두껍게 도포하거나 도포하는 방법이 나쁠 때 생긴다.

② **깊은 연마 자국**

거친 연마를 할 때 지나치게 굵은 페이퍼로 연마하거나 힘을 너무 가했을 경우에 생기는 것이다.

③ **퍼티면의 과도 연삭** : 샌더 사용 방법이 불량한 것

④ **퍼티면의 요철, 도막의 단차** : 면 고르기가 불량한 것

이 밖에도 폴리 퍼티를 도포하는 것은 다음과 같은 목적이 있다.

⑤ **구도막과의 단차를 없앤다**

선 자국, 작게 패인 도막의 단차, 도막 면에 생긴 작은 굴곡이나 요철(이때 구도막을 표면 조성을 연마한 다음에 폴리 퍼티 작업이 된다.)

⑥ **프라이머 서페이서 흡수 방지**

판금 퍼티(두텁게 도포할 때 사용하는 퍼티)는 표면이 거칠기 때문에(판금 퍼티 입자가 크거나 경량 타입일 경우에는 체질 안료의 흡입이 있다.) 불량 부위를 폴리 퍼티를 사용하지 않고 판금 퍼티만으로 수정하는 것도 있으나 이때에는 한 랭크 입자가 가는 타입이 좋다. 그러나 판금 퍼티를 연마하여 면 만들기를 하더라도 요철이나 패인자국이 극도로 심할 경우 두껍게 도포하거나 표준 타입의 판금 퍼티를 또다시 두텁게 도포하여 연마해야 한다.

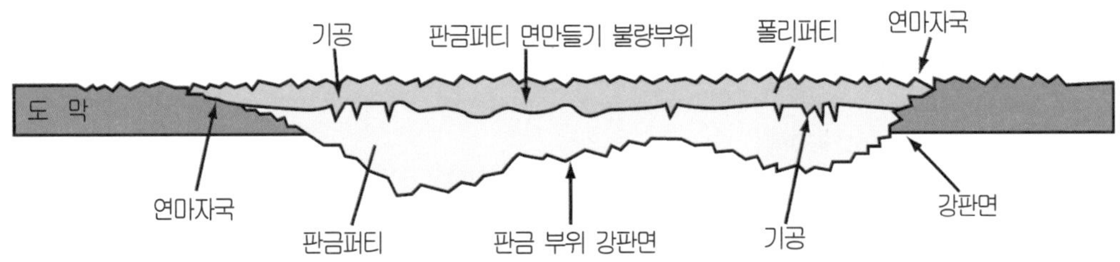

- 판금 퍼티는 강판면과 도막이 두꺼울 때의 면만들기용
- 폴리퍼티는 판금퍼티의 기공, 요철, 연마자국, 도막의 단차의 면만들기용.

PHOTO 판금 퍼티와 폴리 퍼티의 단면

폴리 퍼티를 도포하는 방법

폴리 퍼티의 베이스(主劑)는 충분히 교반하여 균일한 상태가 된 다음 통에서 꺼낸다.

경화제와의 배합은 100대 2, 정확하게 혼합할 경우 계량기를 사용한다.

사용한 양도 파악할 수 있으며, 반복하는 사이에 면적과 사용량의 기준을 알게 된다. 퍼티면을 탈지·청소하여 폴리 퍼티를 반죽하여 도포한다. 이때 다음 사항을 주의한다.

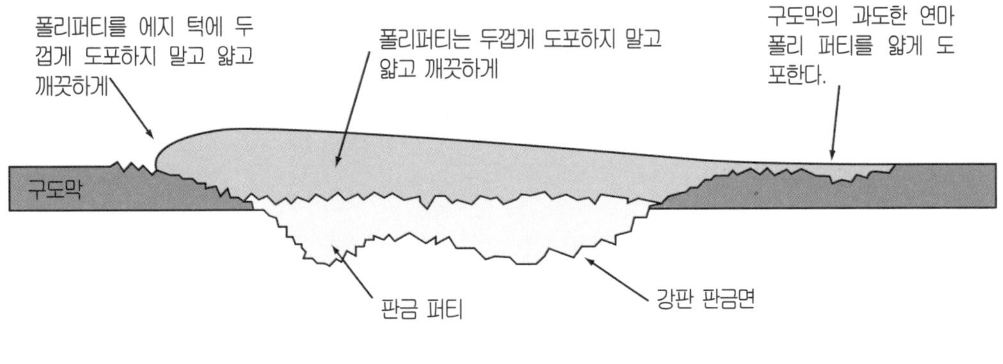

PHOTO 폴리 퍼티 도포시 주의사항

1. 도포 작업시 주의사항

판금 퍼티와 같이 두껍게 도포하지 말 것. 얇고 깨끗하게 도포하도록 주의할 것.

기공이나 연마자국을 메우는 것이 목적일 경우에는 구멍이나 상처 속에 퍼티가 확실하게 들어가도록 훑듯이 도포한다.

구도막과 퍼티의 단차를 두껍게 하지 않는다. 퍼티의 에지면은 얇고 깨끗하게 도포한다.

① 판금 퍼티의 면보다 넓게 도포하고 판금 퍼티를 연마할 때 주변의 구도막도 연삭하여 도막면이 일단 나오게 한다.

② 폴리 퍼티를 도포하는 스푼은 허리가 조금 부드러운 타입의 것이 도포하기 쉽다.

폴리 퍼티의 건조

기본적으로는 자연 건조다. 퍼티 도포를 완료한 다음 20~30분 정도 경과 후에 연마할 수 있으나 기온이 낮을 경우는 건조시간이 지연되므로 가열건조가 필요하다.

가열 건조를 할 때 퍼티면의 온도가 50℃이상이 되면 경화제의 성분이 고온에서 과잉 반응을 일으켜 성능이 열화되므로 주의한다.

	판금 퍼티 / 두껍게 도포·표준타입	폴리 퍼티 / 마무리용
퍼티 도포의 목적	판금 정형(整形)에서 강판면의 요철, 깊이 패인 곳을 메운다.	도막의 단차, 판금 퍼티의 기공, 까다로운 요철의 수정
퍼티의 특성	강판면에 부착력이 강하다. 두껍게 도포를 할 수 있다. 내충격성, 내수축성이 우수하다.	강판면의 부착력에서는 판금 퍼티에 뒤진다. 두꺼운 도포는 무리. 도막면에 부착력은 강하다.
퍼티의 입자, 마무리 기분	입자가 크다, 거칠다(기공이 생기기 쉽다). 퍼티표면은 거칠게 마무리.	입자가 미세하다. 퍼티 표면은 편평하고 깨끗하다.
프라이머 서페이서의 흡수	있음	없음
작업성, 스푼 도포	퍼티가 굳은 것을 단단한 스푼으로 덧붙임 한다.	얇게 도포한다. 판금 퍼티보다 도포하기 쉽다.
연마성	연마하기 쉽다. 샌더, 손연마와 더불어 페이퍼와의 접촉이 좋다.	판금 퍼티와 마찬가지 샌더, 손연마 모두 연마하기 쉽다. P180 → 240

▲ 판금 퍼티와 폴리 퍼티의 차이

1. 퍼티면의 온도 확인방법

- 방사 온도계(비접적형)로 측정한다.
- 자석부착의 간이 온도계를 패널에 붙여서 측정한다.
- 손으로 훑어보아서 대략의 그 온도를 알아낸다(자기의 체온보다 조금 높은 것이 기준).

폴리 퍼티의 연마

폴리 퍼티의 연마는 기본적으로 판금 퍼티의 연마와 같지만 특히 다음 사항을 주의한다.

① 번호가 거친 페이퍼는 사용하지 않는다. P180～P240 사이의 페이퍼를 교체 사용하면서 면내기나 마무리 연마를 한다.

② 마무리용 샌더를 사용한다. 더블액션 샌더에서는 오빗 다이어 3～5mm 타입이 적합하다. 오비털 샌더도 마찬가지이다.

③ 손연마할 때 사용하는 받침목, 면만들기용 파일은 퍼티 면적에 따라 크기를 선택한다. 페이퍼는 P180～P240 사이의 것을 교체 사용한다.

④ 완벽한 면만들기를 하기 위해서는 풀붙이기 타입의 페이퍼를 사용하는 경우가 확실하다. 반면에 매직 타입은 연마하기 쉽고 간단하게 교환할 수 있으므로 편리하다.

⑤ 폴리 퍼티 주위의 구도막을 페이퍼로 과도하게 연삭하지 말 것. 에지 부분을 연마할 때는 퍼티의 에지면과 구도막의 페이퍼 접촉상태를 확실히 보면서 정성들여 연마한다.

⑥ 가이드 코트를 사용하여 연마 상태를 눈으로 보면서 연마한다.

⑦ 지나치게 연마하지 말 것. 힘겹게 도포한 폴리 퍼티를 지나치게 연마하면 하도(下塗)의 판금 퍼티면이나 도막의 단차(턱)가 폴리 퍼티 작업 또는 어떤 연유인지 알지 못한다.

4.마스킹과 도장전 준비

4. 마스킹과 도장전 준비

마스킹과 도장전 준비는 간단한 것 같이 보이지만 의외로 시간이 걸리는 작업이다.

그 기술에 대해서 정확하게 정리되어 있는 것도 별로 없다. 이것을 정리하여 도장전 준비 특히 스프레이 건의 취급에 대해서도 언급을 하기로 한다.

01 마스킹

마스킹의 어려움

마스킹은 도장 작업에서 없어선 안 될 매우 중요한 공정(工程)의 하나이다.

그것이 하지작업(下地作業)이라도 우선 먼저 마스킹부터 시작한다. 그러나 이 마스킹 작업은 얼른 보기에는 간단한 것 같이 보이지만 실제로는 매우 어렵다.

① 마스킹 방법을 모른다 - 어디를 어떻게 종이를 붙여야 될지 알 수가 없다.

② 마스킹 순서를 모른다 - 어디서부터 어떤 순서로 붙여나가야 되는지 알 수가 없다.

③ 마스킹 시간이 길다 - 시간만 걸리고 결국 작업이 진행되지 않는다.

④ 보기에 나쁘다 - 종이를 붙이고 난 다음에 보면 보기에도 완성된 상태가 보기 싫은 느낌이 든다.

⑤ 낭비가 많다 - 마스킹 페이퍼, 마스킹 테이프의 사용방법 미숙으로 두 번 붙여야 하는 경우와 필요 이상 중복으로 붙이는 등 재료의 낭비가 있다.

이상은 도장을 담당하는 미숙련자의 한결같은 목소리이다. 숙달될 때까지는 경험과 기간이 필요하게 된다.

마스킹 재료의 사용 방법이 틀렸거나 불충분한 작업을 하면 분무한 색이나 도료 분말이 목적하는 도장부위 이외에 부착되어 그것을 처리하려면 불필요한 수고를 해야 한다.

자동차는 모두 모양이 다르고, 복잡하며 도장하려는 부분도 쉬운 부위만 있는 것은 아니다. 외부 둘레는 물론이고 패널의 내측 마스킹은 시간이 걸리며 도저히 일반적인 방법으로는 잘 안된다. 도료나 분말이 절대로 다른 부위에 부착되지 않도록 마스킹을 하기 위해서는 그 나름의 연구와 기술이 필요하다.

마스킹 작업

1. 목 적

마스킹을 하는 목적은 다음과 같다.

① **작업하는 차의 오염방지**

고객의 차를 더럽히지 않는다. 작업을 시작하기 전에 작업부위 이외 부분에 오염방지를 한다.

② **도료, 도료 분말의 부착방지**

도장하는 부위 이외에 도료나 도료 분말이 묻지 않도록 예방한다.

③ **먼지, 이물질 방지**

패널과 패널 틈새 등으로부터 먼지나 이물질이 나오기 쉽다. 이것을 마스킹으로 예방한다.

2. 이 유

① 도장작업에서는 차 전체가 더러워지기 쉽다. 특히 하지작업은 연마에 의한 분진이나 연마즙이 주변에 날리면서 부착되어 오염된다.

【예】 프런트 펜더의 하지작업 – 엔진룸, 휠, 하체 부품, 프런트 관련의 라디에이터나 쿨러의 냉각기 등에 퍼티 분진이나 연마즙이 부착하기 쉽고 부착되면 나중에 제거하는데 의외로 시간이 걸린다. 마스킹이라고 하면 도료를 분무하기 전에 주위를 둘러싸는 것으로 알고 있으나 작업을 시작하기 전에 오염시키지 않도록 하는 것도 마스킹의 중요한 역할이다.

② 차의 도장은 압축 공기를 사용하여 스프레이 건으로 분무하기 때문에 안개 모양이 된 도료가 넓은 범위로 뿌려진다. 또 마스킹 페이퍼나 패널의 틈새에 끼어 들어가 부착된다.

③ 마스킹은 단순히 도료만 부착되지 않으면 되는 것이 아니라 종이의 사용 방법, 붙이는 방법에 따라 먼지, 이물질의 부착 정도가 달라진다.

먼지나 이물질은 도장하는 차로부터 옮겨와 도장 면에 붙는 경우가 많으므로 마스킹 할 때 특히 틈새를 잘 붙여서 먼지나 이물질이 나오지 않도록 주의해야 한다.

마스킹 재료

1. 마스킹 테이프

마스킹 테이프는 마스킹 페이퍼에 붙여서 사용하며, 테이프 만으로 마스킹할 경우도 있다.

종 류

① 종이 테이프

마스킹 용지 점착 테이프는 마스킹 페이퍼의 고정용으로서 일반적으로 널리 사용되고 있다. 자동차 보수용으로서는 종이로서 열이나 용제(溶劑)에 강하고 떼어낸 후에 점착제가 보디쪽에 남지 않도록 설계되어 있다. 고온(150℃이상)에 강한 내열 테이프도 있다.

마스킹 테이프

① 종이 테이프 : 종이 재료(일반적인 마스킹 · 마스킹 페이퍼 고정용)
② 천(布) 테이프 : 섬유재료(연마 상처의 방지 · 부품탈착 상처 방지 이외)
③ 메탈 테이프 : 알루미늄 재료(수지부품 가열보호의 열차단용 이외)
④ 플라스틱 테이프 : 수지재료(곡면, 라인 등의 에지 제거 이외)
⑤ 양면 테이프 : 부틸, 수지 등의 수지 재료(패널의 마스킹 재료, 고정용 이외)

▲ 일반용지 테이프

종이 테이프

① 일반용 마스킹 테이프 : 일반적인 마스킹 · 마스킹 페이퍼의 고정용
② 내열용 테이프 : 소부도장 등 고온 건조시킬 경우 마스킹 등 열에 강한 타입의 종이 테이프

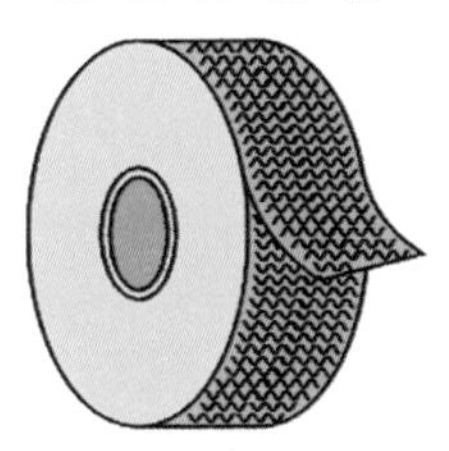
▲ 크레이프 테이프

종이 테이프의 표면

① 종이 테이프 : 표면이 편평한 것
② 크레이프 테이프 : 기본 재료인 종이가 신축되기 쉽도록 주름 모양으로 되어있다. 곡면 라인을 마스킹할 때 적합하다. 곡선을 마스킹 하는데 적합하다.

PHOTO 마스킹 테이프의 종류

① 종이 테이프(자동차 보수용 하지 타이프)

6mm, 9mm, 10mm, 12mm, 15mm, 18mm, 20mm, 24mm, 30mm, 36mm, 40mm, 50mm, 60mm
각 타입의 길이 18m
실제로 많이 사용하고 있는 것은
12mm, 15mm, 18mm, 24mm, 30mm, 50mm
등으로 15mm와 30mm가 많다.
12mm는 에지 제거에 적합하다

② 종이 테이프(마스킹 페이퍼 디스펜서용)

15mm, 19mm
각 타입의 길이 100mm

③ 종이 테이프(크레이프 테이프)

9mm, 12mm, 15mm, 19mm, 25mm, 50mm
각 타입의 길이 50m

④ 플라스틱 테이프(자동차 보수도장용)

3mm, 6mm, 9mm, 12mm, 15mm
각 타입마다 길이는 다르다.
특수너비 타입
1.6mm, 3.2mm, 6.4mm, 12.7mm
길이 54.8cm
에지 제거, 금긋기, 색깔 분류 등 작업하는데 적합하다

■ **마스킹 테이프 너비의 예**

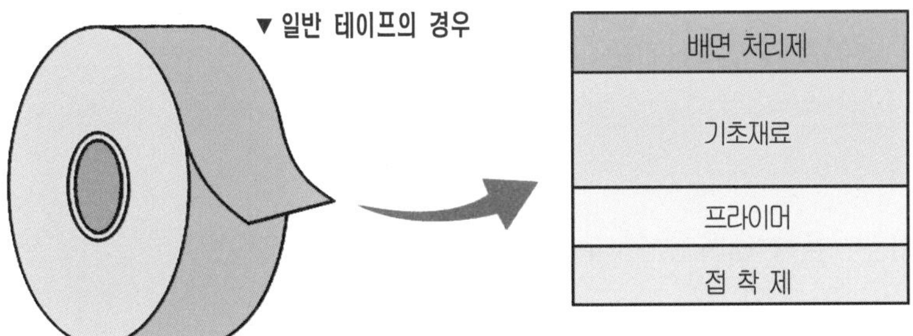

- 배면 처리제 : 감은 상태로 테이프 끼리 달라붙는 것을 방지하는 역할.
- 기본재료 : 종이나, 천, 플라스틱 등 테이프의 기본 재료(종이 테이프의 경우에는 종이)
- 프라이머 : 기본재료(베이스-메탈)와 접착제의 접착력을 높여서 접착물에 에지가 남는 것을 방지하는 역할.
- 접착력 : 접착하는 힘이 되는 것(풀)

PHOTO 테이프의 구조

② 천 테이프

퍼티연마, 프라이머 서페이서 연마, 구도막의 표면 조성 등에서 인접 패널이나 기타 부품 등을 연마할 때 상처가 나지 않도록 예방 목적으로 작업하기 이전에 이용된다. 일반적으로 시판되는 테이프는 25mm, 50mm 정도가 많이 사용되고 있다.

③ **메탈 테이프**

알루미늄제의 접착 테이프로서 수지 부품의 차열용(遮熱用)으로 사용된다. 도장 분무 후 가열할 때 열에 약한 수지 부품은 변형될 경우가 있으므로 부품을 보호 즉, 열을 차단하기 위해서 사용된다. 또 2톤(tone) 컬러·3톤 컬러 라인 긋기용 알루미늄 테이프도 있으며 비닐 테이프 보다 가장자리가 깨끗하게 나타내는 이점이 있다.

④ **플라스틱 테이프**

비닐 테이프나 에지 제거 테이프, 라인 테이프라고 불린다.

라운드·라인면. 색 구분 2톤 컬러. 3톤 컬러 등의 라인 긋기 마스킹 에지 제거를 하는 것에 적합하고, 보풀이 없는 깨끗한 마스킹 라인이 생긴다.

⑤ **양면 테이프**

기본 재료의 양쪽에 접착할 수 있는 테이프로서 손이 들어가기 어려운 좁은 부분 등에 사용하면 효율적으로 마스킹을 할 수 있다.

마스킹 테이프의 선택 기준

- 안정된 접착력, 접착성이 양호하다

  자동차 보수 도장의 경우 마스킹하는 소재는 각각 다르다. 도막, 고무, 플라스틱, 내장, 유리, 금속 재료 등에 붙이기 쉽고 확실하게 붙으며 안정된 접착력의 테이프가 아니면 쓸모가 없다.

- 커트하기가 쉽다(손끝으로 쉽게 끊어진다)

  너비가 18mm이상이 되면 테이프 컷의 양부가 작업 시간에 크게 관계된다.

- 세로로 찢어지거나 비스듬히 찢어지지 않을 것

  테이프를 당길 때 종이가 세로로 찢어지거나 비스듬히 찢어지지 않을 것.

- 내(耐)용제성이 강하다.

  테이프를 통해서 도료나 용제가 침투하면 테이프의 접착제가 용해되어 떨어질 뿐만 아니라 커버한 하부에 도막을 침해하여 도막의 결함 원인이 된다.

- 내열성이 있다

  도장 후 가열 건조하였을 때 열에 의해서 테이프가 떨어지지 말 것. 100℃로 30분 이상의 열에 견딜 수 있는 것. 고온 150℃이상의 경우에는 전용 내열 테이프를 사용한다.

- 떼어내기 쉽고 접착제가 남지 않는다.

  분무 도장을 하여 가열 건조 종료 후에 테이프를 떼어 내는데 그때 접착제(풀)가 남게 되면 제거작업에 시간이 걸린다. 특히 고무 종류는 떼어내기 어려우므로 탈지제나 시너 등을 천에 묻혀서 닦아 내는데 고무 표면을 강하게 문지르게 되면 표면이 녹아버리는 결과가 된다. 또한 테이프는 소재가 차가울 때보다 따뜻할 때 떼어 내기가 쉬우므로 온도에 유의하여야 한다.

2. 마스킹 페이퍼(양생지)

도장 부분 이외의 부위에 도료나 도료 분말이 부착되는 것을 방지하기 위하여 붙이거나 덮는 종이로서 일반적으로 마스킹 페이퍼 또는 양생지라고 한다.

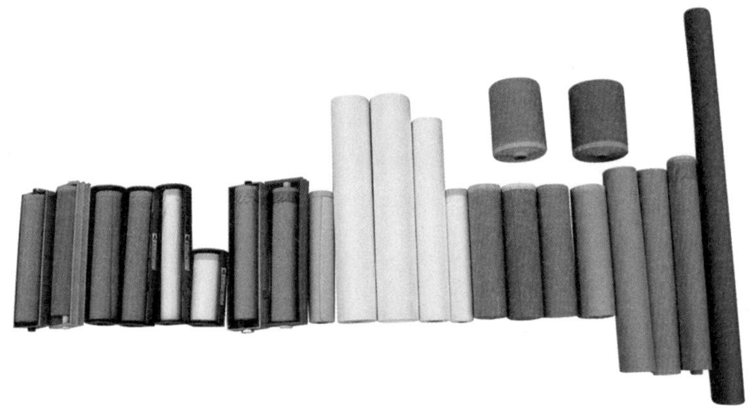

PHOTO 마스킹 페이퍼 시트

양생재료의 종류

자동차 보수도장 작업시에 사용되는 양생재료(마스킹 재료)에는 다음과 같은 종류가 있다.

- **범용 크라프트 페이퍼** : 일반적으로 널리 보급되어 있는 페이퍼. 우편 소포 등을 포장하는데 사용되는 소재로서 값이 싸다.
- **두꺼운 크라프트 페이퍼** : 범용 타입에 비하여 용재, 도료의 침투가 없지만 조금 지질이 단단함으로 붙이기 어려운 면도 있다.
- **편염 크라프트 페이퍼** : 크라프트지의 한 면이 코팅되어 있는 종이, 표면이 코팅되어 있으므로 도료나 용재의 침투가 어렵다.

- **라미네이트 가공 크라프트 페이퍼(필름 라미네이트 가공지)** : 크라프트지 뒤쪽에 수지(염화비닐 또는 폴리에틸렌)를 붙여서 가공(라미네이트)한 것. 도료, 용재의 침투가 적다.
- **라미네이트 가공 종이타입(필름 라미네이트 가공지)** : 뒤쪽에 수지를 라미네이트 한 것이다. 지질이 강하고 붙이기 작업을 하더라도 찢어지지 않으며 도료나 용재의 침투가 적다.
- **크라프트 + 필름 이중타입** : 크라프트지에 필름을 이중으로 붙인 양생지.
  용재, 도료의 침투를 방지하기 위해서 특별히 만들어진 양생지
- **그라싱지(하드롱지)** : 과자나 일부 하드 커버, 책의 포장 등에 사용되고 있는 유백색의 반투명 종이. 도료, 용재의 침투가 적다. 단, 충분한 성능을 갖지 않는 것도 있다.
- **탄산칼슘이 들어 있는 코로나 방전처리 필름** : 폴리에틸렌 필름 쪽에 미세한 상처를 줌으로써 도료의 부착성을 좋게 하는 것이 코로나 방전처리이다. 손으로 절단하는 성질의 향상, 도료의 침투 방지 효과가 있는 탄산칼슘을 내포시킨 것.
- **비닐 시트** : 건축 도장의 양생에 사용되고 있는 것으로 자동차 보수용에도 활용되고 있다. 값이 싸고 너비가 넓어(2～4mm) 자동차 한 대를 그대로 덮을 수가 있으므로 작업이 빠른 이점도 있다.

■ 마스킹 시트의 너비

너비는 15, 20, 30, 45, 50, 55, 90, 100, 150, 200㎝, 길이는 35～200m정도 까지 메이커에 따라 다르다. 테이프 부착의 마스킹 페이퍼나 둘로 접는 타입 등 여러 가지 종류가 있다.

■ 마스킹 페이퍼의 선택기준

① 도료나 용재가 침투하지 않는다

침투 방지 효과가 없는 마스킹 페이퍼는 분무한 도료의 용재가 침투하여 페이퍼 아래의 구도막에 색깔이 묻거나 용재로 침해되어 도막의 결함 원인이 된다. 라미네이트 가공, 종이타입 같은 크라프트지, 편염 크라프트지(고급품), 그라싱지(고급품)는 이와 같은 침투방지 효과가 있다.

② 마스킹 작업시에 찢어지지 않는다

지질이 나쁘면 작업중에 찢어 질 경우가 있다. 특히 종이를 붙이기 어려운 도어나 필러

주변, 즉 내측(內側), 형상이 복잡한 곳의 마스킹 작업시 무리하면 찢어지기가 쉽다. 찢어지기 어려운 종이라 하더라도 필요 이상으로 두꺼운 종이일 경우에는 뻣뻣하기 때문에 접착하기에 불편하다. 패널 형상에 따라 붙이기 어렵기 때문에 작업 효율이 떨어진다.

③ 먼지가 나지 않는다

분무 작업중 마스킹 페이퍼에서 종이 먼지가 생기면 발라 놓은 도막면에 부착된다. 먼지 발생의 방지 효과와 정전방지 효과가 있는 마스킹 페이퍼라면 더욱 좋다. 편염 크라프트지, 라미네이트 가공지, 그라싱지는 먼지가 나지 않는다.

④ 마스킹 작업이 쉽다

작업이 쉽고 붙이기 쉬운 제품이 아니면 의미가 없다. 마스킹 페이퍼에 따라서 작업성이 좋은 종이와 그렇지 못한 종이가 있으므로 좋은 것을 선택하면 시간 단축을 할 수 있다.

⑤ 내열성이 높다

자동차 보수용 도료는 기본적으로 가열 건조시킬 필요가 있다. 분무 도장 후 마스킹한 종이를 떼어내고 가열할 수 없다. 따라서 양생한 상태로 가열하므로 내열력이 있는 종이가 필요하며 라미네이트 가공 종이타입 같은 크라프트지, 그라싱지는 내열성이 높으므로 적당하다. 편염 크라프트지는 고열에는 약하나 보수용 도료에 적합한 60~80℃ 정도의 열에는 사용할 수 있다.

◀ 페이퍼 용제의 침투에 따른 도막 용해

테이프 제거 후 잔류 접착제 ▶

PHOTO 마스킹 용품의 결함

3. 기타 마스킹 용품

① **액상 마스킹제** : 마스킹 액을 그대로 스프레이 건(구경1.8~2.0mm)에 넣어 분무함으로서 얇은 막 모양(젖은 필름 모양)으로 확산되어 건조하면 비닐과 같은 필름모양이 되어 그 후에 분무하는 도료나 용재를 차단한다. 도장이 완료된 후 건조시킨 다음에 마스킹제는 물에 용해되므로 깨끗하게 제거된다. 이때 차의 도막표면에 오염도 함께 씻어냄으로서 세차 한 것과 같은 상태가 되는 이점도 있다.

② **마스킹 콤파운드** : 페이스트 모양의 마스킹제로서 마스킹이 필요한 부분에 브러시 등으로 도포하면 얇은 막 모양이 되어 양생 역할을 한다. 자동차 보수용에는 거의 사용되지 않는다.

③ **틈새용 마스킹재** : 패널의 틈새용으로서 유리 주변의 몰(moul용) 용도에 이용할 수 있도록 압축한 테이프 모양의 마스킹재도 있다.

④ **폴리비닐 가공품** : 폴리에틸렌, 폴리프로필렌, 폴리마를 3층 구조로 한 필름 시트를 자동차의 마스킹용으로 가공한 제품. 도료분말의 흡착 효과가 있으며 도장 후 분말이 건조되어도 떨어지지 않는 특성이 있다.

⑤ **보디 커버 타입** : 특수 합성지, 특수 가공제품으로서 자동차 전체를 그대로 덮어버리는 보디커버형의 마스킹재. 도장하는 부분만 접거나 해서 테이프로 고정시킨다. 마스킹 페이퍼와 조합해서 사용하면 효과적으로 몇 번이고 사용할 수 있으나 그때마다 공기로 깨끗이 불어내어 부착된 분말을 제거해야 한다.

⑥ **부분 커버** : 일부분을 완전히 커버하는 것으로서 타이어 커버, 룸 커버, 시트 커버, 핸들 커버 등이 있다.

4. 마스킹 관련 공구

① 마스킹 페이퍼 디스펜서

마스킹 작업에 효율화를 도모하기 위해 롤 페이퍼와 마스킹 테이프를 세트로 하여 인출함과 동시에 페이퍼 자체에 마스킹 테이프를 첨부시켜 세트로 제작하는 공구다. 고정식과 이동식이 있으며 디스펜서는 너비가 다른 롤 페이퍼를 여러 종류 세트시킬 수 있는 것과 너비가 넓은(100~120cm너비)롤 페이퍼용 등 여러 가지가 있다.

② 핸드 마스카

핸드 마스카는 한손으로 잡고 마스킹을 작업할 수 있으므로 사용하기가 쉽고 편리하다. 종이의 인출부에 커터가 설치되어 있으며 15cm, 30cm 또는 45~50cm너비의 더블 절곡(折曲)에 마스킹 테이프가 부착된 롤 페이퍼(마스카)를 세트시킬 수 있어 각종 사이즈로 제작할 수 있다. 본체는 알루미늄, 철, 플라스틱제로 되어 있다.

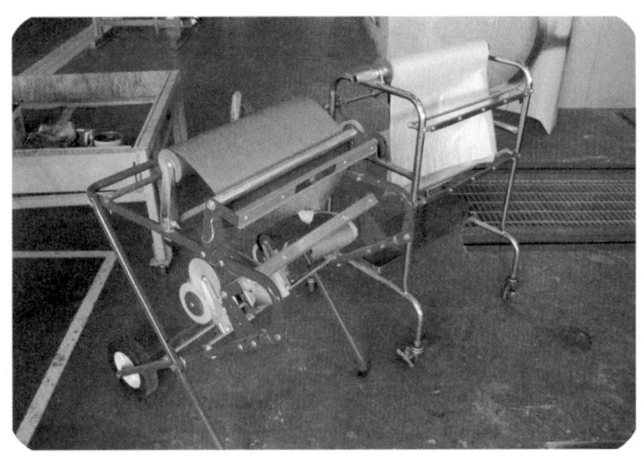

PHOTO 마스킹 페이퍼 디스펜서

③ **커터 나이프**

롤 페이퍼 및 마스킹재를 자르는 것 외에 에지 제거에서 삐져나온 부분의 테이프를 잘라 낼 경우에도 사용한다.

④ **플라스틱스푼**

테이프의 구석이나 틈새 부위에 붙일 경우에 밀어 넣고 확실히 고정하기 위해 사용한다.

공정과 요령

1. 마스킹 작업의 구분

마스킹 작업의 종류

① 전도장의 마스킹 : 차량 전체를 도장할 때

② 블록도장의 마스킹 : 도어, 팬더 등의 패널을 단독으로 도장할 때

③ 블록도장, 인접 패널 보수시에 블렌딩(blending) 도장의 마스킹 : 팬더, 도어 등을

블록 도장하고, 인접 패널을 보수 블렌딩(blending) 도장할 경우

④ 패널의 보수에서 블렌딩 도장의 마스킹 : 팬더 등에 패널을 부분 보수할 경우

2. 마스킹 순서

마스킹에는 순서가 있으며 잘못할 경우 애써서 붙인 곳을 찢어내고 또다시 붙여야 하는 이중 작업이 될 경우가 있다. 반드시 우선 작업의 순서를 생각하며 시행한다.

전도장이나 사이드 도장의 마스킹 순서

① 엔진룸 후드의 뒤쪽

② 프런트 주변, 라디에이터 그릴 주변

③ 트렁크 룸, 트렁크 후드의 뒤쪽 (램프류나 나사구멍을 먼저 마스킹 한다)

④ 도어 주변은 안쪽으로부터 시작한다.

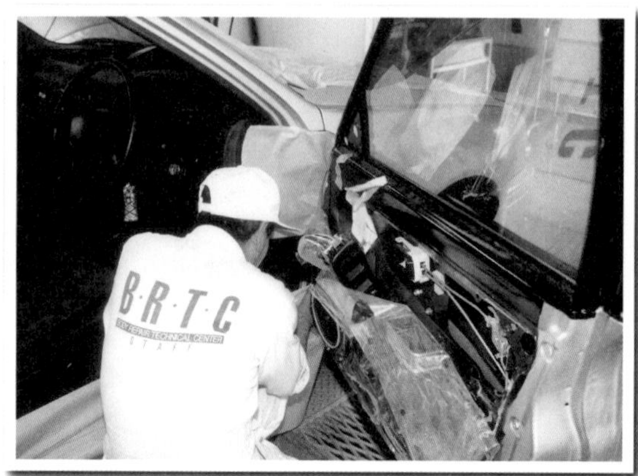

PHOTO 안쪽으로부터 시작한다

- 도어캣치, 키 홀더의 구멍을 막는다.
- 리어 주변을 먼저 붙이고 프런트로 들어간다.
- 실내에 도료 분말이 들어가지 않도록 확실하게 종이로 막는다.
- 도어의 내장이 찢겨 있을 경우 안쪽에 종이를 붙인다(먼지, 이물질이 생기지 않게 하기 위해서).
- 안쪽의 필러 주변에도 마스킹을 한다.

⑤ 윈도 글라스는 나중에 마스킹 한다.
차를 도장 부스로 이동할 경우를 생각해서이다.

⑥ 운전석 안쪽은 도장 부스에 입고시킨 후 실시한다.

⑦ 휠도 도장 부스에 입고시킨 후 실시하며, 동시에 하체 관련 부품 등에 도료가 묻지 않도록 마스킹한다.

⑧ 테이프의 에지 제거는 나중에 바르고 이와같이 순서를 생각해서 작업을 진행한다.

3. 마스킹 작업 요령

① 마스킹을 하기 어려운 곳부터 먼저 시작한다.

예) 도어의 안쪽, 이너 필러 주변 등 복잡한 형상의 부분

② 마스킹 페이퍼에 마스킹 테이프를 붙일 경우는 테이프 너비의 약 1/2로 붙여서 사용한다. 즉, 테이프의 중심선에 마스킹 페이퍼의 끝이 오도록 한다.

③ 마스킹 부분에 적합한 너비의 테이프를 사용한다.

- 12mm이하 – 마스킹 부분의 에지 제거, 가는 몰딩이나 라인 등
- 15~18mm너비 – 종이 붙이기, 작은 부품
- 24~30mm너비 – 굵은 몰딩, 내부의 붙이기 어려운 부분, 부착이 어려운 부분에 종이 붙이기
- 50mm너비 – 내부, 도어의 안쪽, 종이가 접촉되어서는 안되는 부위

④ 도료가 묻기 쉬운 부분은 용재가 침투되어 구도막을 손상시킬 경우가 있으므로 내용제(耐溶劑) 침투성이 높은 마스킹 페이퍼를 사용한다.

일반적인 마스킹 페이퍼를 사용할 경우 이중붙이기 또는 테이프에 버리는 붙이기를 한다.

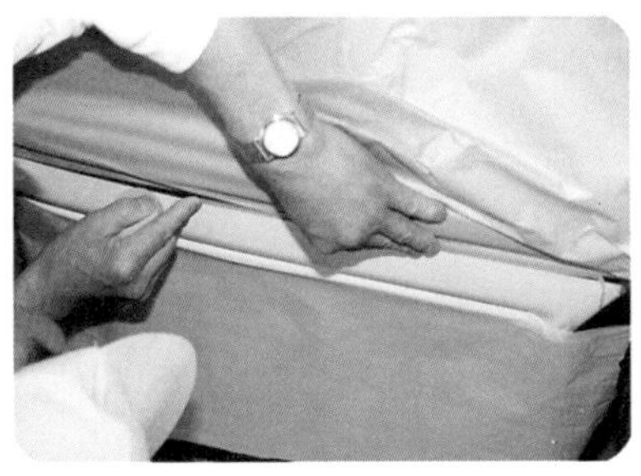

PHOTO 끝내기는 12mm 테이프로 마지막에 한다

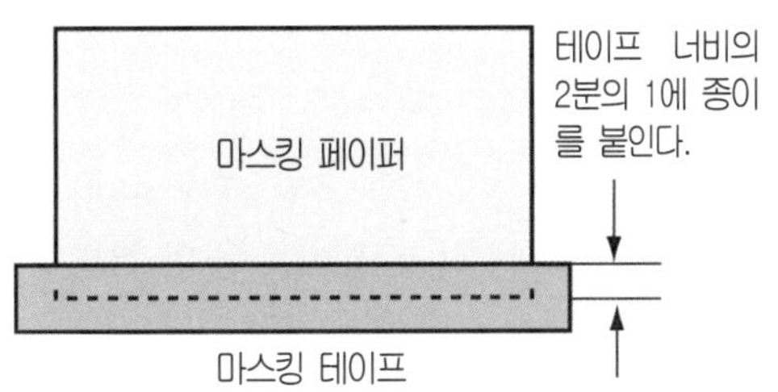

PHOTO 페이퍼에 테이프를 붙인다

4. 마스킹 기술

① 테이프를 정확하게 붙인다. 분무 도중에 종이가 들고 일어나지 않도록 테이프 부분을 손으로 누를 것.

② 떼기 쉽게 붙일 것 : 붙이면 반드시 떼는 작업이 있으므로 간단히 떼어 낼 수 있도록 붙이는 방법을 생각해서 한다.

③ 마스킹 페이퍼를 잘 활용한다. 마스킹 페이퍼의 사용방법이 작업 효율의 양부, 마무리 작업시간에 크게 관계된다.

④ 라인을 살려서 붙이는 방법을 한다. 특히 블렌딩도장 등에는 라인 부분을 잘 이용한다.

⑤ 무리한 마스킹은 하지 않는다. 마스킹 테이프와 마스킹 페이퍼의 적정한 사용량(경제성)을 생각해서 작업한다. 필요 이상으로 겹쳐서 붙이거나 끊어서는 안된다.

5. 붙이고 난 다음에 점검 항목

- 종이에 붙은 상태
- 테이프에 떨어진 상태
- 테이프나 종이의 간격, 엔진룸 하체 관련
- 실내, 트렁크 내부, 내장
- 붙이지 못한 곳
- 보디 관련 전체
- 블렌딩 도장에 절반 이상이 정확하게 되어 있는가 점검 확인한다.

6. 리버스 마스킹

블렌딩 도장을 할 때 마스킹은 미보수 부분과의 경계를 없애기 위해서 리버스 마스킹으로 눈에 띄지 않게 한다.

리버스 마스킹은 테이프를 구부리는 방법과 마스킹 페이퍼를 구부리는 방법이 있으며 도장작업의 내용에 따라 붙이는 방법을 바꿀 필요가 있다.

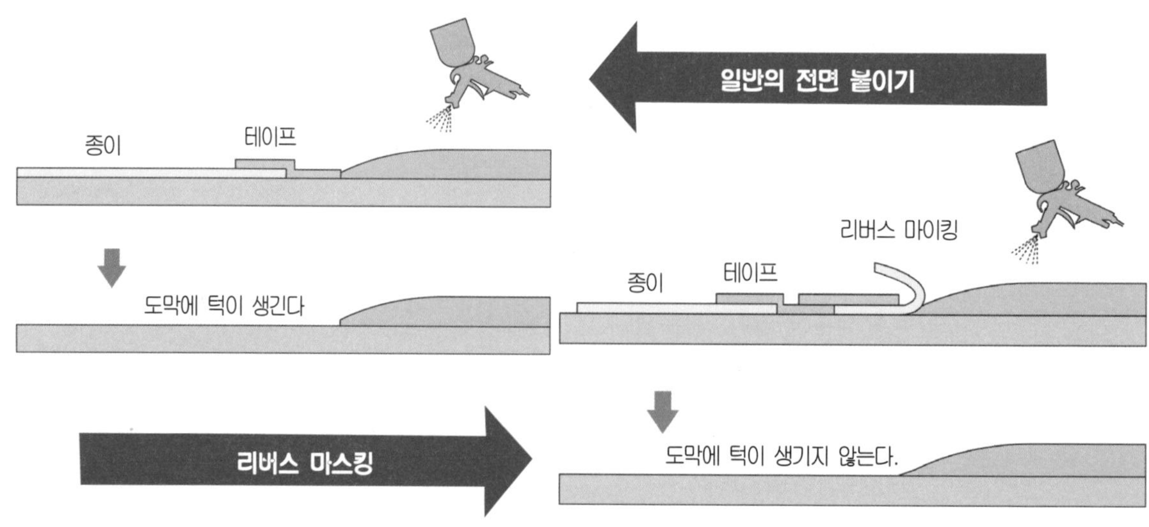

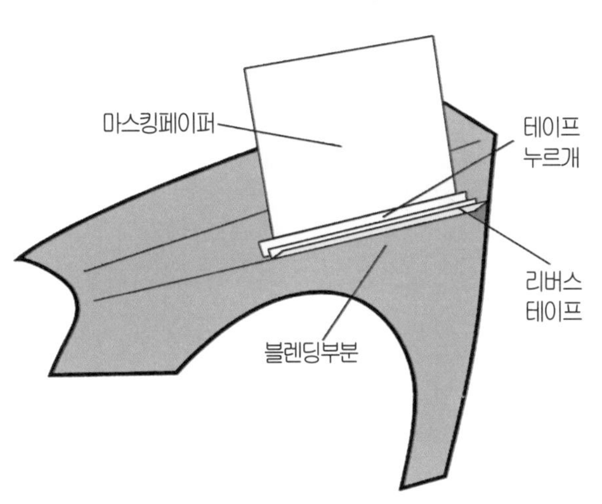

▲ 블렌딩보수의 리버스 부분

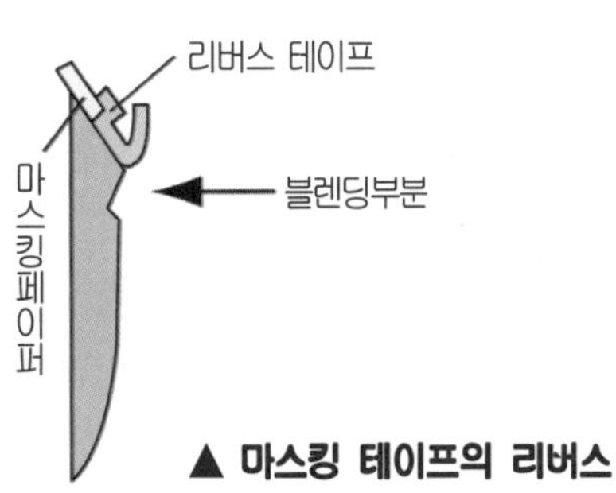

▲ 마스킹 테이프의 리버스

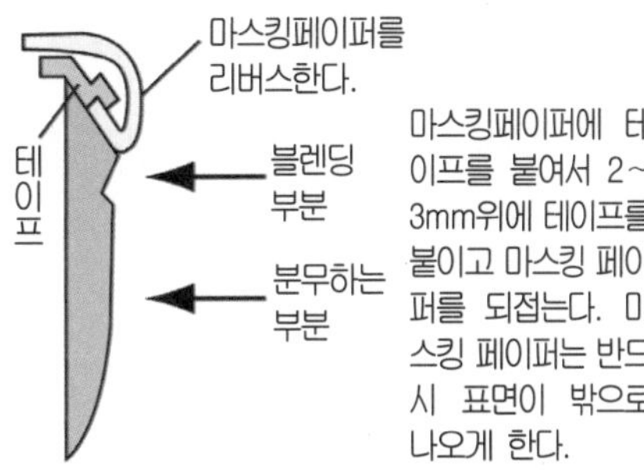

▲ 마스킹 페이퍼의 리버스

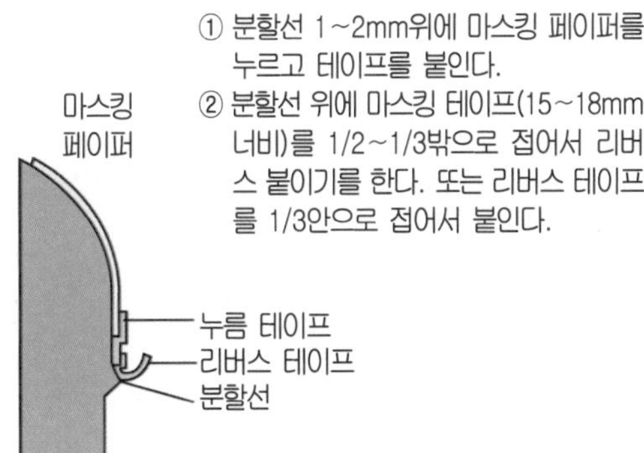

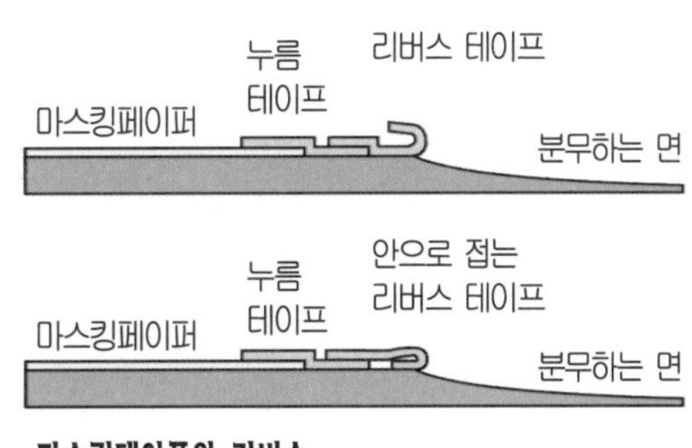

▲ 리버스 마스킹의 방법(붙이는 방법)

PHOTO 사이드 전면의 마스킹

PHOTO 이너 패널 도장의 마스킹

02 도장기기의 종류와 구조

스프레이 건

1. 건의 위치에 의한 분류

도장 기술자에 있어서 스프레이 건은 자기 손의 일부가 되며, 없어서는 안되는 것이다.

스프레이 건은 기본적으로 건 본체와 도료 컵으로 구성되어 있으며 컵의 위치에 따라 다음과 같이 분류된다.

① 중력식(상 컵식)

도료 컵이 스프레이 건의 위에 설치되어 있는 타입이다. 컵은 오른쪽에 설치되어 있는 것이 일반적이며 컵의 각도를 바꿀 수 있도록 되어 있다. 이 위치는 오른손잡이 기술자에게는 사용하기가 좋으며, 왼손잡이 기술자용으로 왼쪽에 컵이 설치되어 있는 타입도 시판되고 있다. 또한 중앙에 위치하는 센터 컵식도 있으므로 사용하는 손을 고려하여 선택하여야 하겠다.

장점으로는 도료의 점도가 변하더라도 토출량의 변화가 없으며, 단점은 안정성이 나쁘기 때문에 놓아 둘 때는 스탠드가 필요하다. 넓은 면적을 도장하는 경우 도료를 보충하면서 도장을 해야 한다.

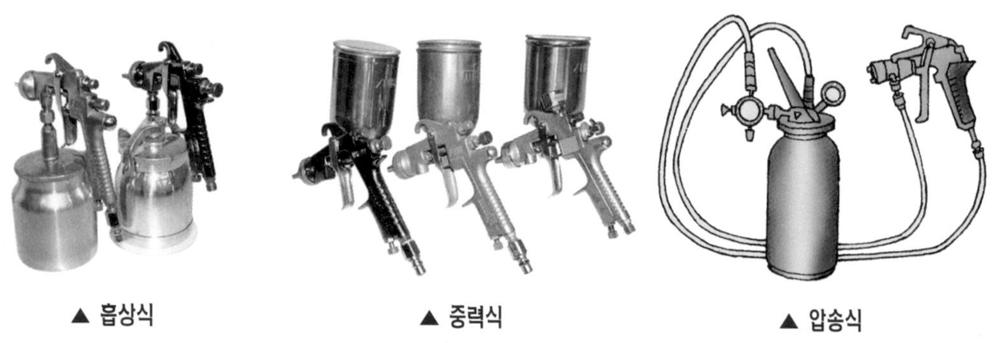

▲ 흡상식 ▲ 중력식 ▲ 압송식

PHOTO 스프레이 건의 종류

② 흡상식(하 컵식)

도료 컵이 스프레이 건의 아래에 설치되어 있는 타입이다.

안정성이 좋으며 도료의 교환이 쉽다. 일반적으로는 컵 용량이 1L이므로 넓은 범위의 도장에 편리하고 중력식에 비하면 무거우며, 도료를 빨아올리기 때문에 도료의 점도에 의해서 토출량이 다소 변화한다.

③ 압송식

도료 컵과 스프레이 건이 분리되어 있으며, 호스로 연결되어 있는 타입이다. 어떤 각도에서도 도장할 수 있으며, 컵을 운반해야 하기 때문에 이동성이 나쁘다. 건의 세정에 시간이 걸린다는 등의 장점과 단점이 있다. 넓은 범위나 연속 도장에는 편리하며, 본래는 전체 도장용으로 사용되었으나 현재는 대형차나 방청도료 등의 도장 이외에는 거의 볼 수가 없다.

2. 도착 효율이 높은 건

스프레이 건은 도료를 공기로 분무한다. 피(被)도면에 닿아서 도료가 그대로 모두 묻으면 좋지만 보통 절반 정도가 압력으로 튀어나와 흩날린다.

이와 같이 비산되는 도료를 분말이라고 하는데 환경 대책을 고려하여 도착 효율을 높인 스프레이 시스템 또는 스프레이 건이 있다.

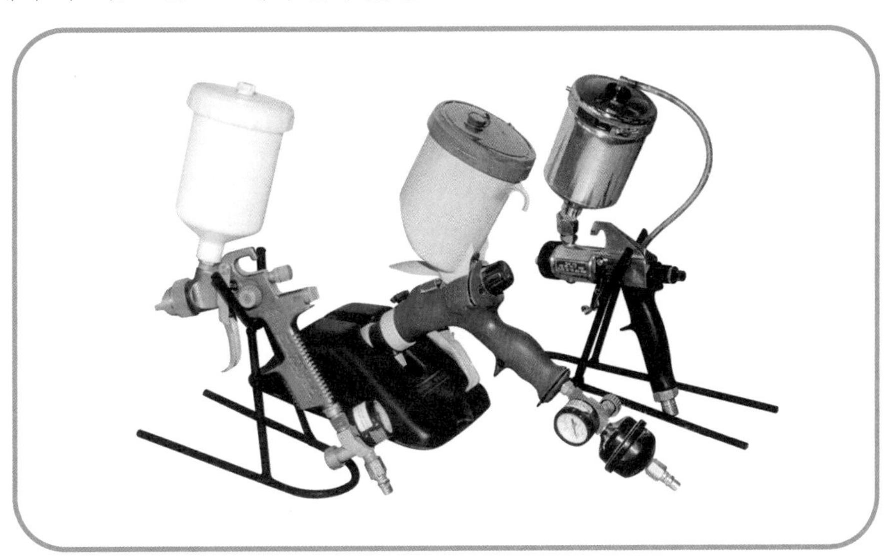

PHOTO 도착효율이 높은 건의 예

① HVLP, LVMP

HVLP란 'High Volume Low Pressure'의 약자로서 원래는 상품명이지만 동종의 건을 가리키는 명칭으로서 일반화되어 있다. 많은 양의 공기를 저압으로 분무함으로서 그 만큼 도착(塗着) 효율을 높이고 있다. 스프레이 건 내에서 감압(減壓)하는 구조로서 풍량(風量)을 얻기 위해서 내경이 굵은 공기호스를 사용하는 것이 좋다. 기존 타입보다도 압력은 0.05~0.07MPa 정도 낮다.

LVMP는 'Low Volume Medium Pressure'의 약자로서, 건의 기본 압력을 0.25MPa 전후로 설정하고, 캡 내의 압력을 0.20MPa 정도로 하여 공기 소비량을 줄이고 도료의 토출량을 억제하여 도착 효율을 높이는데 약 80%에 가까운 도착 효율을 얻을 수 있다.

② 온풍 저압 도장기

전기 구동의 블로어가 부착되어 있는 대풍량의 저압 도장기이다. 공기를 따뜻하게 해서 공급하는 것이 특징이며 도착 효율은 80~90%로 높고, 분무 후에 후적(after drop)이 생기지 않으므로 초보자에게 사용하기가 편리한 면도 있다.

③ 에어리스 도장기, 정전(靜電)도장기

에어리스 도장기는 공기를 사용하지 않고 도료 그 자체에 압력을 가해서 분무하는 구조이다. 패턴 조정이나 미립화에서는 공기식의 스프레이 건 보다 못하다.

압송식과 같이 도료에 가해지는 압력이 펌프로부터 공급되므로 건에는 컵이 설치되어 있지 않다. 정전 도장은 신차에서도 하고 있으나 플러스와 마이너스의 끌어당기는 힘을 이용하는 것으로서 에어리스 도장기에 고전압으로 도료를 하전(荷電)시키는 기능을 추가시킨 타입과 일반 스프레이 건의 분무 방식에 전기를 공급하는 타입이 있다.

도료는 마이너스의 정전기를 띄며, 플러스의 보디에 끌어 당겨지는 모양으로 일직선으로 분무된다. 미립화가 좋고 메탈릭의 알루미늄의 배열도 깨끗이 마무리된다. 그러나 부분적으로 고전압이 되므로 취급에 주의가 필요하다. 또한 건과 컵은 분리되어 있으며 용도는 전도장이나 산업차량, 대형차와 같이 넓은 면적의 도장에 적합하다.

3. 피스 건(에어 브러시)

스프레이 건에도 소형 사이즈가 있으나 피스 건(에어 브러시)은 특별히 작은 건이다. 분류하자면 3종류 정도로 나눌 수 있다.

트리거(방아쇠)를 당기는 대신에 버튼을 누르면 도료가 분무되는 타입이 일반적이다.

미술재료 용품점에서 취급하는 경우가 많은 것은 슈퍼 리얼리즘 아트나 피규어의 도장에 사용되기 때문이다. 자동차 보수에서도 마찬가지로 커스텀 페인트에서 보디의 그림이나 특별한 모양을 프리 핸드로 그리는 경우나 가는 금긋기 등에 이용되고 있다. 피스 건에도 컵의 위치에 따라 중력식과 흡상식이 있다.

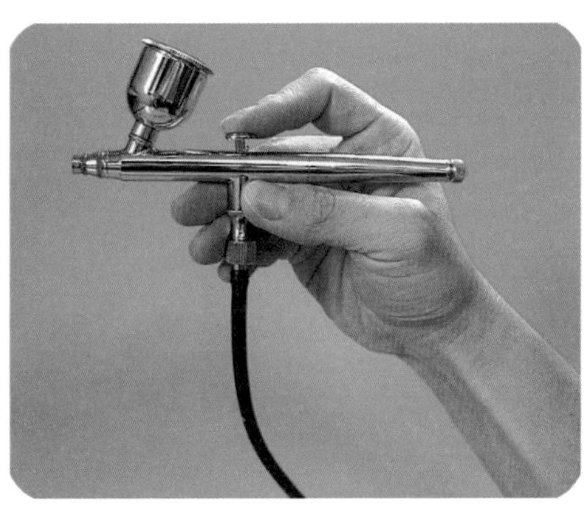

PHOTO 피스 건

4. 도료 컵

도료 컵은 알루미늄과 스테인리스 등 금속제 뿐 아니라 수지제로도 만든다. 수지제의 컵은 내부 도료의 양을 확인할 수 있으며, 컵에 눈금이 표시되어 있는 것도 있다.

눈금이 표시되어 있는 경우 관리 도장이나 가격 계산에 도움이 되며 내부에 교반기가 설치되어 있는 컵은 침전하기 쉬운 안료를 포함하는 도료의 도장에 적합하다. 또 수성 도료에는 방청 대책으로 내부가 테프론으로 가공된 컵이나 수지제 등이 사용된다.

스프레이 건의 구조와 조정

스프레이 건은 도료를 압축공기 등을 이용하여 미세한 안개 모양의 입자로 만드는 공구이다. 이것을 미립화한다고 하는 것인데 이것은 압축되어 있던 공기가 노즐의 밖으로 분출할 때 폭발적으로 팽창하는 힘을 이용하고 있다.

트리거(방아쇠)를 조금 당기면 니들(침) 밸브가 후퇴하여 공기만 나오다가 조금 더 당기면 도료가 공기와 더불어 분출되는 것이다. 노즐 후면에 있는 조절나사는 위에 있는 것이 분무패턴을 조절하고, 밑에 있는 것은 도료의 분출량을 제어하는 것이다. 아래에 있는 조절

나사는 공기의 양을 제어하는데 일반적으로 건을 사용할 때 열어놓는다. 따라서 패턴과 분출량을 나사의 회전 정도로 조정하는데 이 나사 또는 주위에 눈금이 표시되어 있는 타입도 있다. 패턴조절 나사를 죄면 원형에 가깝지만 풀면 타원으로 변해간다.

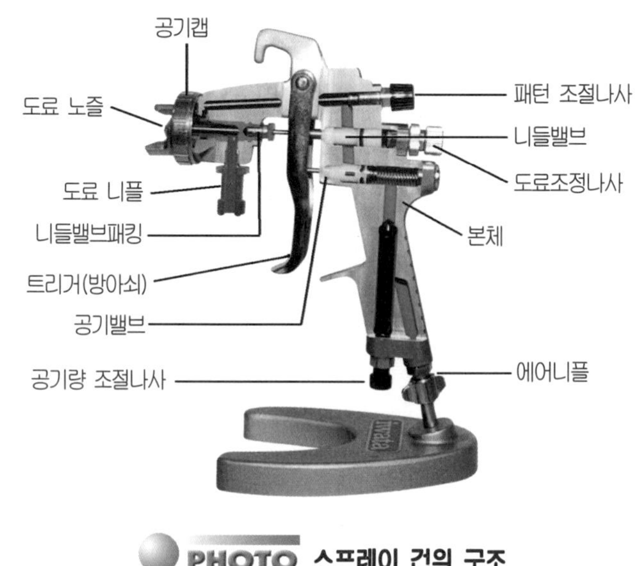

PHOTO 스프레이 건의 구조

실제 도장시 이러한 구조의 기능을 숙지하고 도장의 내용이나 목적에 따라 미리 시험 도장을 하면서 밸런스 조정을 한다. 또한 기온, 습도, 도료의 점도, 시너의 양, 건의 거리, 움직이는 방법 등을 도장의 조건이라고 하는데 이들에 의해서도 도장의 최종 결과가 크게 좌우된다.

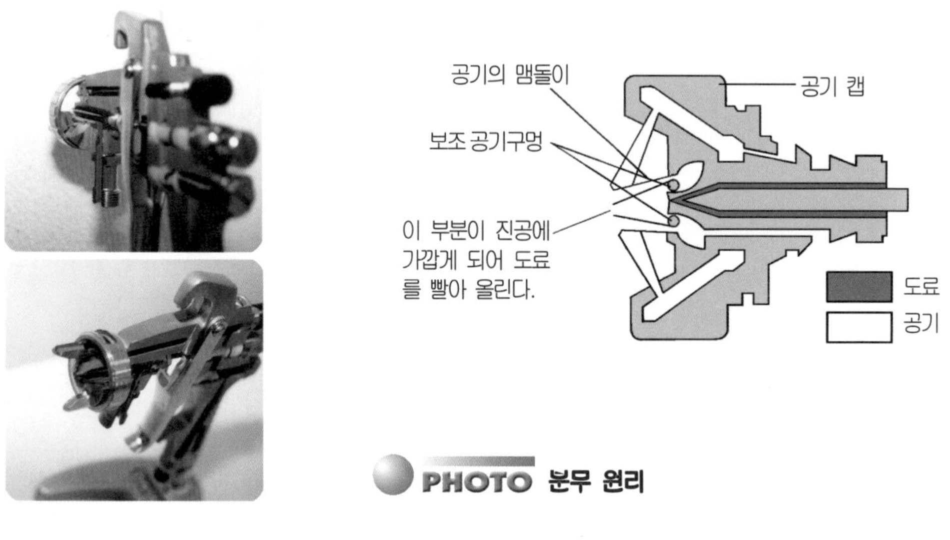

PHOTO 분무 원리

스프레이 건의 취급

알 아 둡 시 다

건을 잡는 방법

스프레이 건의 트리거는 길게 되어 있다.
엄지와 인지로 본체를 잡고
중지와 약지의 2개로 트리거를 당긴다.
중력식의 경우 인지로 본체를
지지하므로 균형이 좋아져 피로도 적다.

스프레이 건을 잡는 방법 ▶

1. 사용 방법

도료를 균일하게 피도면에 분무하는 것이 목적이다.

① 노즐의 선택

스프레이 건 노즐의 구경(口徑)에는 여러 종류가 있으나 상도는 1.3mm, 프라이머 서페이서는 1.5mm가 기본이 된다. 분무하는 도료나 도색, 작업 내용에 따라 세밀하게 구분하면 다음과 같다.

- 전(全)도장 : 1.3~1.8mm
- 터치업 : 1.2~1.5mm
- 솔리드 컬러 : 1.2~1.4mm
- 메탈릭 컬러 : 1.3~1.5mm
- 펄 컬러 : 1.0~1.4mm
- 우레탄계 : 1.2~1.5mm
- 래커계 : 1.3~1.8mm
- 프라이머 서페이서 : 1.3~1.8mm
- 1액형 스프레이 퍼티 : 1.5~1.8mm
- 2액형 스프레이 퍼티 : 2.0mm 이상

② 건의 조정

- **압 력** : 트랜스포머나 건의 기본 압력(압력계 부속 타입도 있다)으로 조정한다. 그 때 매뉴얼은 어느 쪽의 숫자로 기재되어 있는가 확인한다. 트랜스포머의 경우에는 건까지의 호스가 길어질수록 압력이 저하하므로 데이터 관리를 하려면 건의 기본 압력이 필요하다.
- **패 턴** : 건의 조절 나사로 조정한다. 거리 15~20cm로 패턴 너비 12~31cm가 표준이다. 당연히 건의 거리가 짧으면 패턴은 작고, 길면 패턴은 커지게 된다.

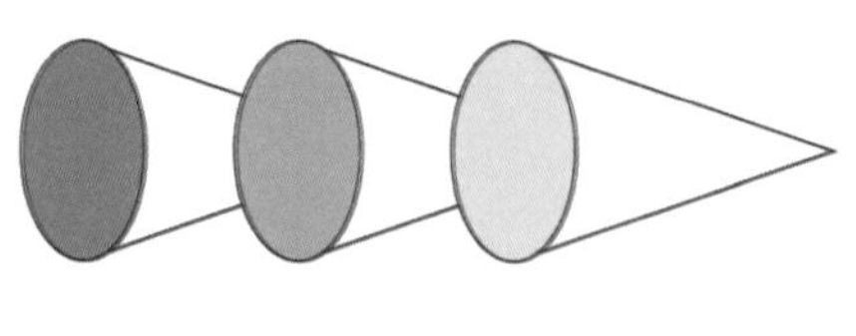

▲ 도료 분출량

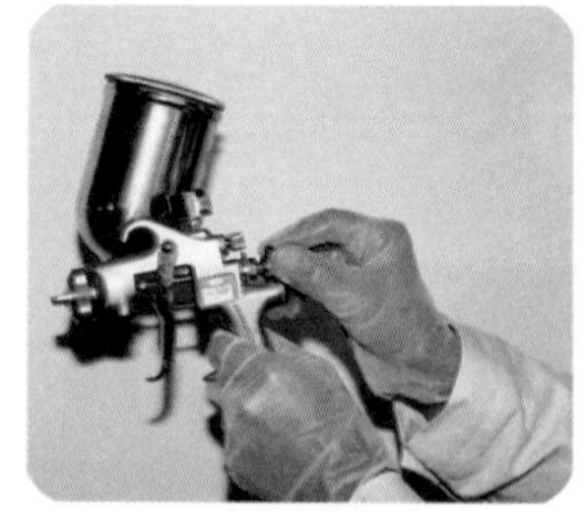

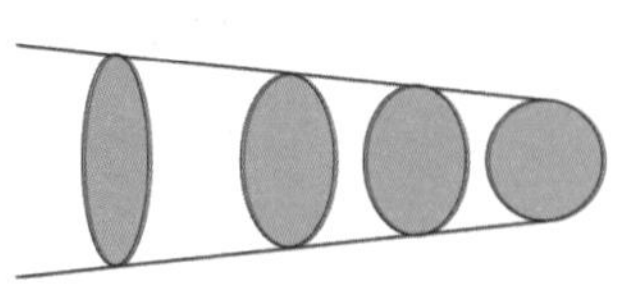

▲ 패 턴

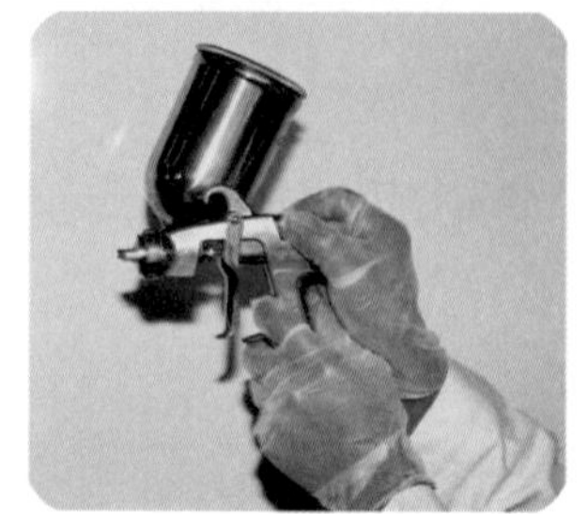

PHOTO 스프레이 건의 조정

③ 건의 거리

건과 패널과의 거리는 손의 너비 정도로 20~25cm가 적당하다. 건이나 도료, 작업내용에 따라 변화한다. 블렌딩 등에서는 거리를 두고 도장한다.

소형 건은 가깝게(15~25cm), 대형 건은 멀게(20~30cm)하고 또한 건을 너무 접근시키면 과도한 분무가 되어 흐르게 되며, 멀게 하면 얇고 거친 표면이 된다.

④ 움직이는 방법

건은 도장면과 직각이 되도록 하고, 항상 패널과 평행으로 움직인다. 블렌딩을 할 경우에는 손목의 스냅을 이용한다. 속도는 1m를 2~3초로 일정하게 움직여야 얼룩이 생기지 않고 균일한 도장이 이루어진다.

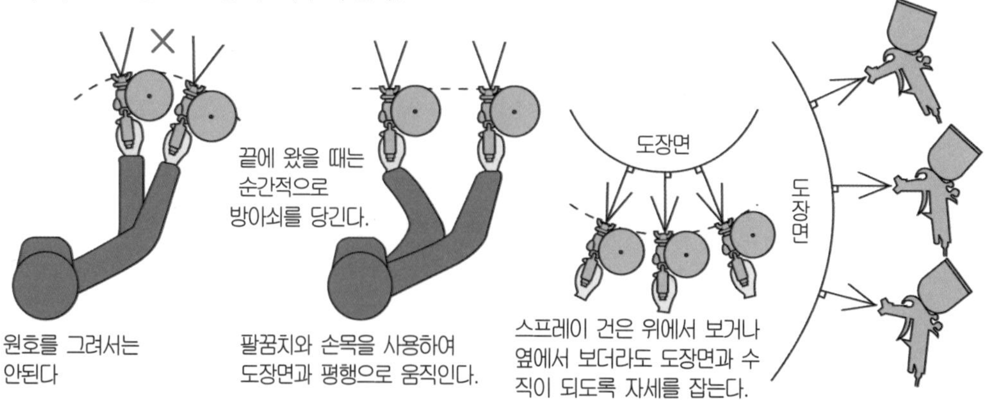

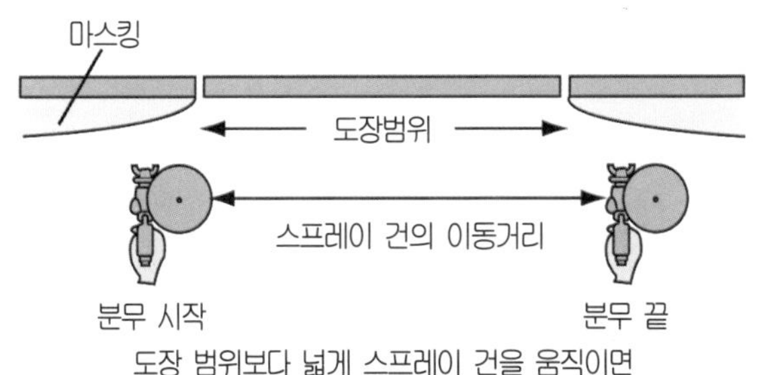

도장 범위보다 넓게 스프레이 건을 움직이면 분무 시작과 끝이 눈에 띄지 않는다.

한쪽 손으로 호스를 잡는다.

PHOTO 스프레이 건의 운행방법

운행 속도가 빠르면 막 두께가 얇아지고, 속도가 느리면 지나치게 두터워진다. 이것도 도장의 내용에 따라 변화한다.

도장면 보다는 양끝을 길게 하여 이동한다.

⑤ **중복 도장**(over lap)

패턴의 끝은 막 두께가 얇아지기 때문에 균일하게 하기 위해서 일부를 겹쳐서 도장을 한다. 중복 도장의 폭은 일반적으로 3분의 1정도가 좋으며, 패턴의 모양이나 도색, 도료 정도 등에 따라 2분의 1에서 4분의 1까지의 범위로 변화시킨다.

⑥ **순 서**

수직면은 위로부터 아래로 한다. 후드(bonnet)는 넓기 때문에 가운데로부터 좌우로 한 쪽씩 도장을 한다. 일정하게 겹쳐 1매(부분) 1회 도장을 하면 싱글 코트, 1회 도장한 곳을 재(再)도장하여 아래로 이동하면 더블 코트라고 한다.

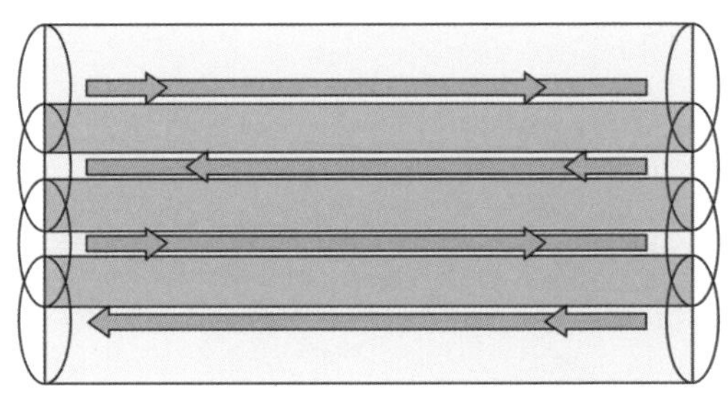
3분의 1 정도 중복 도장을 한다.

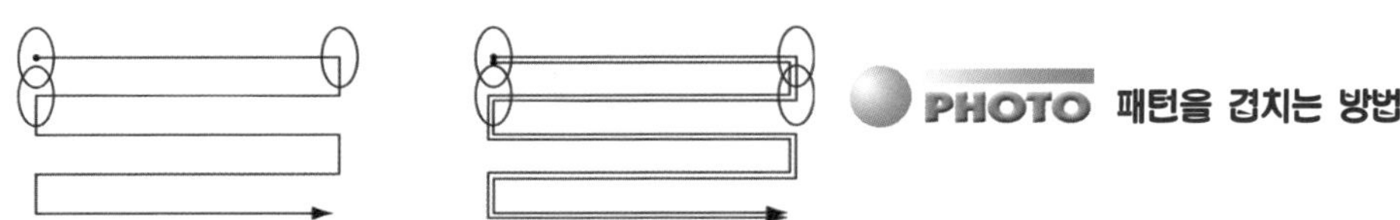

PHOTO 패턴을 겹치는 방법

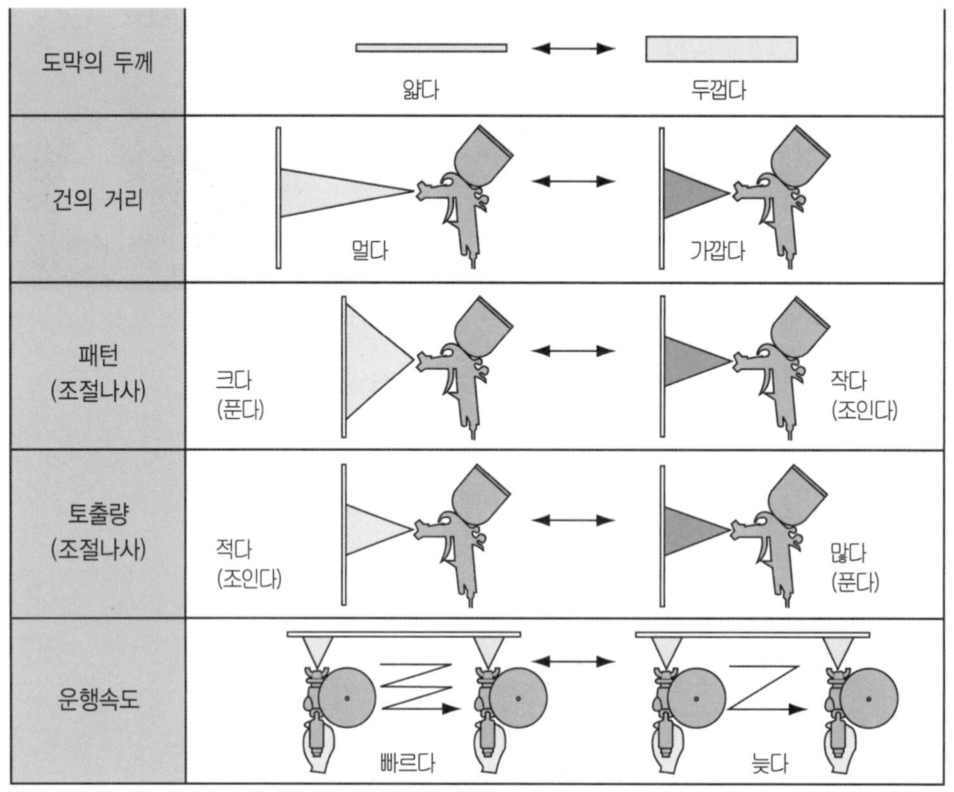

PHOTO 도막의 두께와 분무 방법의 관계

스프레이 건의 세척

스프레이 건은 사용 후 신속하게 세척한다. 특히 우레탄은 경화 속도가 빠르고 굳으면 제거하기 어려우므로 주의한다.

건의 세척기를 사용하는 방법과 손으로 분해 세척하는 방법이 있는데 손으로 세척하는 경우에는 다음 순서로 한다. 단, 시너를 흡입하거나 분말 등이 흩날려 몸에 묻지 않도록 도장 마스크, 내용제 장갑, 앞치마를 착용하여야 한다.

1. 손으로 세척할 때의 순서

① 공기캡 선단(先端)을 걸레로 누르고 트리거를 당기면 통로 내의 도료가 컵으로 밀려 역류된다.

② 컵의 도료를 버리고 시너를 넣어 브러시 등으로 닦아낸다.

③ 컵 내의 시너를 트리거로 당겨 토출시키고 앞의 요령으로 역류시킨다. 시너에 색이 묻어 나지 않을 때까지 반복한다.

④ 본체는 브러시나 붓으로 세척한다.

⑤ 캡의 공기 구멍은 상처가 나지 않도록 한다. 잘 뚫리지 않을 경우에는 나뭇조각(이쑤시개)을 사용해야 하며 철사나 와이어 브러시는 절대 사용하지 말 것.

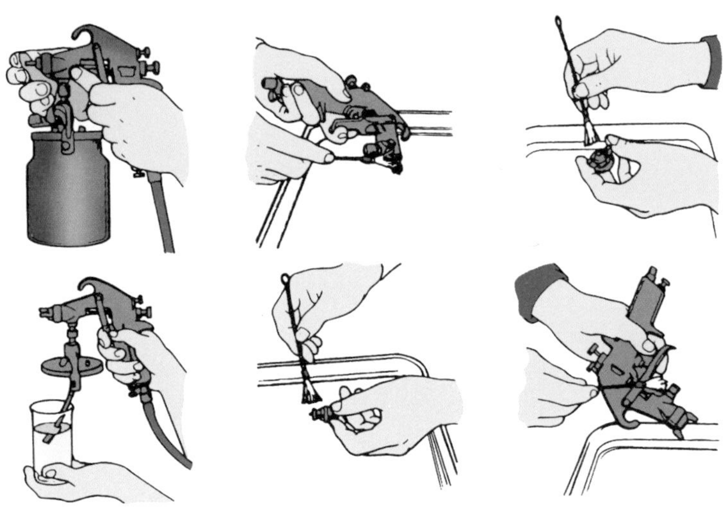

PHOTO 스프레이 건의 세척순서

2. 스프레이 건 세척기

스프레이 건의 세척기는 싱크대(주방의 하수도와 같은 부분)에 건과 컵을 놓고 공기로 세척용 시너를 분무하는 구조이다. 건과 컵을 하나 또는 두개를 동시에 30초~2분 동안 세척할 수 있다. 밀폐 공간에서 처리하므로 손 세척에 비하면 환경대책 및 위생상의 이점이 있다. 수성도료 타입도 있으며 용재 재생장치와 일체로 되어있는 세척기도 있다.

03 도장 관리 용품

1. 정전기 제거장치

도장작업의 가장 큰 적은 먼지나 이물질이다. 공기중에는 미세한 이물질이 포함되어 있으나 그 밖에 도장하고 있는 작업차의 내부, 작업자의 복장 등에서 먼지나 이물질이 나온다. 이들 먼지나 이물질이 도장면에 부착되는 것은 중력의 작용보다는 정전기에 의한 것이다. 정전기는 다른 물질간에 마찰에 의해서 발생한다. 스프레이 건의 노즐에서 분출될 때 마찰에 의해 도료가 대전(帶電)되어 소재에 도막이 형성되기 때문에 공기중에 대전하고 있는 먼지나 이물질을 정전기로 끌어당겨 달라붙는 것이다. 특히 수리되는 범퍼는 대전도가 높으므로 먼지 등의 부착이 쉽다.

정전기는 공기중의 수분으로 방전하는 성질이 있다. 습도가 높으면 공기중에 방전되지만 겨울과 같이 공기가 건조하면 대전한 상태가 된다.

도장 전에 부스의 바닥에 물을 뿌리는 것도 정전기 예방대책의 하나이다.

이와 같은 정전기 대책의 공구가 제거 장치로서 소형 건의 타입부터 도장부스 부속형까지 여러 가지가 있다. 이온(+ 또는 −로 하전된 원자)을 발생시켜 중화하므로써 정전기를 제거하는 구조이다. 도료의 부착이나 메탈의 배열도 좋아진다. 이밖에 도장작업에서는 대전방지제가 첨가된 탈지제나 정전기 방지 가공의 걸레나 작업복 등 정전기 대책 물품을 널리 사용하고 있다.

2. 온도계

도장 작업장에는 온도계가 필수로 있어야 한다.

상도의 시너나 퍼티의 베이스는 계절에 따라 사용하여야 한다. 시너는 수지를 용해시키는 역할 뿐만 아니라 여름에는 너무 빠르지 않게, 겨울에는 너무 늦지 않도록 온도에 따라서 증발 속도가 다른 용재가 혼합되어 있다. 어떤 경우나 기온에 기온에 따라서는 여러 종류의 시너를 섞어도 좋다.

▲ 벽걸이

▲ 비접촉식

▲습도계부착 타입

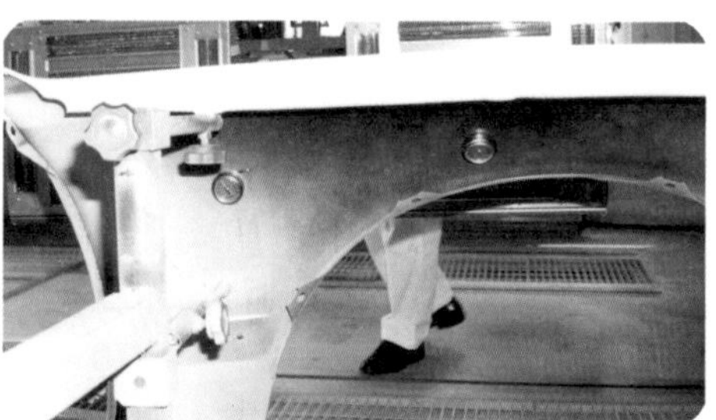

▲ 패널 접착 타입

PHOTO 온도계

온도계는 보통 뒷면에 자석이 붙어 건조시에 보디나 도장 부스의 벽에 부착시킬 수 있는 타입이 있으며 도료 등 액체 속에 넣어서 계측할 수 있는 타입, 그리고 비접촉으로 측정할 수 있는 방사 온도계 등이 있다.

3. 습도계

공기중의 수증기 양을 아는 것은 도장작업에 있어서 매우 중요하다. 고온 다습시에 도장작업은 브러싱(백화)이나 블리스터의 원인이 되기 쉽다.

4. 점도계

점도란 도료의 끈적끈적한 정도를 말한다.

점도가 높으면 끈적거리고, 낮으면 묽은 상태가 되는데 이것을 점검하기 위해 사용되는 것이 점도계이다.

컵의 바닥에 설치되어 있는 구멍에서 그 중력으로 일정 양의 도료가 흘러 떨어지는 사이의 초수(秒數)를 측정한다. 따라서 스톱워치도 필요하다. 컵의 형상은 여러 가지가 있으나 포드 컵 No4(FC#4)를 주로 사용한다.

이것은 100㎖ 용기에 4mm φ의 유출구멍이 설치되어 있는 것으로서 일반적으로는 절반 정도 용량의 컵이 많이 사용된다. 당연히 용량에 따라서도 초수가 변화하기 때문에 상도에 도장 매뉴얼에 기재되어 있는 지정의 컵을 이용하여 초수에 맞도록 시너를 가해서 점도 조정을 한다. 그러나 점도는 온도에 따라서도 변화하므로 주의가 필요하며, 숙련된 기술자는 교반막대에서 흘러 떨어지는 상태만 보아도 상태를 알 수 있다.

PHOTO 점도계

5. 도막 두께 측정계

일반 강판용은 자석의 원리를 이용하여 도막의 두께를 측정한다.

도막은 두께의 한계가 있으며, 도막의 두께가 일정 이상이 되면 균열 등 도막의 결함 원인이 된다. 따라서 도막의 결함을 방지하기 위해서 보수할 부위에서 기존의 도막 두께를 측정할 필요가 있다.

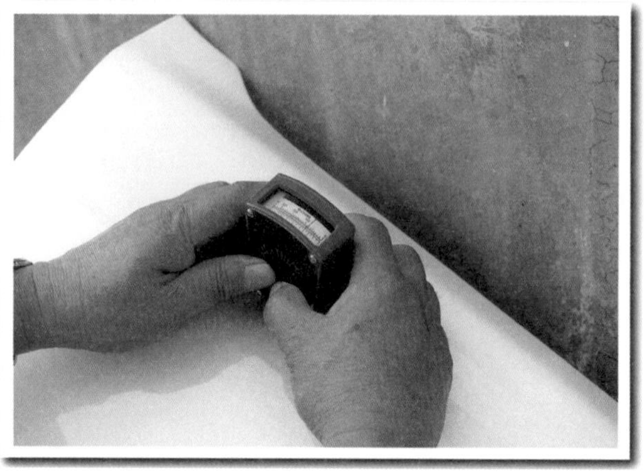

PHOTO 도막 두께 측정계

6. 확대경

도막의 표면에 있는 상처나 열화의 정도를 확인하기 위해서 사용한다.

차제수리 공장에서는 펜 타입의 확대경이 편리하며 이것도 도막 결함의 예방과 차량의 오너에게 실제로 보여주고 설명할 때 필요하다.

7. 광택계

광택계는 광택의 정도를 숫자로 점검할 수 있는 것으로서 완성검사의 기기로 활용할 수 있다.

5. 중도작업

5. 중도작업

퍼티에 관하여 하지작업 후 또다시 그와 연장된 중도작업이 있으며 여기까지가 하지 처리 공정이다. 중도작업은 하지 도료의 도장과 연마로서 상도도장을 위한 표면 조정 등 연이은 준비의 공정이다.

중도작업의 목적

중도라는 것은 프라이머 서페이서에 관한 작업이다.

프라이머 서페이서는 방청력과 밀착력을 갖는 하지도료의 프라이머와 도막의 두께에 대한 안정성을 갖게 하여 충진성(充塡性)을 지닌 중도도료의 프라이머 서페이서를 일체화한 것이다. 자동차 보수 도장에서는 어느 종류의 프라이머(워시 프라이머 등)는 단독으로 사용되고 있으나 프라이머 서페이서는 단독으로 거의 사용되지 않는다. 양쪽의 기능을 갖는 프라이머 서페이서가 중도(中塗)의 공정에서 사용되고 있다.

1. 목 적

프라이머 서페이서 도장의 목적을 정리하면 다음과 같다.

① 상도에 도막의 편평성, 기능 향상, 층간 부착성의 향상

② 일정한 기준 도막을 형성.

③ 중간층에 있어서 치밀한 도막의 두께를 형성.

④ 연마에 의해서 노출된 강판에 대하여 방청

2. 이 유

① 퍼티 연마면의 편평성(면 만들기) : 불량부위를 보수한다.

- 퍼티 면의 미세한 요철 수정

- 라인 만들기, 곡면, 미세하게 구부러진 곡면의 수정
- 퍼티 면에 생기는 눈에 보이지 않을 정도의 핀홀(pin hole) 충진
- 연마작업에 관한 거친 연마자국의 수정
- 퍼티에 흡수방지- 퍼티 면의 입자가 거칠면 상도를 흡수하기 쉽다.

② 신품패널 등은 전착 프라이머만의 도막으로서 직접 상도하면 도막의 두께가 얇게 되어 방청력이 부족하게 되고 도막 성능을 유지할 수 없다. 프라이머 서페이서를 도장하므로서 규정의 도막 두께가 되어 치밀한 중간 도막을 형성하며 방청력이 증가된다. 상처가 생기더라도 강판까지 도달하기 어려운 도막의 두께가 된다.

③ 패널을 판금 수정하고 퍼티작업만을 한다면 부분적으로 노출된 강판은 산화작용에 의해 쉽게 녹이 발생되기 때문에 방청처리가 필요하며, 프라이머 서페이서는 방청효과를 가지고 있다. 또한 프라이머 서페이서는 선으로 긁힌 상처를 보수하는 경우, 상처 부위의 단 낮추기, 상처가 남아있는 경우 퍼티의 대용으로 방청제를 겸하게 된다.

02 중도도료

프라이머 서페이서

1. 프라이머 서페이서의 성능

일반적으로 프라이머 서페이서에는 다음과 같은 성능이 필요하다.

① 도막의 두께, 두께의 유지성

기본적으로 퍼티면이나 신품 패널의 프라이머 면에 분무할 수 있으므로 작업상 1회 도장으로 일정한 도막의 두께를 만들어 낼 수 있는 것이 바람직하다.

② 내수성

도막 내에 침투하는 수분에 강할 것. 어떠한 조건이라도 블리스터가 생기지 않아야 한다.

③ 층간 밀착성

퍼티 면이나 프라이머 면 또는 구도막의 면 뿐만 아니라 상도와의 부착성이 좋아야 한다. 부착성이 떨어지면 박리나 블리스터(blister)가 생긴다.

④ **흡수 방지성(seal 효과)**

프라이머 서페이서 면에 상도도료가 흡수되지 않도록 한다. 흡수가 생기면 상도도장 후에 광택이 저하되거나 도장 표면에 불균일이 생긴다.

⑤ **편평성(레벨링성)**

프라이머 서페이서는 일반적으로 고점도로 분무되는 경우가 많다. 분무하였을 때 표면이 거칠어지지 않고 편평하게 되는 것이 좋다. 두껍게 도포된 경우 거칠거나 편평성이 부족하여 연마에 시간이 걸린다. 또한 논샌딩(non sanding) 타입의 프라이머 서페이서는 연마하지 않는 타입이므로 상도와 동일한 레벨의 레벨링성이 필요하다.

⑥ **건조 경화성**

규정의 가열온도로 일정 시간에 빨리 그리고 확실하게 경화되어야 한다. 두꺼운 도막이 특징이라고 해서 경화에 시간이 걸릴 때는 작업을 진행하지 못한다.

⑦ **핀홀 방지성**

가열시에 핀홀이 생기지 말아야 한다. 60~80℃로 가열 건조시킬 경우가 많으나 두껍게 도포되면 핀홀이 생기기 쉬운 경우가 있다. 작업상 80~100℃의 가열에도 결함이 생기지 않는 타입.

⑧ **건조 후 두께 변화**

상도 도장한 다음 건조 후에 퍼티, 프라이머 서페이서에 수축이 생기지 말아야 한다.

⑨ **방청성(防錆性)**

연마 후 강판면이 노출된 부분에 대하여 방청력이 있어야 한다.

⑩ **연마 작업성**

연마성이 뒤떨어져 있으면 프라이머 서페이서의 에지에 단차가 매끄럽게 되지 않는다. 또 베이스코트 시스템과 같은 1액형(1k)타입의 컬러 베이스는 P400~600의 페이퍼가 아니라 P800~1000의 페이퍼로 연마하지 않으면 연마자국이 생기기 쉽다.

또한 기타의 성능으로서 분무시에 냄새가 부드러운 것, 경제성 즉, 도료의 가격도 중요한 요소라고 할 수 있다.

프라이머 서페이서의 연마는 비교적 간단한 것 같으나 실제는 높은 기술을 요하는 것이다. 상도의 편평성 양부(良否 : 옆에서 비춰 보았을 때 프라이머 서페이서의 연마면에 요철 굴곡이 없는 도막면)는 연마 기술에 달려있다고 해도 과언이 아니다.

2. 프라이머 서페이서의 종류

보수용으로 사용되고 있는 프라이머 서페이서는 그 조성에 따라 구분하면 1액형 래커계와 2액형 우레탄계가 있다.

기타 합성수지계, 에폭시계 등 프라이머 서페이서도 있으나 자동차 보수에서는 대형 특수 차량이나 철도 차량 등에 사용되고 있다. 또한 환경대책으로 수성 프라이머 서페이서, 건조에 특징있는 광경화(光硬化) 프라이머 서페이서도 등장하고 있다.

① 래커계 프라이머 서페이서

수지가 니트로셀룰로오스(NC)와 알키드수지 조합에 의한 니트로셀룰로오스 래커계, 아크릴수지와 특수 섬유소를 조합시킨 아크릴 래커계 등이 있다.

건조가 빨라 상온에서 건조되므로(20℃에서 30분~2시간) 연마 작업성이 좋고, 경제적인 것이 특징이다.

우레탄 프라이머 서페이서에 비하면 두께 만들기성, 내수성, 실(seal)효과 등이 떨어진다. 작업성이 좋으므로 작은 면적의 보수 등에 중요하게 쓰인다.

② 우레탄계 프라이머 서페이서

수지에 의해 폴리에스테르계와 아크릴계가 있다. 어느 것이나 경화제의 이소시아네이트와 분자가 결합하여 3차원 구조의 강력한 도막을 만든다. 또 이 경화제는 상도와 다른 종류를 사용하고 있다.

전체적인 도막 성능은 래커 프라이머 서페이서보다 높은 것이 특징이며, 많이 사용하고 있다. 1회의 분무로 양호한 도막의 두께가 얻어진다. 내수성이 뛰어나며, 상도에 실(seal) 효과(흡수 방지성)가 높다. 퍼티면 및 상도의 층간 밀착성이 좋으며, 강판에 부착성이 좋고 방청효과가 있다. 상도 건조 후에는 도막의 수축이 적음 등 높은 성능을 가지고 있으며 판금 퍼티, 폴리 퍼티의 보조적인 역할을 수행한다.

경화제를 혼합하면 반응이 시작하기 때문에 사용 가능시간 내(가사시간)에 모두 사용할 필요가 있다. 스프레이 건도 사용 후 즉시 세정해야 하며 그대로 방치해 두면 프라이머 서페이서가 굳어서 세척하더라도 떨어지지 않게 된다.

남은 도료도 보존이 되지 않으며, 도막이 두껍고 단단하므로 래커프라이머 서페이서에 비하면 연마작업에 시간이 걸리고 또한 건조가 느리다. 상온에서도 비교적 빨리 건조되는 속성건조 타입(경화제 배합이 10 : 1)도 있다. 성능면을 중시한 경화제 배합비가 많은 타입은 가열건조가 필요하지만 고품위 도막에 필요한 성능을 만족시킨다.

종류가 풍부하므로 처리하는 면적의 크기나 교환하는 패널 등을 고려하여 상도 도료에 적합한 우레탄 프라이머 서페이서를 선별하여 사용하면 좋다.

③ 합성수지계 프라이머 서페이서

산화 중합형의 알키드 수지를 주재로 하는 1액형 타입이다. 시너는 전용(專用)으로서 용해력이 낮은 타입을 사용하고 있다. 이것 때문에 구도막이나 퍼티 등에 용재가 침투하지 않으므로 이러한 도막에 실(seal) 효과가 뛰어나다. 구도막이 상도에 침해되기 쉬워 열화하거나 래커계 도막 위에 우레탄계 도료를 도장할 경우 실(seal)성은 뛰어나지만 대형차 등 일부에는 사용되지 않는다.

④ 에폭시계 프라이머 서페이서

에폭시 수지를 주재로 하는 2액형 타입으로서 특징으로는 방청성, 부착성, 도막의 두께성이 뛰어나지만 건조는 느리다.

3. 기능성 프라이머 서페이서

프라이머 서페이서 중에는 특별한 기능을 갖는 타입도 있다.

① 두꺼운 도막형 프라이머 서페이서

두꺼운 도막형의 프라이머 서페이서는 스프레이 퍼티의 대용(代用)이 되는 프라이머 서페이서이며, 폴리 퍼티를 도포하는 정도의 도막의 두께를 만들 수가 있다. 판금 퍼티 위에 도포하기 때문에 폴리 퍼티 작업을 생략할 수 있다.

- 1액형 – 래커 프라이머 서페이서의 두꺼운 도막형으로 두께 유지성이 좋다
- 2핵형 – 우레탄 프라이머 서페이서 논시너 타입이며 시너를 가하면 일반 프라이머 서페이서로 사용할 수 있다. 성능은 우레탄 서페이서와 같다.

② 컬러 프라이머 서페이서, 명도 조정 프라이머 서페이서

프라이머 서페이서는 회색이나 베이지색이 일반적이다. 그러나 어떤 것은 회색이라도 그의 색도(色度 : 백으로부터 흑으로의 명도)를 조정할 수 있는 타입이지만 착색(着色)된 컬러 프라이머 서페이서도 있다. 컬러 프라이머 서페이서는 스트레이트로 레드, 블루, 그린, 옐로우색과 상도 원색을 일정한 비율까지 혼합하여 착색할 수 있는 타입이 있다.

이와 같은 명도 조정 또는 컬러 프라이머 서페이서는 투명도가 높고 상도의 은폐가 나쁜 도색용에 사용된다. 어느 것이나 2액형 우레탄 타입이다.

스프레이 퍼티

스프레이 퍼티라고 하는 것은 여러 가지 종류가 있다. 폴리 퍼티의 스프레이 타입 또는 두꺼운 도막형 프라이머 서페이서 등 충진성에 특징이 있는 하지(下地) 도료이다.

어느 것이든 퍼티와 프라이머 서페이서의 중간 타입으로서 그에 파생된 출처로 분류할 수 있다. 프라이머 서페이서계는 그 위에 상도를 할 수 있으나 폴리 퍼티계는 프라이머 서페이서를 도장한 다음에 상도하는 것도 있다.

스프레이 퍼티나 두꺼운 프라이머 서페이서는 충진성의 좋은 점을 살려서 다른 하지 도료와 잘 조합시켜 이용하면 하지 공정이 단축된다.

1. 1액형

1액형은 래커 프라이머 서페이서에 두꺼운 도막형으로서 흡수성과 두께 유지성이 좋다. 래커 퍼티 대신으로도 사용할 수 있다.

2. 2액형

2액형은 우레탄 프라이머 서페이서의 두꺼운 도막형과 폴리 퍼티의 스프레이 타입(스프레이 건으로 사용) 등 2종류가 있다.

우레탄 프라이머 서페이서의 두꺼운 도막형은 '우레탄 필러'라고 불리기도 하며, 도막의 두께를 유지하는데 뛰어나고 실(seal)효과가 있다. 그대로 스프레이 퍼티를 우레탄 시너로 희석하면 우레탄 프라이머 서페이서로 구별해서 사용할 수 있는 제품도 있다.

폴리 퍼티의 스프레이 타입은 도막의 두께 유지가 좋으며 1mm 정도까지 도포할 수 있다. 또한 폴리 퍼티의 도포가 어려운 부분에 편리하지만 이 타입은 프라이머 서페이서 도장이 필요할 경우가 있다.

3. 3액형

폴리 퍼티와 우레탄 프라이머 서페이서를 합친 타입으로서 산화 중합과 우레탄 반응의 두 가지 결합방식으로 경화하므로 3액형으로 되어 있다. 특징은 가장 두꺼운 도막이며 실(seal) 효과와 내(耐) 블리스터에 뛰어나지만 건조는 조금 느린 편이다.

실러(sealer)

실러는 상도와 구도막 등의 중간에 도장하는 여러 가지 기능을 갖는 하지 도료이다.

■ 기 능

① 밀착성 향상

② 색 번짐 방지

③ 수축 방지

④ 흡수 방지

일반적으로 1~2회 도장의 얇은 도막으로서, 연마는 하지 않는다.

1. 밀착성 향상 실러

1액형 합성수지를 주성분으로 하며, 투명한 타입으로서 희석이 필요없고 건조가 빠르다. 일반적으로는 신차의 소부 도막에 대하여 밀착성을 좋게 한다. 샌딩하기 어려운 부분에는 중요시 된다. 스프레이 건으로 도포하는 캔 상품 이외에 사용하기 편리한 에어졸 타입도 있다.

2. 색번짐 방지 실러

1액형 세라믹 수지를 주성분으로 하며 건조는 다소 느리다.

구도막의 색(특히 적색)이 상도를 도장하면 색상의 번짐을 방지한다.

3. 수축방지 실러

주성분은 우레탄계, 에폭시계, 세라믹 수지로 된 종류가 있으며 구도막의 상도 용제가 침투하여 흡수되어 수축이 생기는 것을 방지한다.

4. 흡수방지 실러

수축방지로 사용되는 수지를 주성분으로 한 것으로서 구도막 또는 하지가 상도의 수지분을 흡수하므로써 광택이 흐려지는 것을 방지한다.

5. 복합방지 실러

색번짐, 수축, 흡수 또는 색 분리 등 여러 가지 기능을 합친 것도 있다.

앞서 설명한 세 종류의 기능은 실(seal)성이 높은 우레탄 프라이머 서페이서로 어느 정도 대용 효과가 있다.

프라이머 서페이서의 혼합과 분무

분무 전의 점검

프라이머 서페이서를 분무하기 전에 피도장 면을 점검한다.

1. 퍼티면의 연마 상태

① 퍼티면의 요철, 면 만들기 상태는 양호한가.

불량 부위가 있을 경우에는 받침목, 파일 등에 P180의 페이퍼를 부착시켜 연마 수정한다.

② 기공, 깊은 연마 자국은 남아 있지 않는가.

깊은 기공이 남아있을 경우에는 폴리 퍼티로 메우고 얇은 연마자국은 스폿 퍼티로 메운다.

③ 프레스 라인이 굽어있거나 불균일한 너비로 되어있지 않는가.

구부러져 있거나 불균일할 경우에는 라인에 테이프 등을 붙여 정확하게 다시 연마한다.

④ 퍼티의 단차(段差), 에지면이 정확하게 연마되어 있는가.

불량 부분이 있을 경우에는 P180 또는 P240의 페이퍼를 받침목, 파일에 부착시켜 단차를 깨끗하게 없앤다. 이것이 남아 있으면 상도 후에 퍼티 자국의 도막 결함이 생긴다.

⑤ 패널 틈새에 퍼티 연마 찌꺼기가 눌어붙어 있지 않는가.

남아 있을 경우에는 제거한다.

2. 퍼티 주변의 표면 조정 상태

① 퍼티 연마를 하였을 때 거친 연마 자국은 남아 있지 않는가.

② 구도막 위에 프라이머 서페이서 분무 범위까지 정확하게 페이퍼 연마가 되어 있는가.

③ 구도막 면이 패였거나 깊은 상처가 남아 있지 않는가.

연마 불량의 경우 P240 또는 P320의 페이퍼를 사용하여 더블액션 샌더나 오비털 샌더로 수정한다. 손연마를 할 경우 소프트 패드에 페이퍼를 부착시켜 정밀하게 수정한다. 오목부분이나 깊은 상처는 폴리 퍼티를 도포하고 연마 수정이 필요한 경우도 많다. 여하간 프라이머 서페이서를 분무하기 전에 신속하게 수정한다.

이상을 점검하여 불량부분을 수정한 다음 에어블로를 하고 마스킹을 실시한다.

프라이머 서페이서 도장의 마스킹

신속하고 간단하게, 그리고 솜씨있게 미스트가 묻지 않도록 마스킹을 한다. 마스킹 테이프나 종이에 프라이머 서페이서가 겹쳐진 형태로 붙이는 방법은 하지 말 것.

퍼티 주변은 조금 넓고 여유있게 붙인다.

작업이 끝나고 나면 다음 사항을 점검한다.

① 프라이머 서페이서 미스트가 묻지 않을 범위까지 마스킹 되어 있는가.

② 실내, 타이어, 도어의 내장, 엔진 등 트렁크 룸이나 웨더 스트립 등에도 미스트가 묻지 않도록 마스킹 되어 있는가.

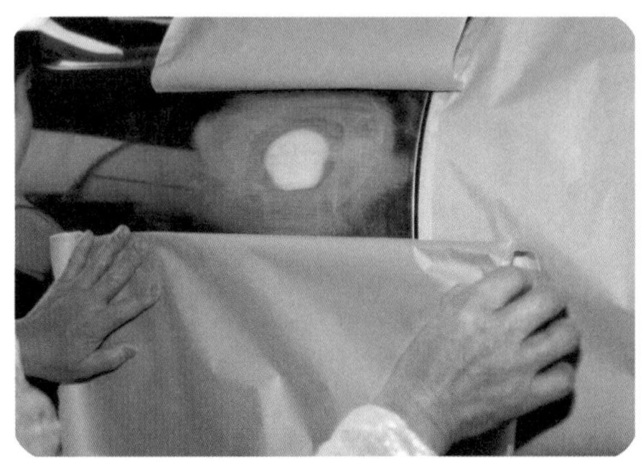

PHOTO 프라이머 서페이서 도장 전의 리버스 마스킹

마스킹의 점검이 끝나면 탈지를 하고 또 다시 에어블로를 한 후 프라이머 서페이서의 도장 작업을 시작한다.

프라이머 서페이서의 조합

1. 주제(主劑)의 교반

통속에 프라이머 서페이서의 안료가 침전되어 있을 경우가 많으므로 믹싱 머신 또는 교반 막대로 확실히 교반한다.

2. 사용량

프라이머 서페이서의 필요량을 추정하여 혼합한다. 사용량의 기준으로서는 2~3회 도포하고 30cm² 정도의 면적으로 약 50g 전후이면 충분하다.

우레탄 프라이머 서페이서를 사용할 때는 경화제를 첨가하므로 사용 가능시간이 있고 그 동안에 모두 사용하지 않으면 굳어 버린다.

3. 우레탄 프라이머 서페이서의 혼합

일반적인 우레탄계 2액형 프라이머 서페이서의 경우 주제(主劑)를 필요한 양만큼 조색용기로 옮기고 경화제를 매뉴얼에 규정된 비율로 첨가한다. 조색용 계량기 또는 계량봉(스케일)을 사용하여 정확하게 혼합한다.

각 메이커 지정의 전용 경화제를 사용하여 규정의 비율을 지켜서 배합하고 경화제를 필요량 이상으로 첨가했을 때는 건조가 늦어지고 작업성이 나빠진다. 또한 공기중의 수분과 반응하여 도막에 결로(결로)가 되므로 블리스터의 원인이 되며, 반대로 적을 경우에는 반응이 약하기 때문에 경화불량, 균열, 수축의 원인이 된다.

희석되는 시너도 마찬가지이다. 전용 시너는 도장시의 기온에 따라서 선택하여 규정량을 첨가하고 주제, 경화제, 시너를 조합한 프라이머 서페이서는 잘 혼합하여 일정하게 하여야 한다.

우레탄계 도료에서는 이소시아네이트 경화제를 배합하는데 다음 사항에 유의한다.

① 경화제 용기의 캡은 확실히 잠궈둔다(공기중의 수분과 반응하므로 그때마다 확실히 뚜껑을 닫는다).

② 경화제가 젤 모양이나 하얗게 탁해진 것(白濁), 그리고 사용하기 시작한 다음에 일정기간 이상 경과한 것, 불량화된 것은 사용하지 않는다.

③ 경화제의 배합은 분무하기 바로 전에 한다. 특히 기온, 습도가 높아지는 여름에는 주의한다.

④ 경화제가 피부에 부착하면 즉시 세척한다. 눈 속에 들어가지 않도록 주의하며 만약 들어갔을 때는 물로 세척하고 의사의 치료를 받아야 한다. 이소시아네이트 경화제는 독성이 강하므로 장갑, 보호 마스크를 착용하여 취급하는 등 안전에 특별히 유의해야 한다.

4. 래커 프라이머 서페이서의 혼합

잘 교반하여 필요량을 조색 컵 등의 용기에서 덜어낸다. 각 메이커에서 지정하는 래커계 시너로 분무하기 쉬운 정도로 희석시킨다.

일반적으로는 프라이머 서페이서 100에 대하여 시너는 50~80%를 가한다.

교반하여 균일한 상태로 만든 다음에 필터를 통해서 스프레이 건의 컵에 넣는다.

스프레이 건의 사용 구분

프라이머 서페이서의 분무에 사용하는 스프레이 건은 흡상식(吸上式 : 컵 용량 0.5~1L, 노즐구멍 1.4~1.8mm), 중력식(노즐구멍 1.5mm), 중력식 센터 컵 타입(컵 용량 0.5L, 노즐구경 1.4~1.8mm) 등 어느 것이라도 좋지만 기본적으로 노즐 구경은 다소 큰 1.5mm정도가 적합하며, 그 이유는 다음과 같다.

① 프라이머 서페이서는 희석 점도가 높다.

② 두껍게 도장할 때 필요하다(2~3회 도장으로 필요한 도막의 두께를 만든다).

③ 넓은 범위로 분무할 때에 작업이 빠르다. 따라서 작은 면적(퍼티면적 20cm²정도)의 경우에는 중력식 1.7mm 구경의 스프레이 건이 필요하다.

또한 프라이머 서페이서의 종류(우레탄계, 래커계 등)와 분무하는 면적에 따라 스프레이 건을 구분하여 사용하므로써 작업효율이 향상된다.

예를 들면 면적이 넓은 신품 후드의 경우에는 스프레이 건이 큰 흡상식(노즐구경 1.8mm)이나 중력식으로 용기가 큰(0.5L) 센터 컵식을 사용하여 분무에 요하는 시간을 짧게 한다.

1. 도장 면적에 따른 사용예

① 작은 면적(30cm² 이하)

중력식 : 노즐구경 1.3~1.5mm

② 팬더나 도어의 블록 도장

중력식 또는 센터컵식 : 노즐구경 1.4~1.5mm

흡상식 : 노즐구경 1.8mm

③ 넓은 면적의 후드나 루프 전도장 등

흡상식 : 노즐구경 1.8mm

스프레이 건의 조정

프라이머 서페이서를 스프레이 건의 컵에 넣기 전에 사용할 스프레이 건을 조정한다.

패턴의 너비, 토출량 그리고 공기압은 프라이머 서페이서의 분무 조건에 맞추어서 적정하게 조절한다. 또 스프레이 건의 컵에 프라이머 서페이서는 필터를 통해서 넣는다. 프라이머 서페이서 속의 먼지나 이물질 등 불순물을 제거하기 위함이다.

도장 횟수

도장 횟수는 래커 프라이머 서페이서로 3~4회, 우레탄계 프라이머 서페이서는 2~3회 도장하는 것이 일반적이다. 그러나 도장하는 패널의 상태, 즉 프라이머 서페이서가 퍼티면이나 구도막의 상태, 페더에지(단 낮추기) 후의 상처 깊이 등에 대응하므로써 프라이머 서페이서가 가진 본래의 성능을 발휘할 수 있다.

도장 작업의 포인트

① 퍼티면의 상태에 따라서 도장하는 횟수를 결정한다

연마한 퍼티면의 상태를 확인함과 동시에 여러 번 도장할 필요가 있는가를 판단한다.

- 퍼티면에 미세한 요철(단차)이 있다
- 퍼티면에 아주 작은 기공이 있다.
- 연마자국이 조금 깊은 느낌이 있다.

이상의 경우에는 2~3회 도장으로 결정하지 말고 퍼티 면이나 도막의 상태에 따라 1회 또는 2회 정도 여유있게 도장하면 도막의 두께를 높여 실(seal)성을 높인다.

② 가장자리는 두껍게 도장하지 말고 블렌딩을 한다

래커계 프라이머 서페이서는 도막으로서는 연마하기 쉽고 두껍게 도장하더라도 가장자리 부분은 깨끗하게 연마된다. 우레탄계 프라이머 서페이서는 래커계에 비하면 도막이 단단하므로 가장자리를 두껍게 도장하면 매끈하게 연마되지 않을 경우가 있다. 또한 프라이머 서페이서를 깨끗하게 연마하더라도 구도막 주위에 굴곡이 생기는 경우가 있다.

도장에서 가장자리 부분은 되도록 얇게 마무리 하고, 상도에 블렌딩을 하는 것과 같은 도장 방법으로 하면 연마가 깨끗하고 쉽게 된다.

흠집 보수나 부분 보수의 경우에는 가장자리 부분을 도장하는 방법에 따라 나중 연마작업과 상도(上塗) 마무리에 크게 영향을 준다.

③ 연마작업을 생각한 도장

프라이머 서페이서를 지나치게 연마하면 퍼티면이나 강판면을 노출시킬 경우가 있는데 그 원인은 다음과 같다.

- 프라이머 서페이서의 도막이 얇다.
- 라인이나 곡면의 연마가 지나치다.
- 패널 구석의 가장자리 부분 연마.

라인 곡면, 패널의 모서리는 편평한 부분에 비해서 페이퍼가 닿기 쉬우므로 쉽게 과도한 연마를 하게 된다. 이와 같은 곳은 2~3회 여유있게 도장한다.

④ 편평하게 도장한다

연마에서 거친 도막으로 만들면 시간의 소비와 도막의 결함 원인이 된다.

거칠게 만들어 도장한 도막의 입자 내에는 미세한 틈새가 생겨 다음과 같은 도막의 결함으로 연결된다.

- 프라이머 서페이서의 밀착력이 떨어진다.
- 상도 도막에 흡수가 생긴다.
- 블리스터의 원인이 된다.
- 연마하기가 어렵다.

따라서 상도와 마찬가지로 정성들여 조심스럽게 도장할 것.

⑤ 분말이 비산되지 않도록 한다

도장부스 이외의 장소에서 도장할 때에는 분말이 공장 내에 날리지 않도록 주의해야 한다. 다른 차량에 부착되거나 공장 내의 환경이 악화되는데 그 대응책은 다음과 같다

- 낮은 공기 압력(0.15~0.19MPa=1.5~2.0kg/cm^2)으로 도장한다.
- 저압 스프레이 건(HVLP 타입 등)을 사용한다.

⑥ 마스킹의 범위를 생각한다

마스킹을 한 다음 도장할 경우 프라이머 서페이서가 묻지 않는 범위까지 넓혀서 테이프 페이퍼를 붙일 것. 범위가 지나치게 좁으면 프라이머 서페이서가 마스킹 부분에 묻게 되어 테이프나 페이퍼를 떼어낼 때 가장자리 부분이 턱이 된다.

이 상태로 연마하면 가장자리 부분이 편평해지기 어려울 뿐 아니라 주변의 구도막까지 깊게 연삭을 하게 되어 미묘한 굴곡이 생기게 된다.

기본적인 도장 방법

1. 보수 도장 / 스포트 도장

① 1차 : 드라이 코트(미스트 코트)

얇고 깨끗하게, 거칠지 않게 도장한다. 퍼티면을 비춰 볼 수 있는 방법으로 도장한다.

이 도장 방법을 버리기 도포 또는 버리기 도장이라고 한다.

퍼티를 중심으로 해서 프라이머 서페이서를 도장할 범위까지 넓게 한다.

② 2차 : 웻코트

도장의 광택을 내며 겹치기를 정확하게 하여 도막의 두께를 만들도록 한다.

1차 도장한 범위에 안쪽 5~10mm까지 1차보다 외측(外側)으로 나가지 않도록 한다.

③ 3차 : 웻코트

2차에 도장한 프라이머 서페이서가 손으로 만져보아 건조하였다면 3차 도장을 한다.

2차와 마찬가지로 웻코트 한다. 범위는 1차 도장면의 내측(內側)까지 오버 미스트를 하지 않는다.

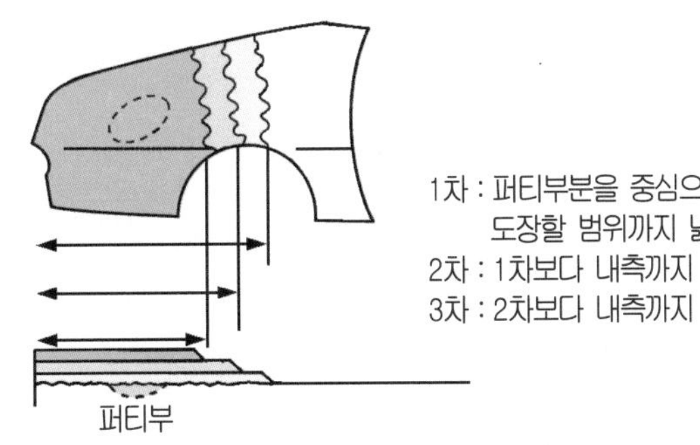

1차 : 퍼티부분을 중심으로 프라이머 서페이서 도장할 범위까지 넓게 도장한다.
2차 : 1차보다 내측까지 웻코트로 도장한다.
3차 : 2차보다 내측까지 웻코트로 도장한다.

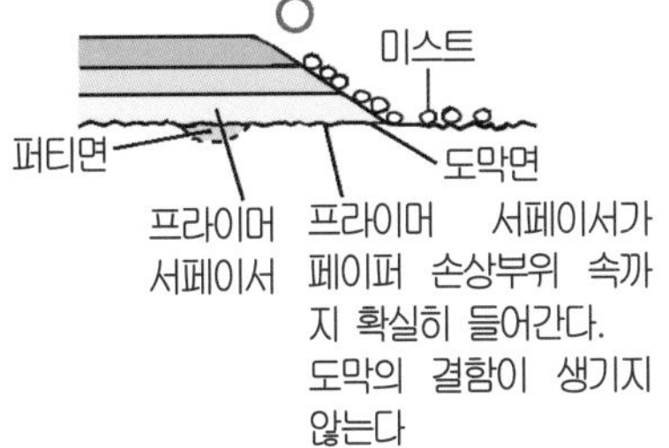

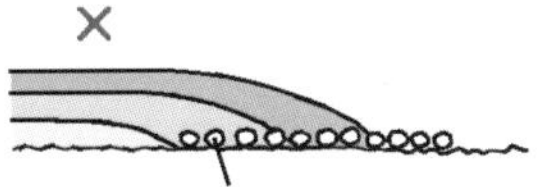

미스트 위에 프라이머서페이서가 얹히게 되므로 부착불량이 일어난다. 페이퍼의 손상부위 속으로 프라이머 서페이서가 들어가지 못하므로 도막의 결함 원인이 되기 쉽다.

▲ 프라이머 서페이서의 도장

2. 블록도장

① 1차 : 드라이 코트 (미스트 코트, 버리기 도포)

패널 전체에 얇거나 거칠지 않으면서 깨끗하게 도장한다. 비산 방지, 구도막의 길들임, 흡수 방지 등이 목적이다.

② 2차 : 웻 코트

광택을 내고 도막의 두께를 만드는 도장 방법을 말한다.

패턴의 겹치기를 2/3~3/4으로 하여 도장한다.

③ 3차 : 웻 코트

플러시 오프 타임을 취하여 2차 프라이머 서페이서가 손끝으로 만졌을 때 건조하다면 2차와 같은 도장을 한다.

퍼티면에 상처 등 패인 부분이 있을 때는 그 부분을 1~2회 여유있게 하는데 이것은 1차, 2차 또는 3차 도장 후에도 좋다.

3. 도장의 주의사항

① 1차는 두꺼운 도장을 하지 않을 것

얇게 도장함으로서 도막 면에 비산 방지와 도막의 친화성을 좋게 한다.

프라이머 서페이서에 포함되어 있는 용제가 퍼티의 가장자리 부분이나 연마자국으로부터 구도막의 속으로 침투하는 것을 방지한다.

② 플러시 오프 타임을 취한다

2차, 3차로 겹쳐 도장하는 경우 반드시 플러시 오프 타임을 취하여 먼저 도장한 프라이머 서페이서가 손으로 만져보아 건조되었으면 실시한다. 눈으로 판단하여 표면의 도장 광택이 완전히 없어졌으면 일단은 다음 도장 작업에 임할 수 있는 건조상태가 된 것이다.

이 시간을 주지 않고 계속해서 2, 3차로 겹쳐 도장을 하게 되면 도막의 두께가 한꺼번에 두꺼워져서 흐름이 생길뿐 아니라 도막 속에 포함되어 있는 용제가 빠져나가지 않은 채로 표면만 건조된다. 건조 불량에 의한 흡수, 가열시 핀홀이 생기는 것 외에 프라이머 서페이서 내의 잔류 용제가 구도막의 연마자국 등으로부터 침투하여 구도막의 팽윤작용(膨潤作用 : 팽창하여 윤이 나는 작용)을 일으켜 퍼티 자국, 연마자국 등의 도막 결함을 발생하는 결과가 된다.

③ **도장의 범위를 좁혀나간다**

1, 2, 3차로 퍼티면을 중심으로 하여 도장하는 자리를 넓혀 나가는 것이 아니라 반대로 1차는 프라이머 서페이서를 도장하는 범위 전체까지 넓게 도장하고 2, 3차로 가면서 좁혀나가는 방법으로 도장한다.

이것은 먼저 도장한 프라이머 서페이서 미스트 위에 다음의 프라이머 서페이서를 도장하지 않는 것과 스프레이 미스트에 의한 부착 불량이나 상도 후 연마자국 등의 결함을 방지하기 위한 것이다.

④ **스프레이 건, 컵의 세척**

사용한 스프레이 건과 컵 등은 작업 종료 후 즉시 세척한다.

속성건조 타입의 우레탄 프라이머 서페이서는 경화 반응이 빨리되므로 그대로 방치해 두면 스프레이 건이나 컵 속에서 굳어서 세척할 수 없게 된다.

프라이머 서페이서의 건조

1. 건조 방법

프라이머 서페이서의 건조 방법에는 자연 건조와 강제 건조 두 가지가 있다.

'자연 건조'라는 것은 도장한 다음에 그대로의 상태로 도막을 건조시키는 것으로서 그때의 기온에 따라 건조 시간은 차이가 생긴다.

예를 들어 래커 프라이머 서페이서의 경우 기온이 20℃에서는 약 1시간에 연마 가능한 상태가 되지만 겨울에는 반나절 이상의 시간이 필요하고, 기온이 20~30℃일 경우 약 30~40분에 연마 가능한 상태가 된다.

우레탄계 프라이머 서페이서의 경우에는 속성건조 타입이라도 자연건조의 경우 겨울에는 하루의 건조 시간이 필요하며 5℃ 이하가 되었을 때에는 경화 시간이 길어 가열을 필요로 하게 된다. 여름에는 기온이 20℃이상이 되므로 3시간 이상에서 일단 연마 가능한 상태가 된다. 강제 건조(가열건조)란 도장한 다음에 일정한 세팅 타임을 준 다음 가열 장치로 건조를 촉진시키는 방법이다.

래커계 프라이머 서페이서의 경우 60℃ 정도의 가열 온도로 10~15분 후에 연마 가능하고 우레탄계 속성건조 타입의 경우에는 60℃ 정도의 가열 온도로 약 20분 후에 연마 가능하다. 이들의 건조시간은 기온에 관계없이 사용한 스프레이 건의 세척하는 동안의 시간이므로 작업을 효율적으로 진행할 수 있다.

건조방법 / 도료	자연건조		가열건조	
	온 도	시 간	온 도	시 간
우레탄 프라이머 서페이서	20℃	8시간 이상	80℃ 60℃	20분 이상 30분 이상
속성건조 우레탄 프라이머 서페이서	20℃	3시간 이상	60℃	20분 이상
래커 프라이머 서페이서	20℃	30분 이상	60℃	10분 이상

※ 숫자는 기준, 각 메이커, 도막의 두께에 따라 시간은 다르다. 도막이 두꺼우면 건조시간은 조금 길어진다.
※ 가열온도는 도막에서 확인한다.

▲ 프라이머 서페이서의 건조시간

2. 강제 건조의 순서

① 세팅 타임을 준다.

프라이머 서페이서를 도장한 다음 10~15분 정도 상온에서 건조시킨다.

② **예비 가열** : 40~50℃×10분

낮은 상태의 온도로 가열한다. 이 동안 도막 내에 잔류한 용제를 천천히 증발시킨다.

③ **본 가열** : 60℃×20분 이상

속성건조 타입은 15분 정도로 연마 가능.

예비 건조 종료 후 60℃로 세팅한 다음 15분 이상 가열한다.

3. 주의 사항

① 세팅 타임은 정확하게 한다.

건조중에 발포(發泡) 및 핀홀의 결함을 방지하기 위해서다.

② 발포와 핀홀은 두껍게 도장하였을 경우 도막 내에 잔류하고 있던 용제가 도막의 표면을 돌파해서 증발할 때 생기는 구멍이다. 가열할 때 세팅 타임을 주지 않고 즉시 높은 온도로 가했을 때 생기는 결함이므로 재수리의 필요성이 생긴다. 건조 후 재연마하여 퍼티 작업 후 프라이머 서페이서를 도장하여 구멍을 메우는 등의 처리를 한다. 경우에 따라서는 프라이머 서페이서를 박리(剝離)해야 할 때도 있다.

③ 프라이머 서페이서를 필요 이상으로 두껍게 도장한 경우에는 도막내의 용제가 상당히 빠져 나오기 어렵기 때문에 예비 가열의 시간을 일반보다 길게 잡는다(40℃×20분).

④ 본 가열시 60℃×20분이란 60℃의 가열 온도로 20분간 가열해서 건조시킨다는 의미이며 스위치를 넣고 가열을 시작한 다음에 20분이라는 것은 아니다.

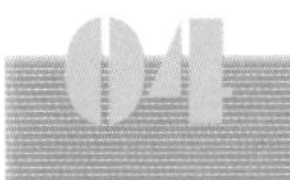

프라이머 서페이서의 연마와 표면 조성

프라이머 서페이서의 연마

프라이머 서페이서의 연마 방법에는 손으로 연마하는 물연마와 더블액션 샌더나 오비털 샌더를 사용하는 건식연마의 두 가지 방법이 있다.

모두가 장단점은 있으나 프라이머 서페이서의 면적이나 마무리 상태에 따라 작업의 구분과 조합을 고려하여 효율적으로 실시한다.

1. 프라이머 서페이서 연마전의 점검사항

① 도장한 프라이머 서페이서는 잘 건조되어 있는가

래커 프라이머 서페이서를 두껍게 도장하면 보기에는 표면이 건조되어 있는 것 같지만 도막의 내부는 건조되어 있지 않을 때가 있다. 두껍게 도장한 래커 프라이머 서페이서는 20℃×30분 정도에서는 도막 내의 용제가 모두 빠져나가지 못하므로 건조 시간을 길게 해야 하며 급할 경우에는 가열 건조시킨다.

속성 건조형 우레탄 프라이머 서페이서에서 60℃×20분으로 건조시켰다 하더라도 두껍게 도장했거나 패널의 형상에 따라서는 열이 충분히 닿지 않는 부분이 있어 건조 불충분이 될 때도 있다. 또 자연건조로 하루를 보낸다 하더라도 기온이 낮을 때는 경화 불충분의 가능성도 있으므로 주의가 필요하다.

건조가 불충분한 프라이머 서페이서를 연마하면 페이퍼에 묻어나서 상처가 생기거나 페이퍼에 끼어 연삭성이 나빠져 페이퍼의 사용량이 증가한다. 또 건조되어 있지 않는 우레탄 프라이머 서페이서를 물연마하면 반응 경화중 경화제의 성분이 물과 반응하여 나중에 결함이 생길 경우도 있다.

발생되는 결함으로는 상도 광택의 부족, 프라이머 서페이서 도막의 수축에서 생기는 퍼티 흔적이나 연마자국, 경우에 따라서는 블리스터가 생길 때도 있다.

② 기공이나 상처는 없는가

프라이머 서페이서 면에 연마자국, 미세하게 패인 부분 등이 있으면 프라이머 서페이서 면을 가볍게 표면을 조성하여 퍼티를 도장한다. 남아 있는 연마자국이나 기공은 래커계의 스폿 퍼티가 적당하지만 깊은 곳은 폴리 퍼티로 메우는 것이 좋다.

래커계 퍼티는 연마자국이 깊을 경우 시간이 지나면 수축이 생긴다.

2. 목 적

① 프라이머 서페이서 면을 연마하므로써 면과 편평성을 만들어 낸다.

② 상도 도장의 표면을 균일하게 하여 미관상 마무리를 좋게 한다.

3. 이 유

① 도장 건조시킨 프라이머 서페이서 표면은 일반적으로 거칠게 된다.

② 퍼티면의 미세한 요철이나 연마자국이 남아있다.

③ 연마하지 않은 프라이머 서페이서의 면은 상도의 부착이 나쁘고 마무리도 좋지 않다.

4. 사용하는 기계류

■ 습식연마 작업용 공구

① 받침목

가장 표준적인 도구로서 기술자 자신의 취향에 맞게 모양, 크기로 만들어 사용하기도 한다. 프라이머 서페이서 면의 미세한 요철, 파면 굴곡, 퍼티 자국, 단차, 미세하게 패인 부분 등을 연마 수정하는 데 가장 적합하며 프라이머 서페이서 면 전체의 거친 연마 면 만들기에 사용하여 편평하게 한다. 참고로 페이퍼를 2장 겹쳐서 작업을 하면 접촉이 원활하여 연마하기가 쉽다.

PHOTO 물연마 작업용 공구

② 받침 고무(딱딱하고 두꺼운 타입)

크기는 4등분, 6등분, 8등분 등 여러 가지가 있다. 받침목과 같은 요령으로 사용한다. 거친 면 만들기용으로서 프라이머 서페이서 면적의 크기에 따라 선택하여 사용한다. 라인 만들기의 연마에도 위력을 발휘한다.

③ 받침 고무(얇은 타입)

딱딱하고 두꺼운 타입과 세트로 되어있는 얇은 타입이다. 거친 연마 후 마무리 연마(페이퍼의 눈을 고른다)에 사용하면 프라이머 서페이서 면의 연마자국이 균일하게 된다.

곡면 등을 연마할 때도 접촉이 좋기 때문에 연마하기 쉽고 균일하게 마무리할 수가 있다. 또 구도막을 보다 섬세한 페이퍼로 표면 만들기 연마를 할 경우에도 적합하다.

이 타입의 받침고무 사용은 고도의 연마 기술이 요구된다.

④ 구멍 뚫린 패드

단단한 타입과 조금 부드러운 타입이 있으며 퍼티나 프라이머 서페이서의 거친 연마용이다. 가볍고 손에 쥐기가 쉬우며 연마 면의 페이퍼 접촉이 좋으므로 절삭이 잘되고 사용하기 쉽다. 그러나 연마자국이 깊고 줄기가 생기기 쉽다. 미세한 요철이나 면 만들기에서는 받침목이나 받침 고무에는 미치지 못한다.

딱딱한 타입은 프라이머 서페이서 면의 거친 연마에 적합하고 작업도 빠르며, 부드러운 타입은 곡면 등의 연마에 적합하다. 이 패드로 연마를 한 후에는 반드시 스펀지 패드나 받침고무(얇은 타입)로 마무리 연마가 필요하다.

⑤ 스펀지 패드

종류가 많으며 크기도 여러 가지 있으므로 선호하는 용도에 따라 구분해서 사용한다.

- 하드 타입은 평면부의 면 만들기 연마에 사용하고, 받침고무와 마찬가지의 효과를 얻을 수 있다.
- 소프트 타입은 곡면이나 마무리 연마에 적합하며 연마자국은 얕다.

⑥ 기 타

스펀지 패드에 매직 테이프가 붙은 것, 이 타입은 내수(耐水) 페이퍼를 부착시켜 사용한다. 페이퍼의 엇갈림이 없으므로 작업이 쉽다. 연마자국은 매직 부분이 쿠션이 되기 때문에 얇다. 미세한 굴곡의 정리나 면내기에는 적합하지 않으며 마무리 연마나 표면 조성 연마에 편리하다. 속에 구멍이 뚫려있는 타입의 받침고무는 패인부분이나 곡면 등의 연마에 편리하다.

프라이머 서페이서의 연마에 적합한 샌더

샌더의 종류를 기능으로 분류하면(연삭 타입, 연마 타입) 두 가지로 나눌 수 있다.

프라이머 서페이서의 연마 및 표면 조성 작업에는 연삭력이 강한 절삭 타입이 아니라 연마 타입의 샌더가 아니면 효율이 떨어지고 마무리도 좋지 않다.

• 연삭하는 샌더 -회전력이 있다. -연삭력이 강하다 -연마 마무리가 거칠다. -진동이 있다.	• 벨트 샌더 凹부, 용접부의 연마 : P40~120 : 무한궤도 일방향 회전
	• 디스크 샌더(전용 페이퍼 타입) 강판의 연마, 녹 제거, 도막 벗기기 : P16~80 : 싱글 회전·디스크 전용 페이퍼
	• 디스크 샌더(일반 페이퍼 타입) 도막 벗기기 : P40~120 : 싱글 회전
	• 더블 액션 샌더(오빗 다이어 8~10mm) 페더 에징, 판금 퍼티의 거친 연마 : P80~180 : 2중 회전 운동
	• 오비털 샌더(오빗 다이어 6~8mm) 퍼티의 거친 연마 : P80~180 : 타원 운동
	• 기어 액션 샌더 퍼티의 거친 연마(퍼티 전용 샌더) : P80~180 : 꽃잎 회전(2중)운동
• 연마하는 샌더 -회전력이 있다. -연삭력이 약하다 -연마 마무리가 매끈하다. -진동이 적다.	◎ 더블 액션 샌더(오빗 다이어 3~6mm) 퍼티연마, 프라이머 서페이서 연마, 표면조성 : P120~600 : 2중 회전운동
	◎ 오비털 샌더(오빗 다이어 3~4mm) 작은 면적의 퍼티연마, 프라이머 서페이서 연마, 표면조성 : P120~600 : 타원 운동
	◎ 스트레이트 샌더 [스트롱(大)] 퍼티의 면만들기 연마 : P80~180 : 왕복 운동
	◎ 스트레이트 샌더 [스트롱(小)] 프라이머 서페이서 연마, 표면조성 : P320~600 : 왕복운동 퍼티의 면만들기(작은 면적) : P120~240

◎표의 샌더가 프라이머 서페이서 표면 조성 연마에 적합하다.

▲ 기능으로 본 샌더의 종류

① 더블 액션 샌더

오빗 다이어 3~6mm, 패드 사이즈 ϕ 125, 150mm의 타입이 적합하다. 연마 샌더이므로 연삭력은 약하지만 연마 마무리는 매우 양호하다. 패드나 ϕ125(5인치)의 경우, 오빗 다이어는 3mm 정도, 본체중량 1~2kgf의 것이 일반적으로 사용되고 있으나 넓은 면적을 연마할 때는 ϕ150(6인치) 타입이 작업도 빠르고 같은 번호의 페이퍼를 사용한 연마에서

φ125에 비하면 상처가 얕게 마무리 되므로 연마자국이 잘 생기지 않는다.

② 오비털 샌더

오빗 다이어 3~4mm급이 적합하다. 패드 사이드나 형상 등 종류가 많으므로 연마에 적합한 것을 사용한다. 오빗 다이어 4mm 전후로 패드 사이즈와의 밸런스가 좋고 스스로의 기량에 적합한 것을 사용하므로 작업 효율이 높아진다.

③ 스트레이트 샌더

프라이머 서페이서 면의 미세한 요철이나 굴곡의 면 만들기에 더블 액션이나 오비털로는 연마 수정이 안되지만 스트레이트 샌더로는 가능하다. 다른 샌더기에 없는 장점이 있으므로 잘 사용하면 매우 높은 효율을 올릴 수 있다.

④ 습식연마 샌더

〈장 점〉

- 페이퍼의 사용량이 적고 건식연마에 비하면 절반 이하로 된다.
- 연마 흔적이 미세하여 고운 페이퍼를 사용할 수 있으므로 정밀도가 높은 연마를 할 수 있다.
- 손연마에 비하면 작업이 빠르다.

〈단 점〉

- 물을 사용하므로 겨울철에 작업이 어렵다.
- 작업 후에 물기 제거 작업 시간이 길다.
- 물이나 연마즙이 흩날려 작업자나 작업장 주변을 오염시킨다.
- 건식연마는 손연마의 작업준비 시간보다 더 많은 준비시간을 필요로 한다.

■ 건식연마 작업공구

① 샌더용 중간 패드

샌더의 패드와 페이퍼 사이에 장치하여 사용한다. 일종의 쿠션 패드로서 두꺼운 타입과 얇은 타입이 있으며 용도에 따라 구별하여 사용한다.

곡면이나 라인 등에 페이퍼 접촉이 부드럽기 때문에 원활하게 사용할 수 있다. 연마 자국은 얇으나 프라이머 서페이서 면에 미세한 굴곡은 없어지지 않는다.

거친 연마를 실시한 프라이머 서페이서 면의 마무리 연마 등에 사용하는 것도 하나의 절약 방법이다.

② **건식 연마용의 손연마 패드**

매직 부착 패드로는 소프트 타입과 하드 타입이 있다. 샌더로 연마할 수 없는 프라이머 서페이서 면(소프트 타입 사용)이나 프라이머 서페이서 면의 미세한 요철, 굴곡의 수정(하드 타입 사용) 등에 적합하다.

패드에 페이퍼를 장착하여 연마하는 것의 장점은 손에 직접 접촉하는 경우보다도 프라이머 서페이서 면이나 표면조성 면에 평균적으로 닿기 때문에 연마자국이 얕고 깨끗한 연마 표면이 되는 점이다.

페이퍼

① **건식연마용**

건식연마용의 페이퍼는 연마 입자 사이의 막힘 방지 대응으로서 연마 입자끼리의 틈새가 넓은 오픈 코트 타입이다. 프라이머 서페이서 연마에 사용하는 건식연마 페이퍼의 번호는 P240, 320, 400, 500, 600 등이다. 샌더(DA, OB)로 연마할 때에 최적의 번호는 다음과 같다.

- 솔리드 ………………………………… P320
- 메탈릭 ………………………………… P400~600
- 펄 메탈릭 ……………………………… P400~600
- 1k 베이스 코트 ……………………… P400~600
- 3코트의 펄 …………………………… P400~600

② **습식연마용**

물연마용의 페이퍼(耐水 페이퍼)는 연마 입자끼리의 틈새가 없는 클로즈코트 타입.

물을 윤활제로 대신하여 받침목, 받침고무, 패드나 블록에 대고서 연마한다. 프라이머 서페이서 연마에 사용하는 내수 페이퍼의 번호는 P320, 400, 600, 800 등이다. 도색, 도료에 의한 최적의 번호는 다음과 같다.

- 솔리드 ………………………………… P400
- 메탈릭 ………………………………… P600
- 펄 메탈릭 ……………………………… P600
- 1k 베이스 코트 ……………………… P600
- 3코트의 펄 …………………………… P600

③ **습식연마용 매직 페이퍼**

물연마용 샌더의 패드에 접착하여 사용하는 내수 페이퍼는 매직식이며(○형, □형), 사이즈 등에 따라 각 번호가 기입되어 있다.

이 매직식의 내수 페이퍼를 매직식 파일 블록에 장착하여 손연마를 할 수도 있다. 페이퍼를 대고 나무나 받침고무에 끼워서 잡는 번거로움은 없다.

건식연마와 습식연마

프라이머 서페이서 및 표면 조성 연마에서 건식연마와 물연마의 두 가지 방법이 있다.

1. 건식연마의 특징

① **작업성**

더블액션 샌더나 오비털 샌더를 사용하여 손쉽게 연마할 수 있으므로 기계화, 합리화가 가능하여 능률 향상 및 시간의 단축 등 작업자의 노력을 경감할 수 있다.

② **마무리**

물연마에 사용하는 페이퍼 번호보다 거친 번호로 사용해도 미세한 페이퍼 눈으로 마무리되며 편평하고 균일한 연마면이 만들어진다. 패드와 페이퍼 사이에 소프트한 중간 패드를 장착하여 연마함으로서 연마자국이 보다 얇고 깨끗하게 된다.

③ **단 점**

연마 분진(먼지)이 발생한다.

물연마에 비하면 페이퍼의 사용량이 많다.

P800 이상의 페이퍼로는 미세하기 때문에 눈매가 메워지므로 작업효율이 다소 떨어지는 동시에 사용량도 많아진다.

2. 습식연마의 특징

① **작업성**

분진(먼지)이 나오지 않으며 작업환경이 좋다.

손연마가 중심이며 작업 시간이 걸린다.

연마 후 물기제거, 건조 등 여분의 시간이 필요하다.

건식연마에 비하면 페이퍼 사용량이 적다(경제적 이익).

물연마의 작업 속도화에 관해서는 물연마 전용 샌더를 활용하므로써 작업 효율 향상을 도모할 수 있다.

② 마무리 작업

물이 윤활제의 역할을 하므로 연마면은 매끈한 마무리가 된다. 특히 P000이상의 페이퍼를 사용했을 때는 매우 깨끗한 연마면으로 마무리 된다. 거울면과 같은 표면 연마는 물연마를 하는 것이 마무리의 감도 좋고 작업도 쉽다.

③ 단 점

겨울에 작업이 곤란하며 작업시간과 노력이 요구된다. 겨울이나 우천시 작업 후 물기 제거와 건조시간이 오래 걸린다.

	작업성	연마 마무리	결 점
건식연마 (주로 샌더 연마)	작업의 합리화·기계화·능률 향상·시간단축 가능	물연마에 사용하는 것보다 1grade 거친 페이퍼로 섬세한 마무리가 된다. 균일한 연마 면이 만들어진다.	먼지의 문제·집진장치 등이 필요. 페이퍼 사용량이 많다.
물연마 (주로 손연마)	손연마가 중심이므로 작업 시간이 걸린다. 먼지가 일지 않으므로 안심하고 작업할 수 있다. 페이퍼 사용량이 적고 경제적이다. 가는 번호(P1000~2000)의 페이퍼연마도 매끈하게 된다.	물이 윤활제의 역할을 하기 때문에 입자의 막힘이 없고 매끈한 마무리 가능. P1000이상의 페이퍼를 사용한 깨끗한 마무리 가능.	동절기 작업이 어렵다. 물기 제거 건조 등에 시간이 걸린다.

▲ 건식연마와 물연마의 특성

프라이머 서페이서 연마의 순서

1. 건식연마의 작업순서

① 프라이머 서페이서 면에 얇게 가이드 코트를 바른다.

② 매직 파일에 P320 페이퍼를 부착시켜 프라이머 서페이서의 휨, 작은 오목 퍼티의 턱이 생겨 있는 곳을 연마한다.

- 파일을 누르지 않고 가볍게 대고서 연마한다.
- 가이드 코트가 없어져야 연마가 끝나는 것이다. 프라이머 서페이서 면의 굴곡, 패인 부위 등 단차는 없어진다.

③ 재차 프라이머 서페이서 면에 가이드 코트를 얇게 바른다.

④ 더블 액션 샌더(오빗 다이어 3~6mm)에 P400~600 페이퍼를 부착시켜 연마한다.

- 샌더는 프라이머 서페이서 면에 너무 밀어붙이지 말고 가볍게 대고서 회전력으로 연마한다.
- 필요 이상으로 연마하면 퍼티면이 나오게 되므로 가이드 코트가 없어지면 연마작업을 마친다.

⑤ 프라이머 서페이서의 가장자리 면은 정성들여 연마하고 프라이머 서페이서에 턱이 생기지 않도록 매끈하게 마무리한다.

⑥ 구도막, 블렌딩시나 클리어 코트 부분은 P1000이상의 페이퍼로만 한다.

⑦ 샌더가 걸리지 않은 부분은 소프트 패드 등을 사용해서 손연마를 한다.

2. 가이드 코트의 역할

가이드 코트를 사용하면 눈으로 보아 프라이머 서페이서 면의 연마 상태를 확인할 수 있으며 진행 상태도 알기 쉽다. 또한 프라이머 서페이서에 남아있는 기공, 연마자국도 연마 도중에 볼 수 있기 때문에 신속하게 대응할 수 있는 등의 장점이 있다.

구도막의 표면 조성은 샌더의 패드와 페이퍼 사이에 중간 패드를 감싸서 연마하면 깨끗하게 마무리된다.

페이퍼의 사용 구분은 다음과 같다.

- 솔리드 ·············· P320~400
- 메탈릭 ·············· P400~600
- 블렌딩부분 등 ······ P1000이상

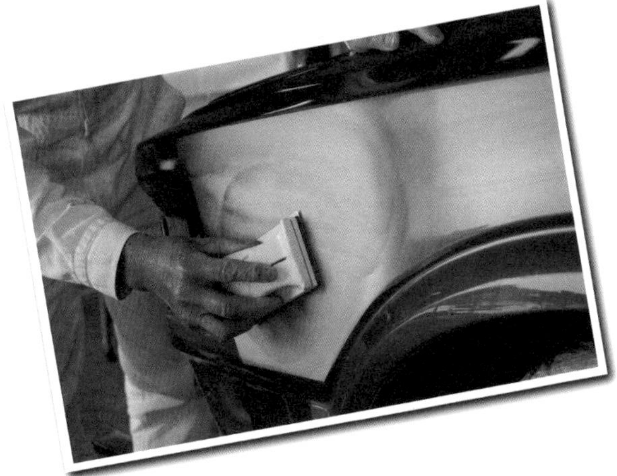

PHOTO 가이드 코트의 역할

3. 습식연마의 작업순서

■ 작업 준비

① 프라이머 서페이서 표면에 얇게 가이드 코트를 도장한다.

② 작업에 사용할 기재를 미리 준비해 둔다.

③ 양동이, 걸레(타월), 받침목, 받침 고무(두꺼운 것, 얇은 것), 블록 패드(스펀지 패드 : 하드 타입, 소프트 타입 등)

④ 내수 페이퍼는 도색 작업내용에 적합한 것을 준비.

- 솔리드 컬러 ········· P400~600
- 메탈릭, 펄 ············ P600, 800, 1000
- 표면 조성(블렌딩 부분, 클리어 부분) ········· P1500
- 표면 조성(솔리드 블랙의 블렌딩 부분) ········· P2000

PHOTO 프라이머 서페이서의 물연마

■ 프라이머 서페이서 면의 굴곡 바로잡기(면 만들기 연마)

프라이머 서페이서 표면에 미세한 휨, 요철, 퍼티의 단차, 도막의 단차 등이 있을 때는 받침목이나 받침 고무(두껍고 단단한 타입)를 페이퍼에 대고서 연마한다(프라이머 서페이서 면 만들기 연마).

페이퍼의 번호

- 솔리드 컬러 ········· P400 내수(耐水)
- 메탈릭, 펄 ············ P600 내수(耐水)

페이퍼에 받침목 또는 받침 고무를 대고 프라이머 서페이서 면에 물을 흘리면서 라인을 따라 가로 방향으로 연마한다. 연마의 진행 방향에 따라 프라이머 서페이서 면의 높은 부분으로부터 가이드 코트가 지워져 간다. 가이드 코트가 없어지면 프라이머 서페이서 면 만들기는 종료된다.

•받침목, 받침 고무는 연마면에 적합한 것을 사용할 것.

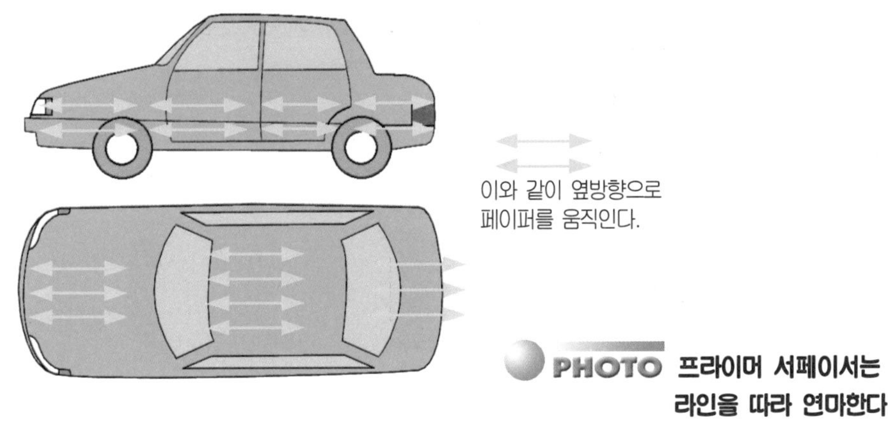

PHOTO 프라이머 서페이서는 라인을 따라 연마한다

고르기 연마(마무리 연마)

프라이머 서페이서의 가장자리 면이나 연마자국에 수정(修正) 연마를 한다.

얇은 타입의 받침 고무 또는 스펀지 패드의 소프트 타입을 사용한다.

페이퍼 번호

- 솔리드 ………… P400~600
- 메탈릭, 펄 …… P800~1000

필요 이상으로 연마하지 말고 프라이머 서페이서 면을 주의깊게 고르기 연마로 마무리해 나간다. 이 때 프라이머 서페이서의 가장자리 면에 단차가 없도록 매끈하게 해야 하고 구석에 연마가 덜 된 부분이 없도록 주의한다.

- 곡면, 라인 부분은 받침목이나 받침 고무가 예상외로 닿기 쉬우므로 연마자국이 생기기 쉽다.
- 곡면은 소프트 패드나 얇은 받침 고무를 사용하면 쉽고 깨끗하게 연마할 수 있다.
- 라인 면은 각각 적합한 받침 고무를 사용해서 정확하게 연마할 수 있으므로 라인의 너비 등에 맞는 받침 고무를 미리 준비해 두면 편리하다.

- 물연마는 물이 윤활제의 역할을 하기 때문에 계속해서 물을 흘리며 연마하므로써 연마 가루가 페이퍼에 끼는 것을 방지하고 원활하게 작업을 수행할 수 있다.
- 작업중 연마 자국의 상태를 관찰할 때는 그 때마다 받침 고무로 물기를 제거하고 연마면을 비추어 보아 확인을 한다.

PHOTO 물연마시 직접 페이퍼를 잡는 모습

구도막의 표면 조성

① 사용할 내수(耐水) 페이퍼의 번호

- 솔리드의 블록 도장 ······ P400~600
- 메탈릭, 펄의 블록 도장 ······ P800~1000
- 터치업의 블렌딩 부분 ······ P1500
- 메탈릭, 펄의 클리어 분무 및 블렌딩 부분 ······ P1500
- 솔리드 블랙의 블렌딩 부분 ······ P2000

프라이머 서페이서 부분의 연마가 끝난 다음 주위에 구도막의 표면 조성을 한다. 받침 고무, 소프트 패드에 페이퍼를 부착시켜 물을 흘리면서 주의깊게 연마를 진행한다. 연마 얼룩이나 연마가 덜된 부분이 있다면 페이퍼 작업을 확실하게 반복 작업을 한다.

② 세척과 물기제거 건조

연마가 끝나면 깨끗한 물로 세척하여 걸레나 타월로 물기를 닦아내고 건조시킨다. 에어블로로 구석구석까지 수분을 제거한다.

③ **연마 작업 후의 점검**

프라이머 서페이서의 연마작업을 마친 뒤 다음 사항을 점검하고 불량부분이 있다면 신속하게 수정하다.

- 연마가 덜된 곳과 얼룩진 연마
- 기공, 연마자국
- 프라이머 서페이서 면의 미세한 굴곡(연마면 전체의 편평성)
- 프라이머 서페이서의 가장자리 부분 단차와 연마가 안된 곳
- 구도막의 이물질, 연마자국, 흐름.
- 패널면 구석에 연마가 안된 곳 등.
- 굴곡 퍼티의 연마불량

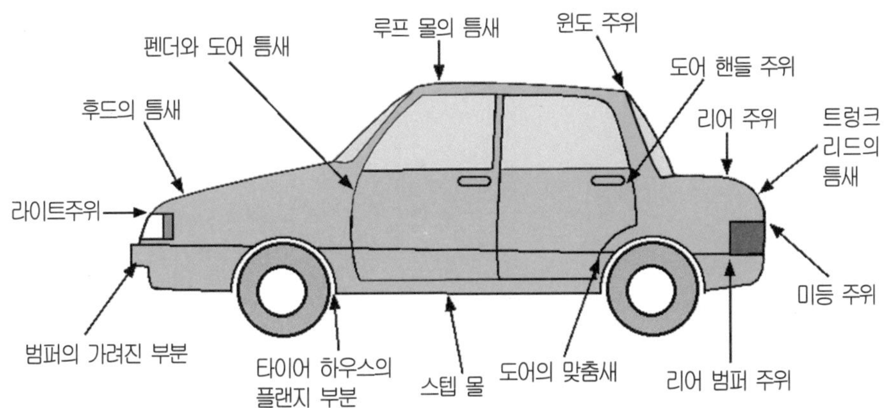

PHOTO 연마가 어려운 부분

4. 프라이머 서페이서 연마의 안전관리

① 정리정돈에 유의한다(바닥에 불필요한 공구를 방치하지 않는다.).

② 건식연마 작업에는 방진 마스크를 착용한다.

③ 장갑의 착용 – 건식연마 또는 물연마시 필히 해당 장갑을 사용하고 반드시 손에 맞는 것을 착용한다.

④ 물연마 샌더를 사용할 경우 물이 튀어 작업복이 젖으므로 에이프런을 이용한다.

⑤ 연마 작업 종료시 반드시 바닥을 세척할 것.

⑥ 건식연마 작업은 흡진(吸塵)장치 부착의 샌더나 파일을 사용하여 먼지나 퍼티 분말의 흩날림을 최대한 줄인다.

구도막의 표면 조성

프라이머 서페이서를 연마하고 주변의 도막에 표면을 만드는 방법은 다음과 같다.

보수도장의 표면 조성

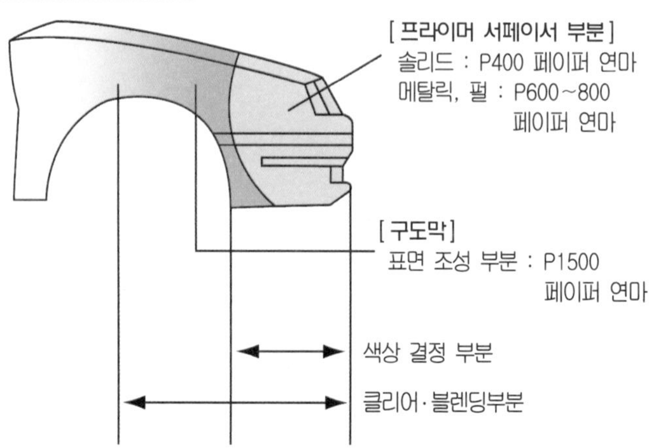

메탈릭, 펄 도장
클리어 블록 도장의 표면 조성

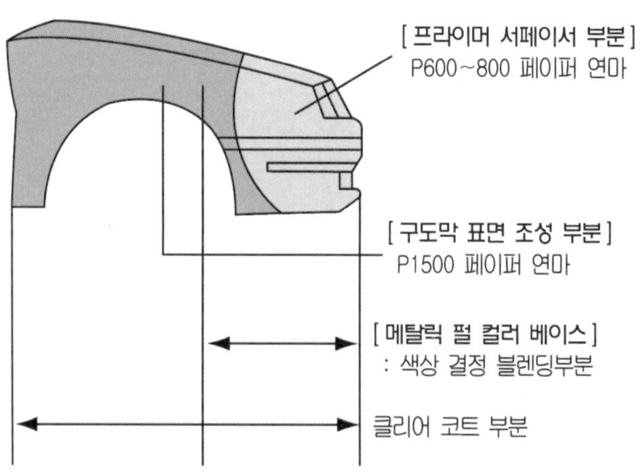

PHOTO 표면 조성의 범위

패널 교환 인접 패널 도장 표면 조성

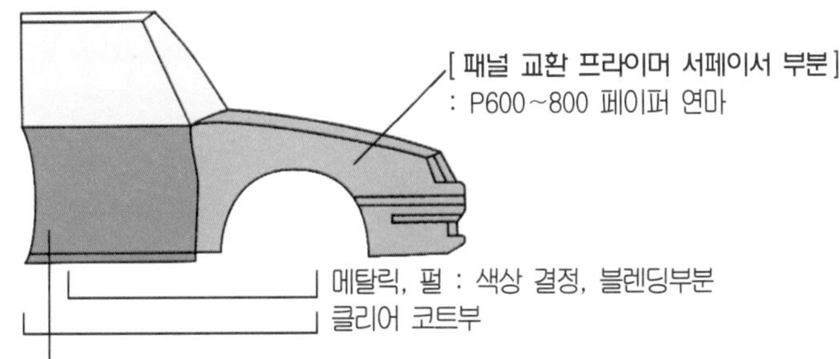

솔리드 블록 패널 도장 표면 조성

[구도막 표면 조성 연마부분]
: P400~600 페이퍼 연마

[프라이머 서페이서 부분]
: P400 페이퍼 연마

[솔리드]
: 블록 색상 결정부분

쿼터 패널 판금 또는 교환시의 표면 조성 (메탈릭, 펄 등)

[표면 조성 연마부분]
: P1500 페이퍼 연마

[프라이머 서페이서 부분]
: P600~800 페이퍼 연마

도어 인접 패널 블록 표면조성 연마 : P1500페이퍼 연마

PHOTO 표면 조성의 범위

1. 콤파운드 표면 만들기

래커계 도료가 주류였던 시대의 방법으로 거친 입자의 콤파운드로 연마하여 표면 조정을 한다. 손연마의 경우에는 걸레에 콤파운드를 묻혀서 강하게 문질러 도막 면에 연마 상처를 만든다. 폴리셔를 사용할 때는 타월 버프에 콤파운드를 묻혀서 도막 면을 문질러 연마 상처를 만든다. 전용의 표면 조정 콤파운드도 있다(오일리스 표면 조정용 콤파운드).

2. 내수 페이퍼 습식연마

프라이머 서페이서 연마 종료 후 계속해서 구도막을 P1500~2000의 페이퍼로 표면 조성을 한다. 솔리드 컬러의 흑색이나 진한 진남색일 경우에는 연마자국이 생기기 어려운 P2000의 페이퍼가 적합하다.

3. 부직포 연마재 표면 만들기

물에 젖은 나일론 부직포 연마재 #1500에 표면 조정용 연마제를 소량 묻혀서 도막 면을 연마한다.

부직포 연마재는 손에 잡기 쉽고 간단히 표면 조정을 할 수 있다.

페이퍼에 의한 연마보다도 상처가 얕아진다.

표면 조성용 연마제에는 전용 타입도 있으나 주방용 크린제가 손쉽고 사용하기 쉽다.

오염 제거, 왁스, 실리콘이나 유지분 제거의 역할을 하므로 표면 조정 효과는 페이퍼 연마보다 높다. 또 블렌딩(fade out, spray out)부분에서 도장 표면을 같게 하고 싶을 때(구도막의 도장 표면을 남겨서 블렌딩 도장에 의해 같은 도장 표면으로 한다)는 가장 효과 있는 방법이라 할 수 있다.

이 때 부직포 연마재의 번호는 #3000이 적합하며 연마 후에는 깨끗한 물로 충분히 세척하여 물기를 제거하고 건조시킨다.

PHOTO 나일론 부직포 연마제에 의한 표면 만들기

6. 조색작업

6. 조색작업

조색(색상의 배합)은 보수 도장 공정중에서도 시간이 걸리고 숙련된 기능을 요구하는 어려운 작업의 하나이다.

도장 기술자의 경험에 의한 눈과 감각에 의존한 조색으로부터 컴퓨터 조색 시스템을 사용하는 방법으로 변천하였지만 최종적인 결론은 도장 기술자에 의한 미조색(微調色)이 불가결하다.

01 색의 성질

1. 태양 광선과 색

색이란 빛이 물체에 닿아서 되돌아오는 반사광이 눈에 들어왔을 때 느끼는 것이다.

태양 광선을 프리즘을 통하여 보면 적색, 오렌지색, 황색, 녹색, 청색, 보라색 등 무지개색으로 분해된다. 이 가시광선의 파장 폭은 780～380nm(나노미터)이다.

적색보다 긴 파장은 적외선이며 보라색보다 짧은 파장은 자외선이고 이 자외선이 도막의 열화(劣化)나 변퇴색의 원인이 된다. 또한 이러한 적외선과 자외선은 태양광선에 포함되지만 인간의 눈으로는 볼 수가 없다.

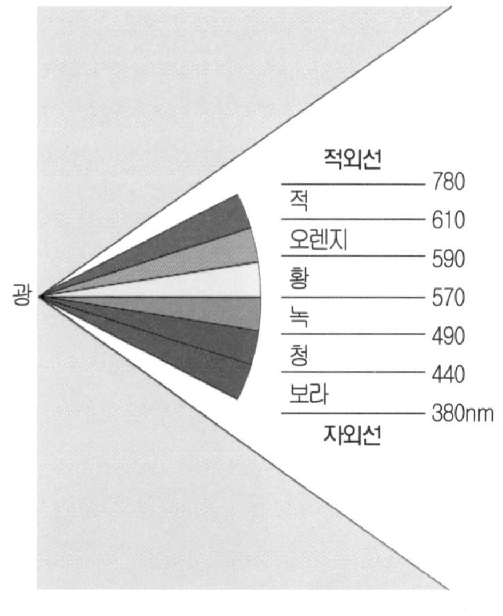

PHOTO 광의 파장과 색

2. 유채색과 무채색

적색, 오렌지색, 황색 등과 같이 색에 뜻이 있는 것을 '**유채색**', 백색, 회색, 흑색과 같이 색의 뜻이 없는 것을 '**무채색**'이라고 한다.

이를테면 컬러와 흑백의 차이와 같은 것이다.

3. 색의 3속성

명도, 색상, 채도의 3가지 속성(屬性)으로 색을 판단한다.

① **명도**(明渡) – 밝고 어두움의 정도

② **색상**(色相) – 색 자체가 갖는 고유의 특성

③ **채도**(彩度) – 색의 선명한 정도

또 앞에 유채색, 무채색의 구별에서 무채색은 명도만 있을 뿐 색상과 채도는 없다.

4. 색의 표시

먼셀 색입체, 먼셀 색상환, 먼셀 기호로 표시된다(미국의 '먼셀'이란 사람이 고안한 것임).

색입체(色立體은)는 천지 중앙에 명도의 축을 두고 각각의 주위에 색상을 배열한 다음 중앙에서부터 밖으로 채도를 표현한 것을 말한다.

명도(明度)는 흑(黑)을 0으로 하고 백(白)을 10으로 하여 10등분한다.

이 입체적 위치로 색의 숫자와 알파벳의 조합으로 색상, 명도, 채도의 순으로 표현한다.

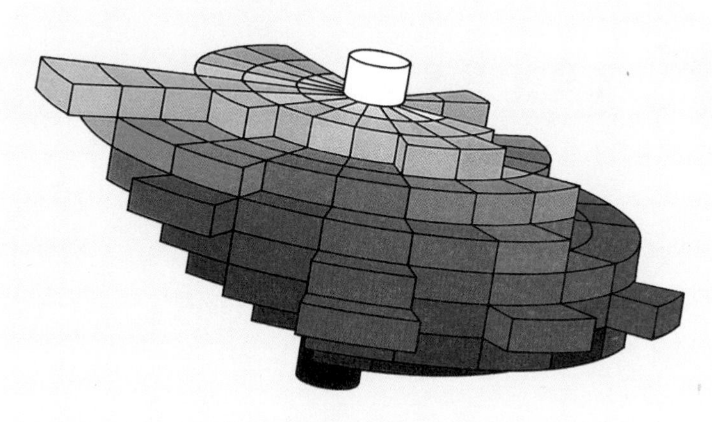

PHOTO 색입체

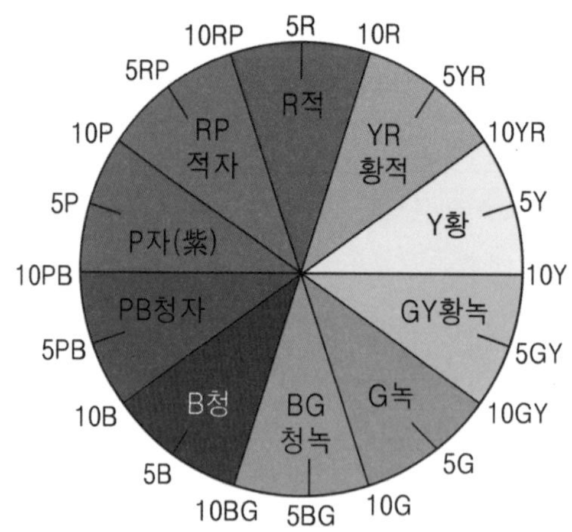

PHOTO 먼셀 색상환

색상환(色相環)은 적(R), 황적(YR), 황(Y), 황녹(YG), 녹(G), 청녹(BG), 청(B), 청자(PG), 자(P), 적자(RP) 10색상을 순서대로 둥근 형태로 배치한 것을 말하며, 각각을 10등분하여 전체를 100으로 구분한다. 예를 들면 먼셀 기호로 5R은 적(赤)의 중심이며 4R이라고 하면 자색(紫色)이 조금 가해지고, 6R은 황색이 조금 가해진 정도를 말한다.

이 색상환에서 마주보고 있는 색을 보색(補色)이라고 한다. 예를 들면 적(赤)의 보색은 청록이 되며 2가지 색을 혼합하면 무채색으로 된다.

건축 도장 등에서는 이와 같은 먼셀 기호의 색견본을 첨부해서 조색 지시를 할 때도 있다.

02 조색의 목적

1. 목 적

도장하는 차의 보디 컬러와 같은 색을 조색하기 위해 각 원색을 혼합하여 필요량을 만든다. 부분 보수의 경우에는 보디의 색에 맞도록 조색하여 전체도장이나 색 교체의 경우에는 고객의 선호에 따라 색상을 만든다.

2. 이 유

신차의 보디 컬러와 같은 색의 보수용 도료는 일반적으로 시판되고 있지 않다. 있다 하더라도 정확치 않으며 간혹 조색의 어려운 색이 패키지 컬러로 나오고 있는 정도이다. 차종별, 도색별로 모든 컬러를 준비하는 데는 매우 방대한 양이 되며 가격도 비싸지기 때문에 불가능하다. 또 같은 도색이라도 제조 공장의 차이와 사용 상태 등의 요인으로부터 자동차마다 약간의 미묘한 색상의 차이가 있으며 정확하게 맞는 도료를 공급하는 것은 거의 불가능하다.

이와같은 이유로 조색을 '색상의 배합' 이라고도 한다.

03 조색의 수단

색을 배합하는 수단에는 목측(目測 : 육안계량), 데이터 계량, CCM의 3가지가 있다.

1. 목 측

숙련된 기술자는 색상을 보기만 하더라도 최적의 원색을 골라서 그의 양을 생각하며 맞춘다. 이는 감각과 경험에 의한 수조색(手調色 ; 손으로 만든 색상)의 세계이다. 그러나 간단한 솔리드 도색은 가능하지만 펄이나 메탈릭 등 새로운 안료가 들어가는 조색을 맞추는 것은 매우 어렵다.

2. 배합 데이터 계량

도색 코드(색 번호)를 알고 오토 컬러 등으로 도료 메이커의 배합 데이터를 조사하여 데이터에 의한 계량기로 원색을 계량하는 방법이다. 이 또한 정확하게 배합한다 하더라도 자동차에 따라서 다소 차이가 있으므로 미조색을 필요로 한다.

계량 방식에는 무게 또는 체적의 계량 방법에 따라 중량식(重量式)과 용량식(容量式)이 있다. 예전에는 용량식을 사용하였으나 근래에는 디지털 계량기를 이용하는 중량식이 주로 사용된다. 디지털 계량기에는 디지털 표시의 계산 기능을 갖추고 있으며 배합 데이터는 도료 메이커에 따라 100% 또는 1,000g의 비율로 하고 있다. 중량 적산(積算式)에서는 1,000ml로 표시되어 이것을 기초로 하여 조합한다.

3. CCM

CCM이란 'Computer Color Matching' 의 약자이다.

컴퓨터에 원색 특성의 데이터를 입력해 놓고 필요한 도색 견본을 측색기(測色機)로 측정하여 그것에 따라서 자동적으로 원색을 선정하고 그의 양을 계산한 다음 도료통의 밸브를 개폐, 계량까지 자동화하여 조합된 도료가 나오는 시스템이다.

현재 건축용으로는 실용화되어 있으나 자동차 보수용으로는 아직 없다. 정밀도가 높은 조색 배합이 요구되어 원색의 종류도 많으며, 매년 많은 새로운 색상이 나오고 있는 상태에서는 이와같이 완전 자동화는 곤란하다. 따라서 배합 데이터의 계산에 따라 측색, 조색 컴퓨터 시스템이 사용되고 있다.

04 광원과 색상의 비교

조색한 도료가 실제의 도색에 맞는가 여부를 확인하기 위해서 시험 도료판에 바른 다음 실차와 모든 광원에서 색상의 비교를 할 필요가 있다.

1. 광 원

광원(光源)에는 태양, 형광등, 백열전등, 수은등 등이 있으며 이들의 광원에 의해서 색의 배합은 다소 다르게 보인다. 차는 그와 같은 여러 가지 광원 밑에서 주행하는 것이므로 보수에 있어서도 될 수 있는 한 여러 가지 광원에서 색상의 비교를 할 필요가 있다.

일반적으로는 공장 내의 형광등, 표준 광원, 적외선 램프와 태양광으로 확인한다. 다만, 태양광이라도 아침부터 저녁까지의 시간에 따라서 또는 직사광선이나 그늘에서는 파장 분포가 달라지므로 주의가 필요하다. 또한 펄을 비롯하여 특수한 안료를 사용한 도색은 번뜩이는 감이나 조색을 태양광선 아래에서도 확인할 필요가 있다.

2. 색상의 비교

색상의 비교는 주로 육안으로 비교한다. 개인의 판별 능력에는 차이가 있으나 조색하는 데는 어느 정도의 능력을 필요로 하게 된다. 측색기 등 수치화해서 색상을 비교하는 장치도 있으나 최종적으로는 사람의 눈에 의한 판단이 된다. 눈으로 보고 비교할 때는 최소한 정면, 45˚ 측면에서 확인한 후 색을 비교한다. 특히 메탈릭이나, 펄 등 특수 안료가 들어간 도색에서는 신중한 결정이 요구된다.

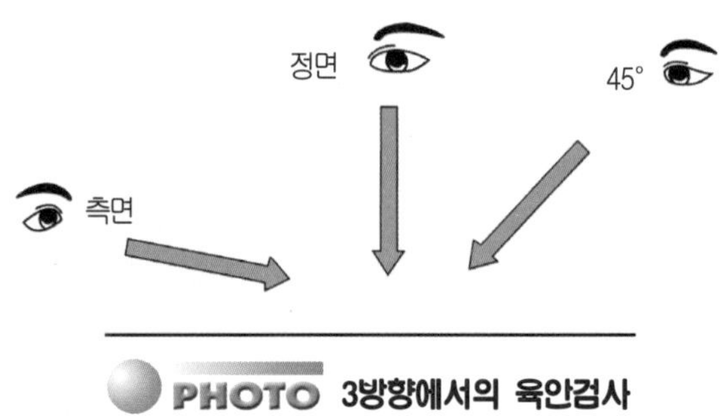

PHOTO 3방향에서의 육안검사

3. 조건 등색과 방향성

색상의 비교에 있어서 광원이나 각도를 바꾸어 보면 조색이 틀리게 보일 때가 있다.

하나의 광원에서는 맞지만 다른 광원에서 조색이 다르게 보이는 것을 '조건 등색(條件等色)'이라 한다. 조색은 같더라도 사용 원색의 선택을 잘못하면 틀려지게 되는데 배합데이터에 기재된 원색을 사용한다. 미조색도 그의 범위 내에서 하면 방지할 수가 있다.

태양광 뿐만 아니라 형광등이나 적외선 램프 등을 이용하여 색상을 비교하는 것은 그와 같은 이유 때문이다.

정면에서 보면 색상이 맞지만, 옆에서 보았을 때 색상이 달리 보이는 것을 '방향성' 또는 '플립플롭성' 이라고 한다. 메탈릭이나 펄, 일반 안료에서도 발생하지만 이것은 안료의 모양이나 크기, 투명성 등이 원인이다. 이러한 현상도 배합 데이터의 원색을 사용하므로서 기본적으로는 방지할 수 있다.

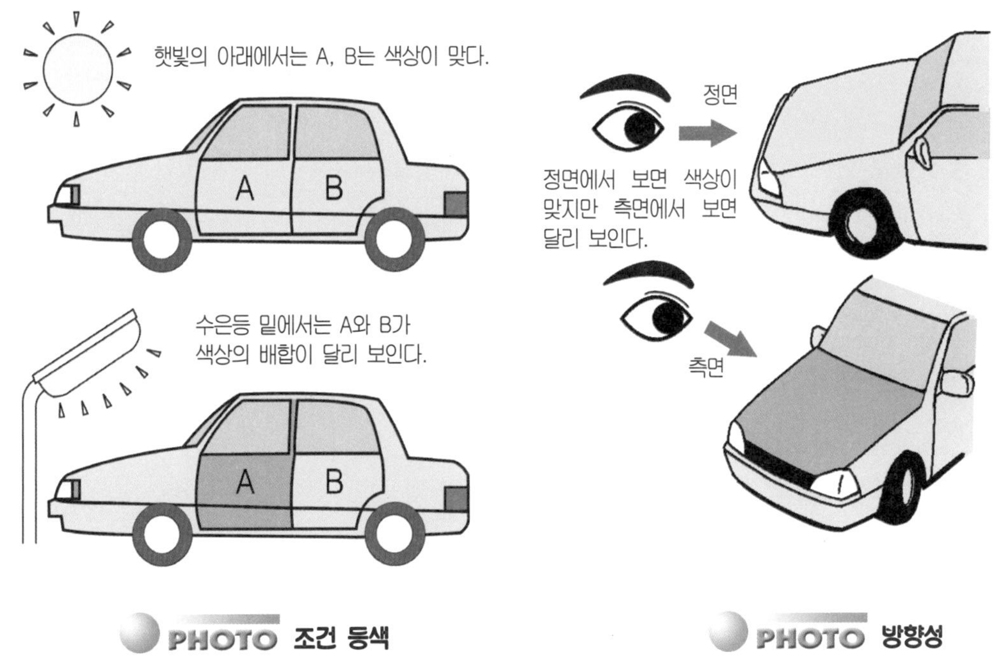

PHOTO 조건 등색

PHOTO 방향성

4. 조색 환경

조색을 하는 환경도 매우 중요하다. 도료의 조합, 시험 시편(試片)에의 도장, 실차와 색상의 비교를 쉽게 할 수 있도록 하기 위해서 이상적인 것은 맑은 날의 오후 무렵 북쪽 창으로부터 약 50cm정도 떨어진 장소의 밝기가 좋다.

① 이른 아침이나 저녁때는 피한다.

② 밝은 것이 조건이지만 하루 종일 조도(照度)가 크게 변화하지 않는 곳이 좋다.

③ 주위의 바닥과 벽의 색상은 원색이나 백색 그리고 흑색을 사용하지 말고 반사가 적은 무채색의 옅은 회색으로 한다.

④ 조색에 필요한 기기나 재료는 작업하기 쉽도록 적절히 구성한다.

⑤ 형광등은 일반적인 것이 아니라 밝은 색상(표준광원에 가까울 것)을 설치한다.

05 조색 기기

계량 조색을 하기 위해서는 전자저울, 애지테이터 커버, 믹싱 머신(자동 교반기 또는 파워 애지테이터)가 필요하다.

1. 전자 저울

조색 전용의 저울 - 용도는 조색뿐 아니라 도료의 조합(경화제, 시너를 가해서 도장할 수 있는 상태로 한다)에도 사용하며 기타 일반적인 계량도 자유로이 할 수 있다.

초기의 계량 조색 시스템은 용량식(체적으로 계측하는 타입)이 주류였으나 그 후 중량식 디지털 표시로 계산기능이 있는 전자저울이 등장하면서 최근에는 중량 타입으로 바뀌게 되었다. 동시에 3코트 펄 등의 도색이 증가하여 눈과 감각만으로는 색을 맞추는 것이 곤란하게 되었으며 또한 고난도 도색의 조색이 가능한 수준 높은 기술자의 부족도 계량 조색 시스템의 급격한 보급 이유이기도 하다.

그러나 무엇보다도 도료메이커의 조색 배합 데이터 정밀도와 전자저울의 성능 향상이 계량 조색 시스템의 보급 확대 이유 중 첫째일 것이다.

디지털 전자저울의 특징

① 디지털 숫자로 표시

② 정확한 측량이 가능하다.

③ 계산기능에 따라 필요량만큼의 도료를 계량할 수 있어 낭비가 없다.

④ 원터치로 제로(0) 표시

⑤ 0.1g 단위로 정밀도가 높은 계량이 가능하다.

전자저울에는 여러 가지 편리한 기능이 있으며, 차종마다 도색 배합 데이터가 키 하나로 호출시킬 수 있는 것과 실수로 도료를 과다하게 넣었을 때 수정 배합을 할 수 있는 것 외에 분광광도계[測色機]와 측정 데이터를 분석하는 컴퓨터와 연결하여 바로 데이터를 표시, 계량할 수 있는 것 등 사용범위가 넓다.

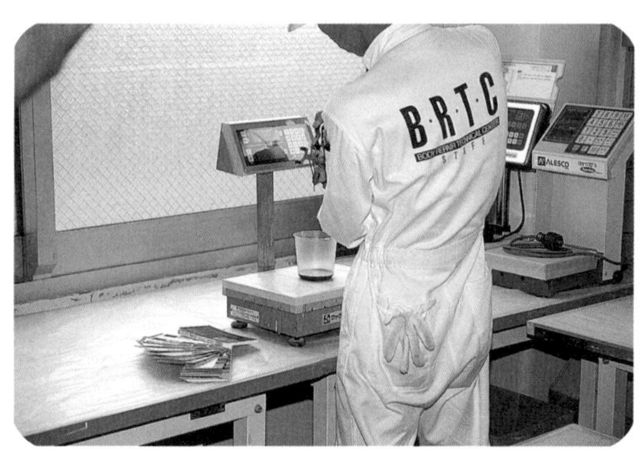

PHOTO 디지털 전자저울

교반 기구

도료는 보관하고 있는 동안 통속에서 무거운 안료는 침전되어 굳는 경우가 있다.

정확한 계량 조색을 하기 위해서는 도료를 균일한 상태로 되돌리기 위한 교반기기가 필요하다.

1. 애지테이터 커버

조색용 원색 통의 캡(뚜껑)과 교반기, 도료 토출구의 슬라이드 레버 장치가 일체로 된 것.

애지테이터 커버는 배합데이터의 수치와 정밀도가 높아질수록 그의 중요성이 증가한다.

도료 통에 꼭 맞는 사이즈로 밀봉할 수 있으며 용제의 증발을 방지한다. 도료를 토출구로부터 나오게

PHOTO 애지테이터 커버

하는 레버는 슬라이드식으로 되어 있으며 0.01g, 0.1g단위의 양을 정확하게 나오게 할 수 있는 것도 매우 중요하다.

사용 후에는 토출구의 도료를 걸레로 깨끗이 닦아내고 언제라도 레버가 정 위치로 움직일 수 있게 하는 것이 중요하다.

2. 믹싱 머신

애지테이터 커버가 붙은 도료 통을 진열대에 수납하여 커버의 교반용 핸들을 전동 모터로 회전시켜서 도료를 교반하고 균일한 상태로 하는 장치.

PHOTO 믹싱 머신

도료 통 속의 날개가 회전함으로써 도료가 통속에서 움직여 균일하게 된다. 교반기는 한 번에 50통 이상도 장착할 수 있는 대형과 15통 정도 장착할 수 있는 소형까지 몇 가지 타입이 있다. 교반기의 애지테이터 장착 부분은 체인형과 프로펠러형이 있으며, 교반 기능상의 특별한 문제는 없으므로 제조회사의 조색작업상 적합한 것을 선택하여 사용하면 좋다.

또 일반적으로 수용성 도료의 경우 교반기는 수용성 전용 캔을 사용하여 교반기에 장착하여 사용한다.

조색 배합 데이터

계량 조색은 배합 데이터에 따른다.

각 도료 메이커가 자동차 메이커 고유의 도색 코드와 색상명, 종이 또는 플라스틱에 칠한 표준색 견본과 배합 데이터를 수록한 견본 책을 발행하고 있다.

1. 100% 중량비율		2. 100g/1000g중량		3. g가산 1000ml		4. ml가산 1000ml	
화이트	95.5	화이트	95.5	화이트	955	화이트	967
오카(황색 안료)	2.5	오카(황색 안료)	2.5	오카(황색 안료)	973	오카(황색 안료)	987
짙은 블랙	2.0	짙은 블랙	2.0	짙은 블랙	985(g)	짙은 블랙	1,000
	%		g		1,000ml		1,000ml

▲ 데이터 기재방식의 차이

1. 데이터 기재 방식과 종류

각종 색 견본책의 배합 데이터 표기 방법은 도료 메이커와 그에 기재되어 있는 매체에 따라 다르다.

① **중량 = 100% 비율**

중량 백분율(모두를 합치면 100이 된다)로 나타내는 방법.

② **중량 = 100g 또는 1,000g**

여러 가지 모양으로 입수할 수 있는 것이 이 방식이다.

단위는 g과 %로 다를 수 있으나 내용은 1과 같다.

1,000g의 경우는 4자리가 되지만 백분율에서는 소수점 이하 2자리까지의 기준이 된다. 따라서 3자리보다는 4자리 표기의 경우에 정밀도가 높다. 그러나 보통 색상 배합을

보면 소수점 1자리까지 표기되어 있고, 전자저울도 소수점 1자리까지 표시된 것을 사용한다.

③ **중량 = g 가산 1,000mL**

수입품 도료 메이커에 많은 표시 방법.

중량식의 계량기로서 원색을 차례로 지정 수치까지 첨가하여 넣는 방법이다.

④ **용량 = mL 가산 1,000mL**

수입품 도료 메이커에 널리 사용하는 표시 방법으로서 계량기는 용량식을 사용하여 가산하는 방법이다.

2. 데이터 기재 매체

도료용 표준 색견본

자동차 보수에 관련된 도료메이커 각사가 도료공업회에서 새로운 색상을 정리하여 매년 발행하는 것.

도료 전용의 색 견본서의 배합 데이터는 각사마다 내용이 다르게 되어 있으며 각각의 상품별 배합데이터가 기재되어 있다.

PHOTO 조색 데이터 북

앨 범

컬러 맵이라고 하는 것으로부터 실차(현차) 컬러 시스템까지 여러 가지가 있다.

① **컬러 맵**

색 견본을 집대성한 것으로서 외국계 도료 메이커에 많다.

도색 데이터가 분명치 않을 경우 실차의 도색에 가까운 견본을 찾아서 그의 배합을 바탕으로 하여 미조색을 할 수가 있다.

② **실차 컬러 시스템**

하나의 도색 코드에 대하여 표준배합 이외에 실차(현차)에 맞춘 바리에이션(variation) 배합을 견본색과 더불어 앨범 형식 또는 링형식으로 만들고 자동차 메이커별로 정리한 것.

마이크로 필름

외국계 도료 메이커에서는 예전부터 배합 데이터를 기재한 마이크로 필름을 공급하고 있는 곳이 많다. 이것을 마이크로 피슈 리더(뷰어)로 확대하여 배합 데이터를 본다.

도색 코드로 검색하며 색 견본은 붙어 있으나 견본 책하고 세트로 되어 있다.

전자매체

컴퓨터 조색 시스템이나 디지털 전자저울 등 여러 가지 전자기기로 데이터를 검색하는 경우 플로피 디스크, CD-ROM, IC카드 등이 배합 데이터의 기억 매체로서 이용되며 실제로 최신 데이터의 공급매체로도 되어있다. 물론 퍼스컴 등이 없으면 볼 수가 없다.

3. 공급 방법

새로운 색상이 나오면 각 도료 메이커는 배합 데이터를 작성, 정기적으로 메일(mail) 또는 도료 판매점을 통하여 차체수리공장에 최신 정보로 보낸다.

① **신색 메일 서비스**

도료 메이커가 차체수리공장에 연회비를 받아서 조색 데이터 정보를 정기적으로 송부하는 시스템이다.

② **전화, 휴대용 단말기**

도료 메이커의 배합 데이터를 전화나 휴대단말기를 이용하여 인출하는 시스템.

③ **FAX**

팩시밀리로 문의하여 도료 메이커가 지닌 배합 데이터를 자동으로 수신되는 시스템.

④ **인터넷**

인터넷으로 도료 메이커의 홈페이지에 기재된 배합 데이터를 볼 수 있다.

컴퓨터 측색, 조색 시스템

측색(測色)을 위한 색차계(色差計) 또는 분광(分光) 광도계와 데이터를 분석하기 위한 컴퓨터 또는 내장형 디지털 전자저울을 조합시킨 것이 컴퓨터 측색·조색 시스템이다.

실차를 측색한 데이터와 도색 데이터와의 비교로 미조색 배합 데이터를 나타낸 것. 또는 도색(塗色) 데이터 없이 측색한 결과로부터 독자적으로 배합 데이터를 계산하여 나타내는 타입도 있다.

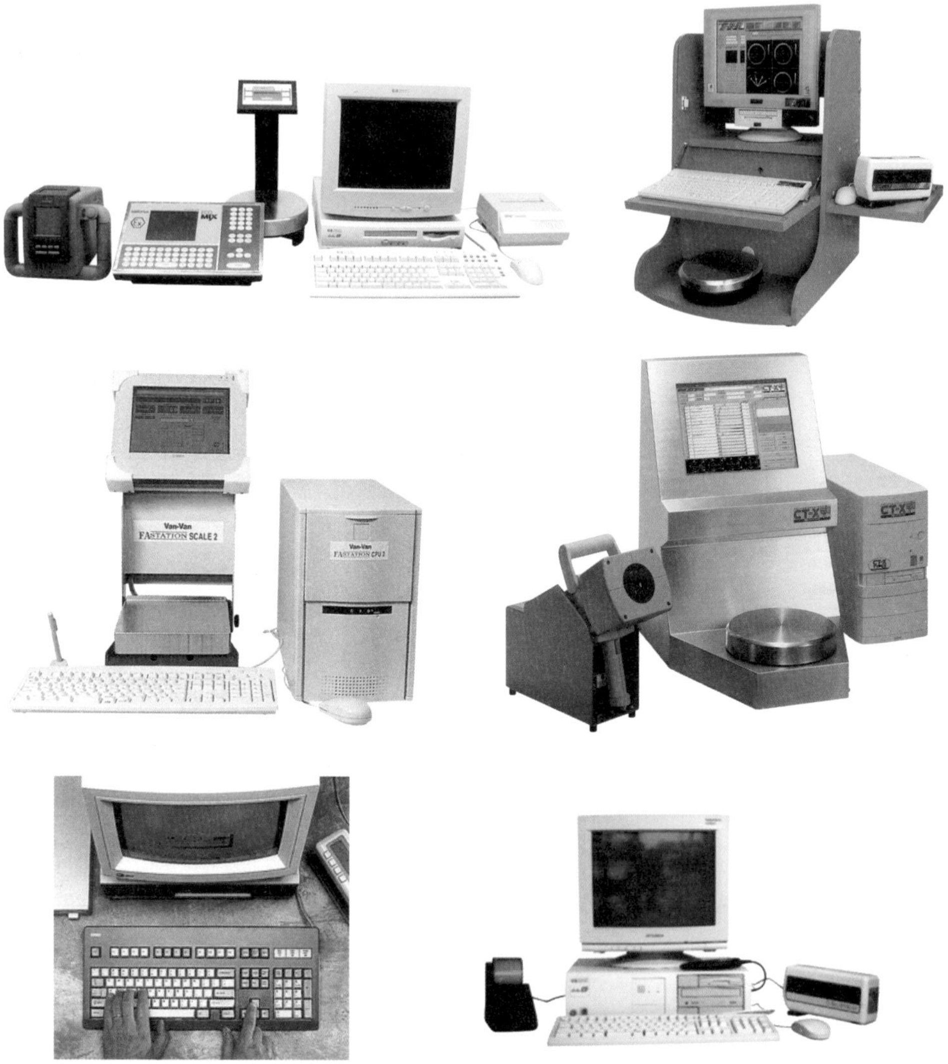

PHOTO 컴퓨터 측색·조색 시스템

자동차의 실제 색상을 측정하고 그 결과를 분석하여 배합 데이터를 제시, 조색한 결과를 또다시 측정한 다음 실차 도색과 비교 분석한다. 그리고 그 차이로부터 미조색 데이터를 나타내는 것을 반복하므로써 희망하는 색상을 얻을 수 있다.

시험시편 관련기구

목측 조색, 계량 조색, 컴퓨터 조색의 방법 중 어느 하나의 방법을 선택하여 조합한 도료가 실차의 도색에 맞는가의 여부는 시험 시편(試片)에 실제 작업과 같은 방법으로 분무하여 건조시켜 비교할 필요가 있다.

1. 시험 시편

시편, 테스트 피스 등으로 불려지는 것.

재질은 종이, 고무판, 철판, 알루미늄 판 등 여러 가지 종류가 있다.

① 종이제품

종이의 표면은 특수 가공되어 있으므로 도료를 분무하여도 색상의 흡수가 없다. 또한 일반적으로 백색으로 사용한다.

제품에 따라서는 프라이머 서페이서를 도장한 것이나 트리머의 상태를 판단할 수 있도록 시편의 1/2을 흑색으로 발라 놓은 것 등 여러 가지가 있다.

사이즈는 평균 120×200mm 전후로서 모양은 4각이며, 각자의 취향에 따라 구분하여 사용하면 편리하다.

② 철판제, 알루미늄판제

두께 0.4mm정도의 얇은 강판이나 알루미늄 합금판을 적당한 크기로 잘라낸 것.

50×150mm정도부터 300mm까지 사이즈는 여러 가지이다.

사용 후에는 세정용 시너에 담궈서 도료를 닦아내면 여러 번 사용할 수 있다.

본인이 맞춘 조색 데이터의 보존용 견본판으로 남길 수도 있다.

③ 고무, 수지제 자석 시트

표면을 특수 가공(pp코트)한 고무 또는 수지제 시트로서 뒷면은 자석으로 되어 있다. 도장 건조 후에 보디 패널에 딱 붙여서 도색을 비교할 수 있고 곡면에도 사용할 수 있으므로 색상의 판정이 쉽다. 사용 후에는 떼어내서 여러 번 다시 쓸 수도 있고 둥근 것이나 구멍이 뚫린 것 등 여러 가지 종류와 모양이 있다.

2. 시편용 도장 부스

작은 면적의 시편에 도장하는 경우에도 도료 미스트는 비산되므로 작업자의 안전위생이나 환경 보전면에서 국소(局所) 배기장치가 필요하다.

PHOTO 시험 시편용 부스

도장 부스와 마찬가지로 수세식과 건식 필터 타입이 있으며 부스 내에 공기가 흐르는 쪽으로 시편을 놓고 도장한다.

3. 시편용 건조기

도장한 시험 건조판을 강제 건조시키는 부스로서 적외선 전구, 원적외선 히터가 한개 내지 여러 개 달린 상자형이며 작업성 향상에 효과를 올린다.

조색 난이도가 높은 3코트 펄이나 메탈릭 도장의 경우 컬러 베이스, 펄베이스, 클리어와 겹쳐 도장하여야 하므로 시편 한 장이라도 시간이 걸린다. 시편의 강제 건조기는 조색 작업시간 단축에도 이익이다.

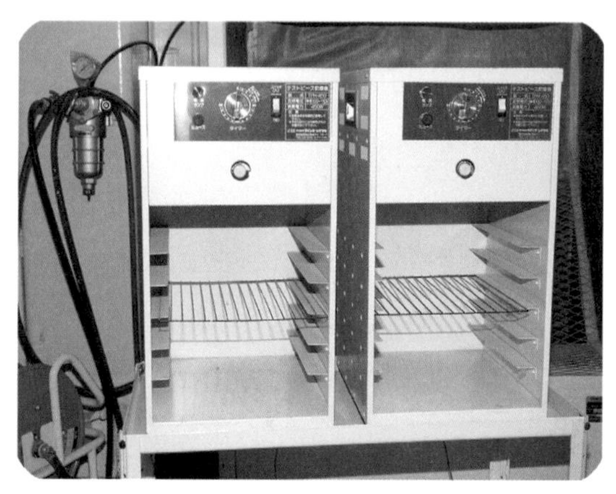

PHOTO 시편용 건조기

표준 광원

신차(新車)의 도장에서 솔리드 컬러는 적고 대부분 메탈릭, 2코트 펄, 3코트 펄 색이 주로 많다. 메탈릭계 컬러의 경우에는 각종 알루미늄 안료, 2코트, 3코트, 펄 색의 경우에는 각종 메이커 안료, 기타 특수 안료를 사용한 도색도 많다. 이러한 안료 원색을 사용해서 조색 분류하여 색상을 비교할 때 입자지름의 크기, 배열 상태, 광휘성(光輝性), 펄의 양이나 깊이, 반사 정도 등을 볼 때 빛에 비추어 보지 않고는 알 수 없다.

태양광에 비추어보는 것이 가장 보기 쉽고 알기 쉽지만 작업 장소의 관계로 실내이거나 색상의 비교가 되지 않는 흐린 날, 우천시 그리고 야간에 색상을 비교할 수 없을 때 중요한 것은 태양광선에 가까운 빛을 내는 것이 표준 광원이다.

기준으로는 연출평가수(演出評價數), 방사파장영역(放射波長領域), 색상온도의 수치가 태양광에 가까운 것이 조건이다. 연색성(演色性)이란 조명이 되는 광원이 변하면 사물의 색이 보이는 방법도 달라지는 것을 말한다.

100이 태양광, 방사파장영역이란 가시광선의 범위가 태양광에 비슷한 파장역으로 되어 있는 것이 요구된다. 색상온도란 빛의 색을 나타내는 지표로서 태양광은 5,500~10,000K(캘빈)이다. 날씨나 빛의 강약에 따라 변화한다.

표준 광원에는 연색성이 높은 형광등과 할로겐 램프, 메탈 할라이드 램프, 키세로 램프 등이 있다. 형광등 타입은 도장 작업장, 조색 작업장 조명에 전체적으로 사용된다. 램프식 이동형 타입은 스탠드형이 많으며 그 광(불)으로 시편과 실차의 색상을 비교한다. 인공적인 광(光)으로부터의 색상 비교 판단은 익숙하지 않으면 동일한 색상을 얻을 수 없다.

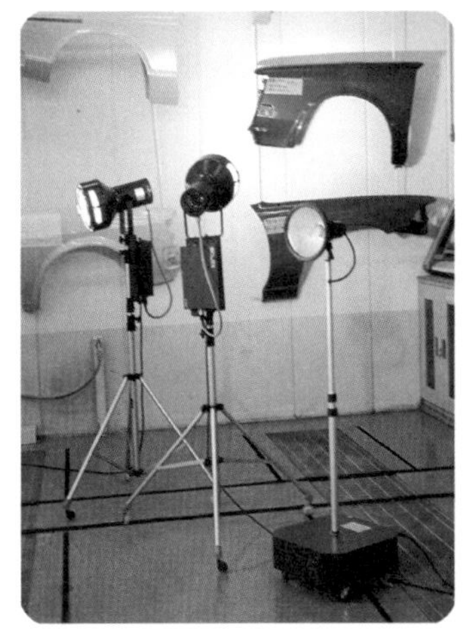

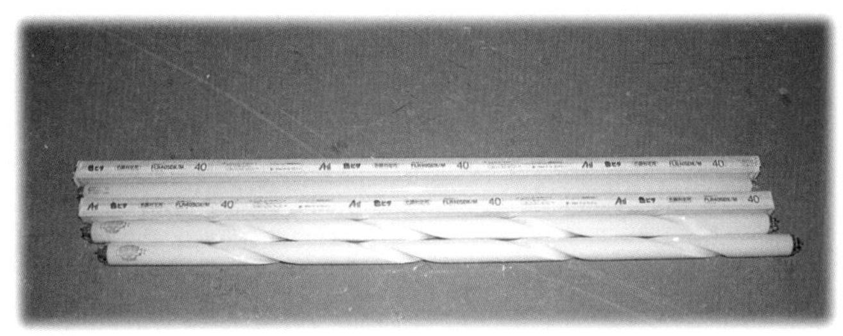

PHOTO 표준 광원

관련 용품

1. 조색용 용기(조색 컵)

도료의 조색과 배합에 사용한다.

1회용 타입으로서는 종이제품, PP제품이 있고 용량으로는 100, 150, 200, 300, 500cc, 1, 2, 3, 4, 5ℓ 등의 각종 사이즈가 있다.

PP제품의 튼튼한 용기나 금속제의 용기는 닦아내면 여러 번 사용할 수 있다.

용량도 1, 2, 4ℓ 등 많은 사이즈가 있으며 눈금 부착 PP컵이나 보존성을 고려한 뚜껑이 있는 타입 등 많은 종류가 용도에 따라 사용되고 있다.

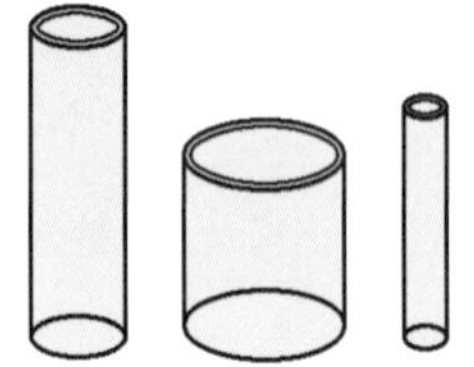

용량식·중량식 전자저울에 사용하는 용기

중량식 전자저울에 사용되는 용기

조리형 금속망

PHOTO 조색 용품

2. 교반 막대

도료를 교반하기 위해서 사용하는 것으로서 나무제품은 도료컵에 도료나 시너를 집어 넣고 교반하더라도 소리가 나지 않고 컵에 상처를 입히지 않는 장점이 있다.

자루가 달린 금속 교반 막대는 자루 끝에 금속제가 부착되어 뚜껑을 여는 구조로 되어 있으며 교반하는 금속에는 눈금이 있어서 도료, 경화제, 시너가 용량비로 배합할 수 있기 때문에 편리하다.

눈금이 부착된 플라스틱제품의 교반 막대(교반용)도 있다.

3. 페인트 필터

조색·배합한 도료를 도료 컵에 집어 넣을 때 사용한다.

도료 내에 이물질이 있으면 분무 도면(塗面)에 부착된 이물질은 도막의 결함 원인이 된다. 그러므로 도료의 여과는 필수 작업이다.

① 필터(여과지)

얇은 종이를 깔때기 모양으로 만들고 하단부에 미세한 그물망을 설치하여 조색된 도료의 미세한 불순물을 여과할 수 있도록 만든 일종의 필터지로서 구멍의 크기는 100메시 전후이며 일회용이다.

메시는 사방 1인치(24.5mm)내에 있는 구멍의 수를 나타내는 숫자로서 수치가 클수록 그물망은 조밀하다.

② 쇠그물 조리형 금속망

금속망으로 된 필터. 금속망 메시는 150~400 사이즈가 있으며 시너로 세척하여 여러 번 사용할 수 있다.

여과지를 얹어서 필터링 작업을 더욱 미세하게 할 수 있다.

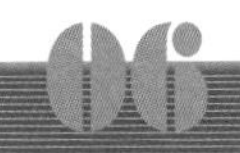

06 원색의 종류와 특성

안료의 종류

안료(顔料)를 구성하는 성분은 수지, 안료, 용제, 각종 첨가제로 구성되지만 색과 관련된 것은 안료이다. 안료가 들어 있지 않는 도료는 투명한 클리너다.

안료에도 여러 종류가 있는데 착색 안료와 기능성 안료의 체질안료나 방청안료 등으로 나누어진다. 착색 안료는 색채와 은폐력을 주는 것으로서 무기안료와 유기안료로 구분된다.

체질안료는 두께형성과 연마성을 주는 것으로서 하지도료에 사용되며, 방청도료 또한 녹의 발생을 방지하는 역할로서 하지도료로 사용된다.

안료는 염료와 달리 크기의 대소가 있는 알갱이로 되어 있다. 따라서 염료는 용해되지만 안료는 용해되지 않고 도료중에 분산(分散)된 상태로 되어 있다.

1. 무기 안료

천연 광물이나 금속 산화물로서 일반적으로 체질 안료, 백색 안료, 펄 안료가 여기에 속하고 색상은 선명하지 않지만 착색력, 부착성, 연마성을 향상시키는 경향이 있다. 유기 안료에 비해 무겁다.

2. 유기 안료

유기 안료는 물에 용해되지 않는 극히 작은 입자로서 색을 나타내는데 염료는 물에 용해되는 것과 비교하면 확실히 구분된다. 도료에서는 수지와 혼합하여 균일하게 분산시켜 색을 나타내고 자외선 등에 색상이 변하지 않아야 한다.

3. 메탈릭

알루미늄의 분말로서 빛을 반사하고 금속감(金屬感)을 준다. 메탈릭은 일반, 화이트, 광채 3가지로 크게 분류할 수 있으며, 각각 사이즈가 다른 베이스로 되어 있다.

알루미늄에 수지 외에 안료를 얇게 코팅한 착색 메탈릭도 있다. 색은 녹색, 골드, 청록색 등이 있다.

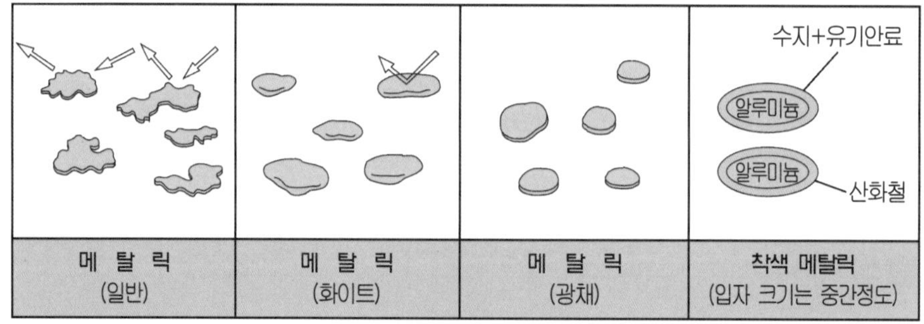

- 알루미늄의 크기는 극히 조밀한 것, 조밀한 것, 중간 것, 가는 것, 극히 가는 것 등의 종류가 있다.
- 도료 메이커에 따라 원색명은 다르지만 화이트계통에는 화이트, 스노, 하이, 메이크업, 샤인 등이 있고 광채계통에는 선, 스타, 스파크, 스파클, 블라이트 등의 명칭이 붙어 있다.

PHOTO 메탈릭 안료의 종류

4. 펄 마이카

기본적으로는 운모(마이카)에 이산화티탄으로 코팅한 것.

빛을 반사하고 투과하므로 보는 각도에 따라 진주 광택이나 홍채색 등 미묘한 색상의 빛을 나타낸다. 운모는 화강암 등에 포함되어 있는 알루미늄, 나트륨, 칼륨, 마그네슘, 철 등의 규산화합물이다.

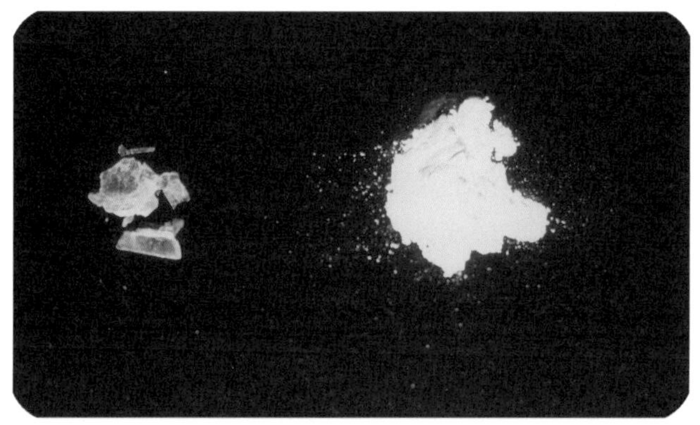

PHOTO 운모와 마이카 안료

안료에는 ① 화이트 마이카, ② 간섭 마이카, ③ 착색 마이카, ④ 은색 마이카가 있다.

화이트 마이카는 반투명으로서 은폐력이 약하고 입자의 크기에도 대소(大小)가 있다. 입자가 크면 메탈릭처럼 번쩍거리는 광택을 발하고, 작으면 실크처럼 부드러운 광택을 나타낸다.

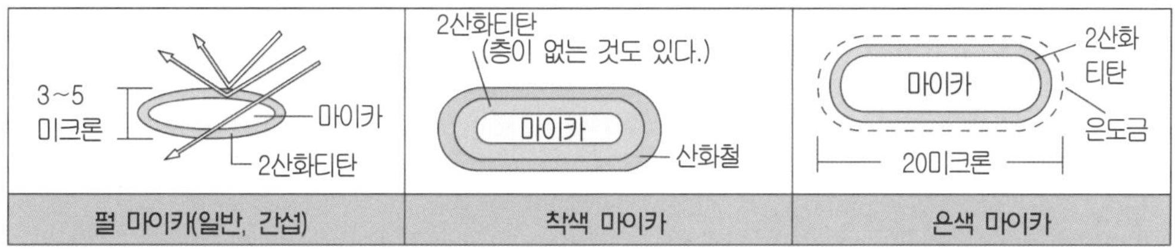

도료 메이커에 따라 다르지만 베이스명에 W 또는 화이트가 붙어 있는 것이 일반적인 타입. 그 이외의 R(레드), G(그린), B(블루) 등은 간섭이 착색 타입이다.

• **간섭 마이카의 특성**

간섭 마이카 도장은 컬러 베이스(배경색)의 반사성도 중요하다.

[2산화티탄의 도막 두께에 의한 색 변화]

2산화티탄막두께(nm)	반사광	투과망
100~150	은	–
210	황	보라
250	적	녹
310	청	오렌지
360	녹	적

※ 산화티탄의 막두께가 두꺼울수록 긴 파장의 빛을 투과하게 된다.

PHOTO 마이카 안료의 종류

간섭 마이카는 화이트 마이카에 비해서 이산화티탄의 코팅 층이 두껍고 그 너비에 따라 색조(色調)가 변화한다.

색의 종류에는 황색, 골드, 청색, 녹색 등이 있다.

색상이 나타내는 정면(正面)의 색(투과광)과 비스듬한 색(반사광) 및 반대색(보색)이 된다.

예를 들면 황색은 각도를 바꾸어 보면 자주색으로 보이는 것으로 2가지 색성(色性)이 특성이다. 또 간섭 마이카에 또다시 유기 안료를 흡착시키면 정면은 간섭광, 투명광은 안료색을 반짝이게 하는 플립플롭성(flip-flop)이 강한 것도 있다.

착색 마이카는 융화가 잘되는 채색(彩色)의 마이카로서 적색이나 갈색으로 알려져 있다. 이산화티탄 위에 산화철(적색의 안료)을 코팅한 것은 은폐력이 있다.

은색 마이카는 이산화티탄 위에 은을 도금한 것으로서 실버의 금속감을 지닌 마이카 안료이다.

5. MIO

MIO란 'Micaceoustron Oxide'의 머리글자를 딴 것이다. 특징으로는

① 메탈릭에 사용하는 알루미늄 안료의 약 10배의 두께이므로 측면에서도 빛을 반사한다.

② 표면이 매끈하고 빛을 강하게 반사시킨다.

③ 빛이 닿으면 다이아몬드와 같이 입체적으로 강하게 빛난다.

④ 비중이 크다(침전이 쉬워 도장시에 주의가 필요).

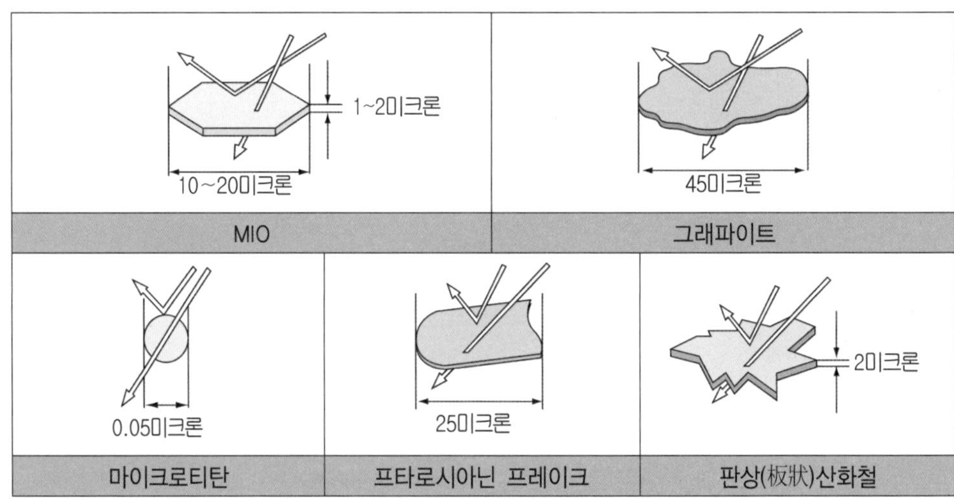

PHOTO 특수 안료의 종류

6. 결정, 미립화, 프레이크(flake) 안료

일반 착색 안료와 성분은 다를 바 없지만 결정화(結晶化)한 것보다 작은 것 또한 얇은 조각의 형상으로서 종래와는 다른 색상을 나타낸다.

① 그래파이트

흑색 안료인 카본 프레이크의 결정체로서 일반 흑색계 안료보다 약 5배가 큰 판(板)모양으로 광택이 있고 어두운 회색을 나타낸다. 끝은 좋지 않다.

② 마이크로티탄

백색 안료인 이산화티탄의 미립자 타입으로서 일반 백색 안료의 1/10정도 크기로 되어있다. 일반 백색 안료라면 빛은 통과하지 않으나 마이크로티탄은 반투명 백색으로서 마이카와 같이 정면에서는 황색으로 보이고 측면에서는 청색처럼 2가지 색성을 갖는다. 이 때문에 '오팔(컬러베이스)'이라고도 부르며 은폐성은 나쁘다.

③ 프타로시아닌 프레이크

청색의 안료인 프타로시아닌을 결정화하여 프레이크 모양으로 만든 것.

반투명으로 정면에서는 브론즈(적황)로 보이고, 측면에서는 청색이라는 2가지 색성이 있다.

④ 판모양 산화철

적색 안료인 산화철(iron-oxides)을 주성분으로 얇은 조각 모양으로 만든 것.

두께가 얇고 빛의 투과성이 있어서 정면(正面)에서는 펄의 느낌을, 측면에서는 적색과 같이 2가지 색성을 느낀다.

원색의 특성

조색(調色)은 여러 종류의 원색을 혼합해서 구하고자 하는 색을 얻는 작업이다.

원색은 각각의 적성이나 특색이 있는데 이것을 각각의 원색 특성이라고 한다.

따라서 원색의 특성을 알아두면 조색시 매우 편리하고 실수하는 일이 없을 것이다. 예를 들어 미조색하는 경우, 같은 계열의 색이지만 사용해서는 안되는 색이 있으므로 잘못 혼합할 경우 원하고자 하는 색의 정반대색을 만들게 되는 경우가 발생하여 재작업을 하는 경우가 있다.

1. 특성을 나타내는 용어

도료 메이커에서는 원색 특성표를 반드시 준비하고 있으며 그 특성은 다음과 같은 항목으로 표현되고 있다.

① 색받침

원색 그 자체는 상당히 짙은 것도 있어서 언뜻 보았을 때 그 색을 알 수 없는 것도 많다.

백색을 가했을 때 색조(色調)는 색발이라 말하고 솔리드 컬러의 조색에서는 원색에 백색을 혼합하였을 때 색조변화와 방향성을 알아두는 것이 전제가 된다.

② 플립플롭성

원색을 메탈릭과 혼합하였을 때 발색성(發色性)은 플립플롭 현상=방향성으로 나타낸다.

정면, 측면 45° 가로 비추어 보기의 세 가지 변화로 표현된다.

메탈릭 베이스 그 자체의 입자 크기나 광채를 발하는 방향성으로 특성이 표시된다.

③ 내후성

일부의 원색에서 내후성(耐侯性)이 나쁜 것이 있다. 퇴색이 생기기 쉬운 색은 사용시에 주의한다. 예를 들면 황납을 사용하면 원색은 흑색으로 변하는 경향이 있다.

④ 브론징

브론징(bronzing) 또는 브론즈(branze)라고 기재되어 있는 원색은 그대로 하지 말고 진한 색으로 사용하면 도막표면에 금속광택이 생긴다. 청, 녹계의 원색에 많다.

⑤ 번짐(블리드)

도장하면 구도막에 색이 위로 번져나가서 색 맞춤을 변화시키는 원색이 있다. 소방자동차의 적색이 유명하며 원색으로서는 주홍색 계통이다.

⑥ 투명성

안료의 크기로 결정된다. 투명성(透明性)은 메탈릭 도색의 조색에서 방향성(方向性)을 좌우한다.

조색작업의 순서

조색작업은 다음과 같은 순서로 한다.

1. 도색 코드의 확인

차명, 형식, 연식을 확인한다. 모든 차의 도색은 자동차 메이커에 따라 코드 번호가 정해져 있다.

컬러 넘버, 도색 코드 등으로 불리고 있으며 숫자 또는 숫자와 알파벳으로 편성하여 메이커마다 표시하는 방법이 있다. 도색 코드는 승용차의 경우에는 수입차를 포함하여 대부분 엔진룸 내의 번호판에 기재되어 있다. 그러나 메이커, 차종에 따라서 표시하는 부위가 다르다.

PHOTO 도색 코드의 확인

2. 배합 데이터의 검색

도료 메이커에서 배포한 각종 조색 데이터 북에서 도색 코드를 검색하여 기재되어 있는 색의 견본으로 색을 비교한다.

많은 종류의 데이터가 있을 때 가장 알맞은 것이 어느 것인가를 확인한다. 기재된 도색 명칭으로부터 도색의 종별이나 사용하는 특수 안료 등 코드 숫자까지 알 수 있다.

색의 비교는 도장하는 패널의 인접 패널에 그 도색의 색상이나 실차의 컬러를 대조하여 정면이나 측면 그리고 불빛에 비추면서 색상의 배합을 확인한다. 이 때 색을 비교할 패널의 도면을 거친 입자 또는 고운 입자의 콤파운드 등으로 연마하여 오염을 제거하고 색을 관찰한다.

메탈릭, 2코트·3코트 펄은 태양광선, 표준광원 등으로 광채성, 입자도(粒子度), 펄감, 반사상태 등을 보면서 비교하여야 한다. 핸디 스폿 히터의 광원(光源)을 이용하여 빛을 비추어 비교하면 편리하다.

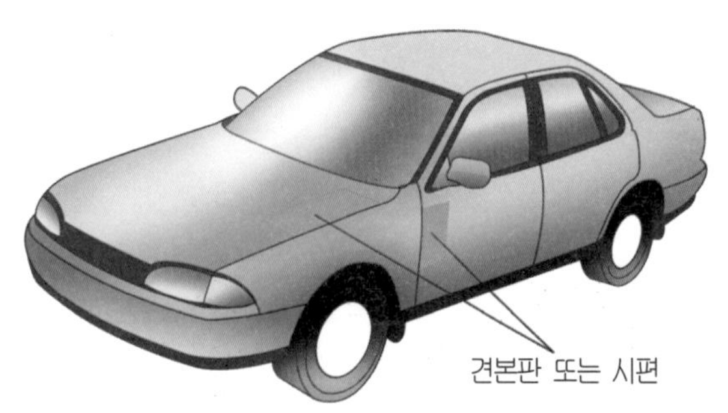

펜더를 도장할 때 그 도색의 색상 또는 실차 컬러를 인접한 후드에 맞추어서 불빛에 비추면서까지 색 배합을 본다. 도어는 정면 측면의 색 배합을 본다. 이때 후드, 도어의 색을 비교하는 부위의 오염을 제거하여 깨끗이 한다.

시편과 색을 비교하는 경우에도 마찬가지로 도장하는 인접 패널에서 본다. 펜더의 경우에는 후드, 도어의 색으로 맞춘다. 평면을 볼 때는 불에 비추어 맞춘다. 메탈릭 등에서는 빛을 비추어 본다.

PHOTO 견본 컬러와의 조합

3. 조색용 원색의 수배와 확인

데이터가 기재된 조색용 원색의 유무를 확인한다.

도장 담당자는 작업을 시작하기 전에 원색을 확인하여 언제라도 조색할 수 있는 방법을 마련해 놓는다.

4. 조색용 원색의 교반

도료의 교반은 계량(計量) 전에 중요한 작업의 하나로서 조색을 시작하기 10분 전에 믹싱머신 등으로 반드시 교반해야 하며 불충분할 경우에는 정확한 조색이 되지 않는다.

5. 원색의 계량

전자저울에 도료 용기를 올려놓고 배합데이터에 따라 규정의 수치대로 도료를 가한다.

데이터 기재 순서(양이 많은 원색순)로 각각의 원색을 순서대로 가해 나간다.

주의할 점은 중량 수치가 0.1g이라도 틀리지 않도록 정확하게 계량하여야 한다.

원색을 지나치게 집어 넣었을 경우에는

① 보정할 수 있는 전자저울은 그 표시 데이터를 기본으로 하여 계량하면 좋다.

② 기술이 필요하지만 초과된 원색을 가느다란 교반막대로 덜어낸다.

③ 눈으로 검측하며 수작업용 보정(補正)조색을 한다.

④ 심하게 집어 넣었을 경우 그 색을 포기하고 새롭게 다시 조색한다.

6. 도료의 교반

계량이 끝나면 교반 막대로 균일하게 잘 섞는다. 최소한 50회 이상의 반복 교반이 필요하다.

7. 시편 도장의 건조와 색의 비교

조색의 교반이 끝난 도료가 대상 차의 컬러와 맞는가를 확인할 필요가 있다.

색을 비교하는 방법에는 시편에 간이 도포(스푼 도포)를 해보는 방법과 스프레이 건으로 도장해보는 방법이 있으나 정확한 색을 비교하는 방법은 도장해 보는 것이 가장 확실하다.

간이 도포의 경우 솔리드는 진하게 나타나고 메탈릭이나 펄은 연하게 보이므로 정확하지 못하다.

시험 시편에 도장하는 경우는 다음과 같다.

① 시편에 도장하는 필요량의 도료에 경화제를 가하고 시너로 희석한다.
배합비와 희석은 메이커의 지시대로 정확하게 한다.

② 시편에 도장하는 방법은 실차와 같은 요령으로 하고, 특히 메탈릭이나 펄은 도장하는 방법이 다르면 색이 다르게 보일 경우가 많다.

③ 메탈릭, 펄 색은 클리어 코트를 한다. 색의 깊이, 채도, 비추어 보기 등으로 색조합을 잘 알 수 있다.

④ 시편은 건조시킨 후 색상을 비교한다. 도장한 직후의 색과 건조후의 색은 차이가 있다.

⑤ 색상을 비교하는 부분은 도장 패널에 인접한 패널에서 비추어보기, 측면보기 45˚, 정면 등에서 확인하여 판정한다.

PHOTO 시험시편의 도장

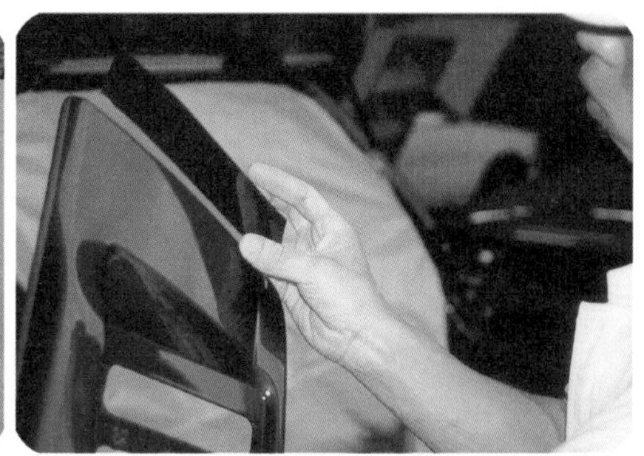

PHOTO 색상의 비교

⑥ 메탈릭, 펄 색은 반드시 태양광선 또는 표준광원으로 확인한다.

입도(粒度), 트리머 상태, 광택성, 배열상태, 광선 반사의 깊이, 방향성(플립플롭성), 조건 등 색의 확인에도 빛은 필요하다. 계량조색이나 색상을 비교하여 색이 맞을 경우에는 조색작업은 끝난다. 그러나 색상에 차이가 있을 때는 다음의 미조색을 행하여 실제 차의 색상에 접근시킨다.

8. 미조색

미조색(微調色)은 시편과 실차의 색상을 비교하여 그 색상의 차이를 판단해서 보다 가까운 색상으로 만드는 것이다.

시간과 기술을 필요로 하는 작업이며 조색한 도료에 사용 원색을 가해서 색상을 접근시켜 가는데 시편과 실차의 색상을 비교하여 배합데이터의 각 원색을 사용하여 조색하지만 많은 경험과 감각이 요구되는 작업이다.

9. 시편 도장과 건조 및 색상의 비교

미조색으로 맞춘 도료는 또 다시 필요량을 컵에 옮겨서 경화제와 시너를 가하고 시편에 도장하여 건조시킨 다음 색상을 비교해 보아야 한다.

이 공정은 색상이 맞을 때까지 반복하게 되므로 시간이 많이 걸리며 상도 도장 작업 전까지 먼지 등이 들어가지 않도록 뚜껑을 덮어 잘 보관해야 한다.

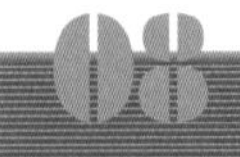

조색의 포인트

도막 조건의 마무리

조색은 계량에 의해서 어느 정도 실차에 맞는 색이 만들어지므로 보수 도장시 각종 조건에 따른 색으로 만들 수 있다.

이것은 메탈릭이나 펄에서 나타나는 현저한 현상이므로 주의한다.

1. 메탈릭과 농도

메탈릭, 특히 단독으로 사용하는 실버(silver)는 시너의 선택, 공기압, 기온, 점도(粘度) 등에 따라서 색상의 배합(진하고 연함)이 변화된다.

	연해진다	진하다
시너의 선택	빠르다	늦 다
도료 점도	낮 다	높 다
분무 압력	높 다	낮 다
도포 방법	얇다(드라이)	두껍다(웻)
기 온	높 다	낮 다
토 출 량	적 다	많 다

▲ 메탈릭의 농도

2. 메탈릭의 정면과 측면보기

메탈릭의 정면과 비추어 보기는 알루미늄 분말의 배열상태가 원인으로서 시너량, 공기압, 스프레이 건, 거리 등에 따라 변화한다.

3. 경화제 배합에 의한 색변화

일반적으로 경화제를 첨가하면 주제(主劑)만의 색보다는 엷어진다.

4. 클리어 코트에 의한 색변화

클리어 코트를 하면 일반적으로 색이 선명하고 진해진다.

짙은색은 변화가 더 크므로 클리어 코트로 마무리하는 도색은 반드시 시험 시편에 도포하여 색상을 비교해 보아야 한다.

5. 건조에 의한 색변화

도장시 끊임없이 분산되는 안료도 건조중에는 무게가 있는 안료가 아래로 가라앉고 가벼운 안료는 위로 뜨므로 색의 변화가 발생한다.

솔리드는 진하고 메탈릭은 담채색(淡彩色)이 엷고 농채색(濃彩色)은 진해진다.

6. 폴리시에 의한 색변화

어떤 것은 연마 마무리에서 색상이 변화하는 도색도 있다.

메탈릭의 방향성

메탈릭의 방향성(方向性)을 맞추는 데는 다음과 같은 방법이 있다.

1. 기본색

정면에서는 색이 맞게 되어 있어도 기본색에서 다를 때

기본색을 깊게 하는 방법

① 메탈릭 베이스를 거칠게 한다.

② 메탈릭 베이스의 배합량을 적게 한다.

③ 투명성이 높은 원색을 증가한다.

④ 검은 원색을 바꾼다.

	정면은 밝다 (비추어보면 어둡다)	정면은 어둡다 (비추어보면 밝다)
시너량	많 다	적지 않다
시너 선택	빠르다	늦 다
토출량	적지 않다	많 다
공기압	높 다	낮 다
건의 거리	멀 다	가깝다
건의 속도(운행속도)	빠르다	늦 다
패턴의 중복	적지 않다	많 다
건의 지름	적지 않다	크 다
인터벌(사이)	길 다	짧 다

▲ 메탈의 정면과 투명

기본색을 얕게 하는 방법

① 메탈릭 베이스를 가늘게 한다.

② 메탈릭 베이스의 배합량을 많게 한다.

③ 투명성이 낮은 원색을 증가한다.

④ 미량의 백색을 가한다(메탈감이 부족하여 탁해지므로 양에 주의한다.).

2. 투과광의 구분

메탈릭의 미조색에서 어려운 것은 측면이나 비추어 보았을 때 차의 도색에서는 하얗게 보이고 시험 시편에서는 검게 되어 버리는 것이다. 이 차이를 이해하고 수정하는 것은 어느 정도의 경험을 필요로 한다.

투과광 보기의 색을 하얗게 하기 위한 기본 방법은 다음과 같다.

① 화이트를 첨가한다

도료의 총량에 0.5~1% 정도를 가하면 효과는 크지만 메탈릭 감은 약해진다.

② 투과광 보정용 도료를 첨가한다

플랫 베이스(消光劑)나 투과광 조정제(調整劑)를 사용한다(도료 총량의 10%추가). 화이트 첨가 방법보다 메탈릭감을 손실하지 않고 비추어 보았을 때 하얗게 보이고 메탈릭 입자는 조금 거칠게 보인다. 도료 총량의 10% 전후로 가한다.

③ **불투명성 원색의 사용**

조색 데이터 중에서 사용되고 있는 불투명성 원색을 사용한다. 본래의 데이터보다 조금 증량하거나 새로이 첨가한다. 그러나 지나치게 첨가하면 색이 탁해지거나 변하게 되므로 주의한다.

불투명성 원색에는 옐로계에는 황토색, 브라운계에서는 인디언 레드, 블랙계에서는 라이트 블랙 등이 있다.

④ **도장의 조건을 바꾼다**

웻 코트로 도장하는 것이 메탈릭 입자가 깨끗하게 배열되고 비추어보아도 하얗게 된다. 웻 코트를 하기 위해서는

- 시너를 느린 건조 타입으로 바꾼다.
- 시너의 희석량을 증가하여 도료의 점도를 낮춘다.
- 분무 압력을 낮춘다.
- 1회 분무한 도막 두께를 두껍게 한다.

등의 방법이 있다. 반대로 비추어 보았을 때 검게 하기 위해서는 위의 방법의 역(逆)으로 한다.

3. 보색의 이용

색상환(色相環)의 대각선에 있는 색이 보색(補色)관계이며 이러한 보색을 합칠 경우 탁한 색으로 변하므로 기본색을 바꾸지 않고 정면을 검게 할 경우에 이 원리를 이용할 수 있다.

펄 컬러의 색상 비교

펄이 합쳐진 도색의 경우 태양의 직사광선 아래서 각도를 바꾸어 보는 색상 비교가 필요하다.

메탈릭은 마찬가지로 측면성이 있으므로 정면으로 확인한다.

참고로 1~2m 떨어져 점검도 해본다.

1. 3코트 펄

먼저 컬러 베이스의 조색을 정확하게 한다. 차종에 따라서는 컬러 베이스 색을 남겨 놓은 것도 있으므로(스텝 부분이나 후드 뒤쪽) 그것을 보거나 색상지 등으로 확인한다.

컬러 베이스가 나올 때까지 연마하는 것도 하나의 방법이며 컬러 베이스를 도장한 시험 시편을 3~4회 준비하여 도포 횟수를 변화시키면서 펄 베이스를 도장해 보고 그 중에 가장 실차에 가까운 것을 실제 도장한다.

도막의 두께가 두꺼워지면 화이트 펄 45˚에서 광택감이 증가하고 비추어 보았을 때 진해진다.

간섭 펄은 45° 에서는 마이카의 색 맞춤이 진해져 비추어보았을 때 보색이 진해진다.

2. 2코트 펄

메탈릭이 들어가지 않는 마이카만의 도색일 경우 점도와 공기압에 의한 색상의 변화가 있으므로 주의한다.

색이 맞지 않는 원인

전자저울을 사용하여 정확하게 배합비를 사용하더라도 사용시 색상의 차이가 생길 경우가 있는데 그 이유는 다음과 같다.

① **도료통의 교반 불량**

통 속의 안료가 침전되어 있으므로 도료의 상태가 불균일하다.

② **애지테이터 커버 불량**

손질 부족으로 토출부가 오염되어 굳거나 조작 레버의 움직임이 나빠져 정확하게 토출구의 뚜껑이 닫히질 못해 용제가 빠져 나가고 도료의 점도가 변한 경우.

③ **도료의 정확한 첨가**

배합데이터 순으로 정확하게 도료를 가하지 않았다. 0.1g까지도 정확하게 계량이 필요하며 조금이라도 잘못 첨가한 경우 색상이 달라진다.

애지테이터 레버의 조작기술도 중요한 키 포인트가 된다.

④ **도료 배합 데이터를 보는 방법**

색견본이나 배합 데이터도 차종·연식에 따라서 같은 도색 코드라도 차이가 있다. 차의 형식·연식을 확인하여 색견본과의 비교를 확실히 한다.

⑤ **도장 방법**

메탈릭이나 펄색은 도장방법(웻 코트, 드라이 코트)의 차이로 색이 다르게 보이며, 시너의 선정에 있어서도 차이가 생긴다. 사용하는 도료 메이커의 기본적인 도장방법에 의해서 도장한 시편을 확인한다.

⑥ **도색의 변화(변색·퇴색·황색)**

신차시의 도색과 1년, 2년이 경과된 보디의 색은 자외선이나 여러 가지 물질에 침해되어 색상이 변화된다. 백색이나 클리어 등은 누렇게 변하고, 유채색에서는 탈색하거나 광택이 없어지기 때문에 데이터대로 색을 만들어도 전혀 다른 느낌이 든다. 최근의 신차 도막은 자외선 차단제가 포함되어 있어 변색되는 경우가 매우 적다.

기타 주의사항

1. 오래된 도료는 사용하지 않는다

오래된 도료(재고기간 3년 이상)는 안료의 침전이 격심한 것이나 분리가 현저한 것도 있으므로 교반하더라도 통 내의 도료상태가 균일하게 되지 않을 경우가 있다. 이와같은 도료로는 정확한 계량 조색을 할 수 없다. 가능한한 새로운 것을 사용한다.

2. 전자저울은 설명서대로 정확하게 사용한다

전자저울의 사용방법은 설명서대로 정확하게 한다. 그것을 지키지 않으면 정확한 계량은 불가능하다.

■ **사용환경의 조건**

① 불안정한 받침대나 진동을 받기 쉬운 장소에서 사용하지 않을 것. 안정된 계량이 되지 않는다.

② 요철이 있는 받침대 위에 사용하지 않는다. 수평이 변한다. 올바른 계량이 안된다.

③ 바람이 부는 장소에서 사용하지 않는다. 미풍에도 수치는 변한다.

④ 난방기구의 근처나 높은 열이 닿는 장소에서 사용하지 않는다. 열에 의한 고장의 원인이 된다.

⑤ 문 밖에 두지 않는다. 빗물이나 직사광선 등에 의해 고장 원인이 된다.

⑥ 동력기기 근처에서 사용하지 않는다. 컴프레서 등의 동력기기에서 발생하는 전파가 전자저울을 오작동시키는 경우가 있다.

⑦ 분진이 많은 장소에서 사용하지 않는다. 분진이 전자저울 속에 들어가 고장 원인이 된다.

사용상의 주의

① 전자저울에 물품을 장시간 올려 놓지 않는다(물건을 두는 틀은 아니다).

② 규정 용량 이상의 계량은 하지 않는다.

③ 전자저울의 본체나 칭대(秤台)에 충격을 주지 않는다.

④ 전자저울의 전원 콘센트는 항상 접속해둔다. 콘센트를 빼 놓았을 때는 사용하기 15분 전에 접속해둔다(warming-up).

⑤ 도료 등에 의해서 전자저울을 오염시키지 말아야 한다.

7. 상도도장

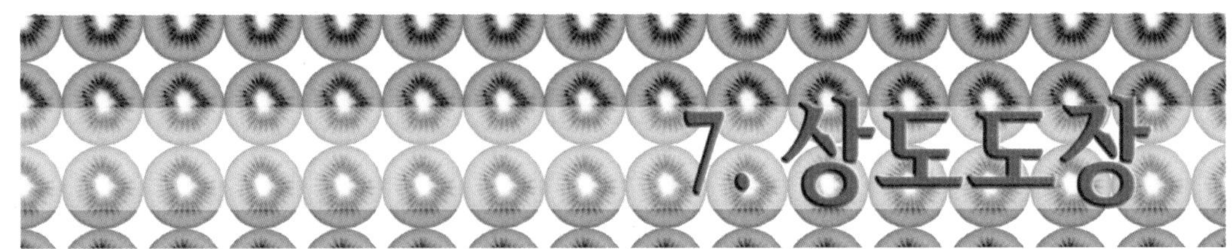

7. 상도도장

보수도장에서 가장 화려한 부분이 상도 도장 공정이다. 그러나 그렇게 하기 위해서는 표면 조정이 얼마나 중요한가를 지금까지의 장에서 충분히 살펴보았다.

상도에도 여러 가지 기술이 있으나 3코트 펄의 블렌딩 도장을 할 수 있는 기술자라면 어느 정도 실력 있는 기술이라 하겠다.

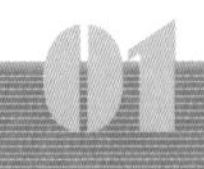

01 상도 도료

도장방식에 의한 종류

1. 베이스 코트/클리어 코트 시스템

신차의 상도 도막층에서는 일반적으로 솔리드 컬러는 1층(1코트색), 메탈릭이나 펄 메탈릭은 2층(2코트색), 펄 단독색은 3층(3코트색)구조로 되어 있다.

보수 도장도 마찬가지로 층을 겹쳐 도장하게 되는데 기본적으로는 컬러 베이스만의 솔리드 컬러 이외는 컬러 베이스와 클리어의 2종류의 상도가 도장된다. 이 2가지에 조성이 다른(그의 다른 상태는 차이가 있으나) 도료를 사용하는 것이 베이스 코트/클리어 코트 시스템(BC/CC 또는 컬러 코트의 CC/CC시스템), 클리어 온 베이스(COB)방식이다. 유럽에서 보급되었던 것인데, 거기서는 베이스 코트 1액(1K)형, 클리어 2액(2K)형의 상도조합으로 되어 있다. 1액형은 아크릴이나 폴리에스테르계, 2액형은 폴리에스테르계이며 경화제와의 배합비가 높은(2 :1 등) 우레탄이다.

우리나라의 경우에는 ① 베이스, 클리어 모두 2액형, ② 1액형 베이스, 2액형 클리어, 또한 ③ 1/2액형 양용(兩用)베이스, 2액형 클리어의 조합이 있다. 수용성 도료의 컬러 베이스도 이의 도장 방식으로 도장된다.

2K란 본래 2액형을 의미하고 있다. K는 콤퍼넌트(구성, 성분)로 영어로는 2C로 써야 하지만 발생지의 독일어로는 K로 시작하기 때문에 2K로 표현된 것이다.

베이스 코트 시스템의 특징은 작업성이 좋다(특히 1액형 베이스는 건조가 빠르다), 메탈 얼룩(metal mark)이 생기지 않는다 등 베이스와 클리어가 같은 타입의 도료로서, 클리어를 도장하면 아래의 베이스 메탈이 움직이게 되면 메탈 얼룩이 된다. 종류가 다른 도료를 편성하였다 하여도 이것은 생기지 않는다.

물론 클리어와의 사이의 밀착도 문제가 없도록 설계되어 있다.

2액형 베이스 / 2액형 클리어일 경우에는 같은 우레탄이라도 미묘하게 종류가 다른 것으로서 일부는 경계면에서 혼합되어 그물코 구조로 맞물리게 되어 있다.

또한 솔리드 컬러에는 다른 상표 또는 관련 상품명의 2액형 우레탄이 사용된다.

2. 1종류로 도장하는 시스템

1코트, 2코트, 3코트에 불구하고 기본적으로 같은 타입의 상도로 도장하는 방식이다.

3. 수지분리형 시스템 도료

주된 안료분말과 수지분말을 분리하는 타입으로 한 도료시스템이다. 수지분말은 여러 가지 종류가 있으며 이것을 구분하여 사용하므로써 1액형 래커, 2액형 우레탄, 기타의 도료에도 할 수 있다. 여러 가지 상표 재고를 가지고 있을 필요가 없으며 경제성이 장점이다.

조성에 의한 종류

1. 우레탄 도료

2액형 중합형으로서 아크릴 수지나 폴리에스테르 수지의 폴리올(OH기를 갖는 것)을 주로하는 주제와 이소시아네이트 화합물이 되는 경화제에 의한 화학반응, 우레탄 반응에 의해서 3차원 그물코 모양의 치밀한 도막이 된다. 이 때문에 내후성, 내약품성 등 도막 성능이 뛰어나다.

처음 나올 때는 논폴리시 도료라고 불렀으나 이것은 건조 시간이 걸리고 표면이 자체 레벨링(levelling)으로 평탄하게 되며 그 자체가 충분한 광택이 나오기 때문이다.

그러나 실제로는 건조가 빠른 타입에서는 먼지, 이물질의 처리나 구도막과의 표면 맞추기의 폴리시는 필요하다. 또 이소시아네이트(NCO) 경화제는 OH기와 반응하므로써 당연히 수분(H_2O)과 결부하기 쉬우므로 도료통의 관리에는 주의가 필요하다.

또 주제와 경화제의 배합비는 20 : 1에서 2 : 1까지 여러 가지 있으나 일반적으로 경화제의 비율이 높을수록 성능이 좋아진다. 그러나 경화제의 농도에도 차이가 있으므로 한 마디로 말하기 어렵다. 우레탄 도료에는 다음과 같은 종류가 있다.

① **속성건조 우레탄 도료**

수지는 아크릴폴리에 건조를 빨리하기 위해서 니트로셀룰로즈가 첨가된 것도 있다.

용제는 탄화수소, 에스타르계이며 특징은 래커의 건조성과 작업성, 우레탄의 도막성능을 합쳐 개발된 것이다. 초기에는 변성 아크릴의 경화제가 첨가되어 2액형 래커라 불려졌으며 일반적으로 배합비는 10 : 1의 타입이다.

② **아크릴 우레탄**

조성은 속성건조 우레탄과 같다.

속성건조 우레탄에 비해서 동격 우레탄이라고도 불린다. 보다 반응 정도가 높고 치밀한 도막이 된다. 반면에 건조가 늦어져 도막 부스에서의 강제 건조를 필요로 한다. 도막성능이 좋으며 일반적으로는 배합비가 4 : 1의 타입이다.

배합비 2 : 1의 내스크래치성 클리어는 그 성능이 특히 뛰어나다.

③ **폴리에스테르 우레탄**

수지는 폴리에스테르 폴리올, 폴리우레탄이라고도 불린다. 유럽의 도료에 많으며, 메탈릭 도색 등에 적용되는 베이스 코트 / 클리어 코트 시스템의 2K클리어의 대부분은 이 폴리에스테르계 우레탄이다. 아크릴계는 내후성과 작업성이 좋으나 폴리에스테르계는 두께 유지나 광택에 특징을 갖는다. 일반적으로는 배합비가 2 : 1의 타입이다.

④ **아크릴 폴리에스테르 우레탄**

수지는 폴리에스테르가 주제로 되어 있으며 아크릴을 첨가한 것이나 그와 반대이다. 특징으로는 아크릴 우레탄쪽에서의 접근에서 외관 성능 등을 향상시킨 것. 폴리에스테르 우레탄쪽에서는 작업성을 높인 것이 된다.

⑤ **1액형 우레탄**

1액형 타입의 우레탄 도료는 경화제와의 반응에 대하여 연구되고 있다.

㉮ 에어로졸 캔의 속에서 주제와 경화제가 분리된 상태에 있으며 도장시에 그의 격벽을 깨고 혼합

㉯ 희석제에 경화제의 성분이 들어가 있다.

㉰ 주제의 수지와 경화제가 블록된 상태로 되어 있으며 도장하였을 때 공기 중의 수분으로 블록이 떨어져 반응하는 타입이 있다.

엄밀하게는 ㉰만이 1액형이라고 할 수 있다.

2. 불소 수지도료

2액형 중합형(重合型)이다. 신차의 불소수지 클리어의 보수용으로서 이소시아네이트 경화제와의 반응경화형이다. 수지는 불소와 아크릴. 불소수지 단독일 경우 밀착성이나 작업성이 소외되므로 아크릴 수지를 첨가하고 있다. 특징으로는 도막 성능이 높고 내구성, 발수성, 내오염성이 좋다. 우레탄 보다도 건조 온도가 높고 시간도 걸리지만 작업성을 높인 타입도 있다.

3. 수용성(수성) 도료

신차에서는 환경대책으로 사용되며, 클리어도 있으나 보수용으로서는 수용성베이스 코트와 일부 표면의 프라이머 서페이서에 수용성 타입이 있다.

상도에서는 베이스 코트 시스템의 베이스에 수용성 도료를 사용하여 우레탄 클리어로 마무리한다. 일반적으로는 솔리드도 이 2코트 방식으로 도장한다.

1액형과 2액형이 있다. 수지는 이멀젼, 유기용제의 함유량은 제로(0)는 아니지만, 10수% 전후로 낮고 소방법이나 용제 배출량을 신고하는 등 규제에 해당하지 않는 것이 장점이다.

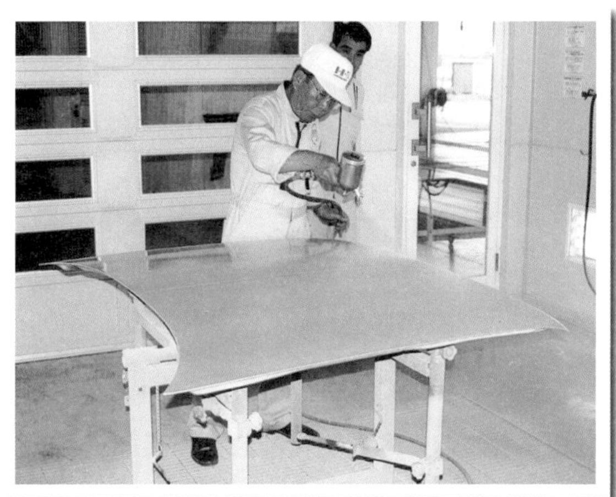

◀ 클리어를 도장할 때까지 메탈릭의 색조도 알 수 없다

바람을 불어대는 드라이어에 의한 건조 촉진 ▶

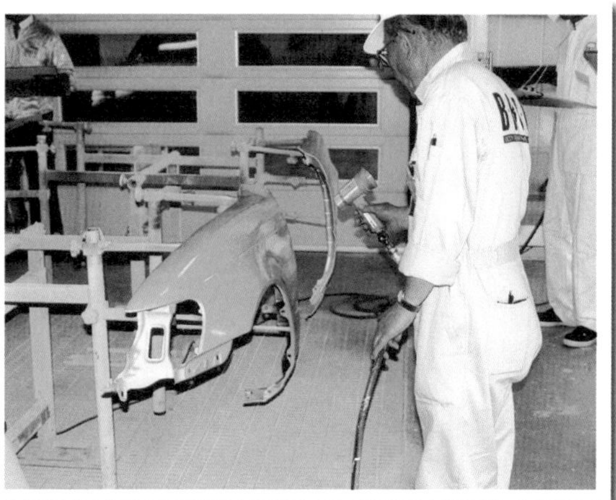

PHOTO 수용성 베이스의 도장

특징은 교반하지 않아도 되고 늘어지기 어렵다. 높은 은폐성, 메탈의 배열이 규칙적이며 도장 얼룩(spray mark), 리턴 얼룩(return mark)이 생기지 않는다. 블렌딩 경계가 깨끗하다 등. 용제의 대용으로 물을 사용하고 있기 때문에 동절기에는 동결에 주의한다.

수분의 증발에 의해 건조가 진행하므로 기온, 습도에도 영향을 받는다. 바람을 불어주는 것이 건조 촉진책으로 터치업에서는 스프레이 건에 의한 에어블로 또는 전용의 드라이어를 이용한다.

기타 도장 부스, 건조기, 건 세정기 등으로 수용성 도료 대응형의 설비기기가 준비되어 있다.

4. 래커 도료

1액형. 본래 래커라는 것은 연마하여 독특한 광택과 윤기를 얻는 것에서 붙여진 이름으로 용제의 증발에 의한 건조방식의 도료이다. 작업성이 좋으나 건조가 빠른 대신에 도면에 광택이 없기 때문에 전체적인 폴리시 작업이 필요하다. 개발 초기에는 신차에도 사용되었다.

래커의 수지 분자는 예컨대, 끈과 같은 것으로서 용제가 증발하여 건조하더라도 그의 상태는 변하지 않는다. 우레탄은 수지 분자에 이음매가 있고 반응경화(反應硬化)하면 분자가 서로 치밀하게 연결되어 3차원망 그물 모양의 도막이 된다. 따라서 성능면에서 래커로부터 우레탄으로 보수도료의 주역이 옮겨간 것이다.

그런데 도막의 열화 원인은 자외선이 수지분자의 일부를 절단하므로써 생긴다. 래커에 비해서 우레탄의 분자는 치밀하게 연결되어 있으며, 도중에 몇 군데 분자가 절단되더라도 전체의 구조가 크게 일그러지는 일은 없다. 래커의 경우에는 구조가 엉성하여 분자 하나의 절단이 큰 영향을 받는다. 이것 때문에 우레탄 도막의 경우가 강인하다.

래커에는 ① **니트로셀룰로즈 래커**(수지는 니트로셀룰로즈)[NC], 알키드 혹은 독특하고 우수한 마무리가 된다), ② **변성 아크릴 래커**[수지는 니트로셀룰로즈 아크릴 등이다. 도막의 성능은 니트로셀룰로즈 래커와 스트레이트 래커의 중간 정도, 아크릴 수지의 첨가에 따라서 변색(황변성) 및 색의 번짐이 적다], ③ **스트레이트 아크릴 래커**(수지는 CAB=셀룰로즈, 아세테이트, 부치레이트, 아크릴 등이다. CAB래커, CAB 변성 래커라고도 부르며 투명도가 높고 메탈릭 도색에 효과가 있다. 비교적 광택도 좋고 변색이 적으며 내후성도 좋다) 등의 종류가 있다.

1액형 베이스 코트는 이 계통의 도료이다.

5. 프탈산(酸) 에나멜

1액형산화중합형. 알키드 수지가 주성분으로서 용제의 증발에 더하여 공기 중의 산소와 반응경화하므로 일부 그물 형태의 도막이 된다. 광택이나 작업성이 좋으므로 「에나멜 전체 도장」용의 상도로서 한때 많이 사용되었으나 지금은 산업 차량의 도장에만 사용되고 있는 정도이다.

일반적으로 보수에서 「에나멜」이라고 하면 이 종류의 도료를 가리킬 경우가 많다. 그러나 일반적으로 안료가 들어가지 않은 도료인 클리어에 비해서 안료가 들어간 것을 에나멜이라고 표현하고 있으므로 주의가 필요하다.

6. 기 타

상도 도료에는 이 외에 이소시아네이트 경화제를 사용하지 않는 아크릴에폭시 도료나 아크릴실리콘 도료 등이 있다.

02 상도 첨가제

상도 첨가제에는 ① 튀김 방지제 ② 메탈릭 첨가제 ③ 레벨링제 ④ 경화 촉진제 등이 있다.

튀김 방지제는 상도하였을 때 물과 기름과 같이 도면(塗面)에서 도료를 튀기는 현상을 방지한다. 튀김(붙지 않는다)의 원인은 왁스 등에 포함되는 실리콘 등의 부착이 있으나 튀김 방지의 성분도 또한 표면 장력을 저하시키는 기능을 지닌 실리콘이다.

메탈릭 첨가제는 불빛에 비춰 보았을 때 희게 하거나 메탈의 배열을 좋게 하여 얼룩을 방지하는 것이다. 플랫 베이스(消潤劑. 요철이 심한 형태의 안료를 사용하여 빛을 난반사 시키는 구조)도 메탈감의 조정에 사용될 경우가 있다. 이들은 첨가제라기보다 배합 데이터에 기재되어 있을 경우가 있다.

레벨링제, 경화 촉진제는 문자대로 그 기능을 갖는다. 레벨링을 좋게 하는 것은 상도 후의 편평성을 높여서 거울면 같이 만든다. 한편 블렌딩제는 블렌딩할 때 친화성을 좋게 할 목적으로 사용하는 것으로서 클리어와 시너를 블랜드한 것이다. 또한 리타더는 증발 속도가 느린 시너로서 고온 다습시에 브러싱 방지를 위해서 첨가한다.

03 상도의 조합

상도에는 상품에 따라 도료, 경화제, 시너의 배합이 다르며 일반적인 기준을 나타낸다.

도료 조합 등의 기본

1. 도장 장소의 기온(온도) 확인

온도계, 습도계로 도장 장소(도장실, 도장 부스)의 상황을 확인한다(조색실, 도장실에는 온도계와 습도계를 설치한다).

2. 상황(온도, 습도)에 따른 시너의 선정

도장 장소의 조건에 따른 시너를 선택하는 것이 중요하며 하루 중 작업시간에 따라 온도 차이가 있는 것을 알아야 한다.

또 기온 뿐 아니라 습도나 도장하는 면적에 따라 시너를 선택할 필요가 있다.

시너의 희석 선정에서는 각 도료 메이커에서 나오는 시너의 종류와 희석표를 참고로 한다. 상도 도료의 희석용 시너 종류는 다음과 같다.

① 초속성 건조형(한겨울용) : 건조가 가장 빠른 타입. 작업장 온도가 10℃이하일 경우에 사용.

② 속성 건조형(겨울용) : 표준 타입보다는 빠름. 작업장 온도가 10~15℃일 경우에 사용.

③ 표준형(봄·가을용) : 표준 타입. 작업장 온도가 20℃ 전후의 기온을 기준으로 하고 있으며 15~25℃일 경우에 사용

④ 느린 건조형(여름용) : 표준 타입보다 느리다. 작업장 온도가 기온이 높은 25~35℃일 경우에 사용. 20℃전후에서 넓은 면적이나 전체 도장할 경우에 사용한다.

⑤ 가장 느린 건조형(한여름용) : 건조가 가장 느린 타입으로서 작업장 온도가 35℃ 이상일 경우에 사용.

시너 선정에서는 기온, 습도, 도장의 면적을 고려하여 잘 구분해서 사용할 것. 경우에 따라서는 표준형과 느린 건조형을 잘 섞어 사용하는 경우도 있다.

여름용과 겨울용의 라벨표시로 단순히 구분하는 것보다 온·습계를 보고 시너를 선정하는 것이 바람직하다.

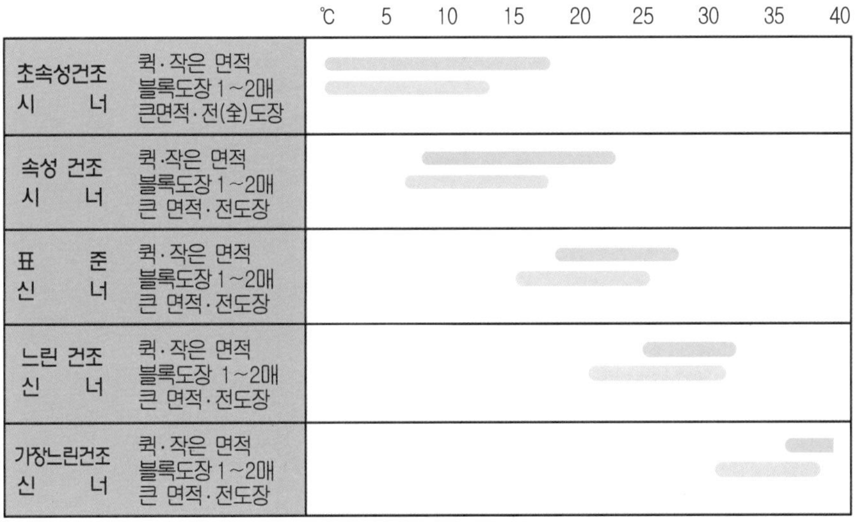

		℃ 5 10 15 20 25 30 35 40
초속성건조 시너	퀵·작은 면적 블록도장 1~2매 큰면적·전(全)도장	
속성 건조 시너	퀵·작은 면적 블록도장 1~2매 큰 면적·전도장	
표준 신너	퀵·작은 면적 블록도장 1~2매 큰 면적·전도장	
느린 건조 신너	퀵·작은 면적 블록도장 1~2매 큰 면적·전도장	
가장느린건조 신너	퀵·작은 면적 블록도장 1~2매 큰 면적·전도장	

▲ 시너 종별과 기온과의 관계

3. 조색용 전자저울을 사용한 정확한 조합

도료, 경화제, 시너의 조합은 각 도료 메이커의 기준에 맞추어 전자저울을 사용한 것을 원칙으로 한다. 정확하지 않은 경화제의 첨부량은 상도 후 결함의 원인이 되며, 시너도 메이커가 지정하는 것을 사용하는 것이 좋다.

① 도료배합의 예

색상 : 솔리드 컬러

우레탄 도료

배합비 = 도료 : 경화제 : 시너

10 : 1 타입= 100 : 10 : 40~50

5 : 1 타입= 100 : 20 : 30~50

4 : 1 타입= 100 : 25 : 20~30

2 : 1 타입= 100 : 50 : 10~20

※ 외국제 2 : 1타입은 계량에 메저스틱을 사용한다.

색상 : 메탈릭 컬러

속성건조 우레탄의 베이스 코트

100 : 10 : 80~120

100 : 20 : 80~120

1K베이스 코트

배합비=도료 : 시너

외자계(系)(용량비)=100 : 50

국산계(系)(용량비)=100 : 80~100

② **도료의 교반**

도료, 경화제, 시너의 계량 조합이 끝나면 교반하여 균일한 상태로 한다.

교반이 잘되어야 안료의 분자 활동이 활발해지고 마무리가 좋은 도막이 된다.

③ **사용가능시간**(可使時間)

경화제를 가하면 반응이 시작되기 때문에 사용가능시간(pot life) 내에 도장할 것.

사용가능시간을 초과하는 도료는 절대 사용하면 안되며, 온도에 따라서 사용가능시간이 변하므로 이 점에 유의한다.

4. 스프레이 건의 점검·조정

도료를 컵에 넣기 전에 스프레이 건을 점검한다.

깨끗한 세정용 시너를 컵에 넣어서 공기 압력, 패턴 너비, 토출량의 조정을 하여 도료의 정확한 분출 상태를 확인한다.

공기압력	0.29~0.39MPa(3.0~4.0kg/cm²) 트랜스포머 조정, 호스 내경 6mm, 10m호스
패　턴	2~2.5회전(조정나사를 최대한 죄었다가 푸는 횟수) : 균일한 패턴에서 최대
토출량의 조정	2~3회전(조정나사를 최대한 죄었다가 푸는 횟수)
도료 점도	각 메이커의 매뉴얼에 기재대로
건의 거리	15~30cm(도료·도장 횟수에 따라 다르다) : 보수용 도료는 15~20cm
패턴의 중복	1/2~3/4(도료·도장 횟수에 따라 다르다) : 보수용 도료는 2/3~3/4 중복
운행속도	1m/1~2초(도료·도장 횟수에 따라 다르다)

▲ **스프레이 건의 조정**

5. 도료의 여과

조합한 도료를 컵에 넣기 전에 도료 내의 먼지나 이물질을 제거하기 위해서 반드시 금속망 필터나 종이로 만든 필터 등으로 여과한다.

6. 스프레이 건의 재조정

도료를 넣은 다음 다시 스프레이 건을 조정하여 도료의 무화(霧化)도장 상태를 확인한다. 1m²의 시편에 테스트 도장을 해보는 것도 하나의 좋은 방법이다.

공기압력, 패턴, 분출량과 정도에 맞춘 도장시의 거리, 운행속도, 패턴이 겹치는 정도 등을 보면서 조정한다. 건의 종류나 도료에 따라 다르므로 자기가 도장하기 쉬운 상태로 조정한다.

상도 도장의 준비

상도까지의 준비 작업에는 다음과 같은 것이 필요하다.

도장 부스의 청소

도장 부스 내는 도장시 발생하는 미스트나 먼지가 있으므로 작업 후 바닥이 상당히 오염이 된다. 이러한 상태로 다음 작업차를 도장할 경우 이물질로 인한 결함의 원인이 되므로 반드시 깨끗이 청소를 한 후 작업을 한다.

1. 바닥의 물 청소

도장실의 청소는 바닥과 벽에 물을 뿌려 실시한다.

그러나 부스에 따라서는 물 청소를 할 수 없는 것도 있다.

■ 물 청소의 목적

① 도장 작업중에 먼지나 이물질의 방지

② 유지(油脂)나 실리콘 등에 의한 튀김 방지

③ 정전기 감소

2. 내부의 기구 청소(에어블로)

도장 부스 내에는 환기장치로 되어 있으며, 공기의 흐름이 있다. 내부 가구에 먼지나 이물이 부착되어 있을 경우 도장 작업을 할 때 공기에 날려 도장면에 부착될 경우가 있으므로 시설물의 먼지 또한 에어로 깨끗이 청소한다.

도장차의 청소(에어블로)

도장을 하려는 자동차는 도장 부스에 들어가기 전 반드시 에어로 깨끗이 청소를 한 후 들어간다. 마스킹 작업 등 작업 준비 전에 묻은 먼지나 이물질은 반드시 에어로 불어내고 부스 내에 진입한 후 마스킹이 안된 부분은 정확하게 마스킹을 해둔다.

마스킹을 하기 전에 에어로 불어내지 않으면 상도할 때처럼 에어압력(0.3MPa= 4kg/cm^2 전후가 평균적)으로 높인다.

에어블로가 끝나면 부스로 차를 진입시켜 마스킹을 할 수 없었던 부위까지 마스킹한다(휠 주변, 앞유리, 핸들측 도어 등).

도장면의 최종 점검

프라이머 서페이서 연마나 구도막의 표면 조정이 종료된 후에 일단 점검은 하였지만 때로는 부분적으로 살펴보지 못한 부분도 있어 결함이 나타나는 경우도 있으므로 꼼꼼히 살펴보아야 한다.

점검은 탈지작업과 동시에 진행한다. 탈지제를 깨끗한 걸레로 완벽하게 도막면을 닦는다.

도막면이 젖은 상태일 때 정면 또는 측면보기 그리고 불빛에 비쳤을 때 보이는 불량 부위는 없는가를 점검한다.

- 프라이머서페이서 연마상태나 연마 굴곡 또는 패인 부위 등 비뚤어지지 않았는가?
- 프라이머서페이서 연마 중 가장자리에 손댈 부위 또는 단차는 없는지.
- 각 패널 모서리의 상처나 퍼티 등이 남아있지 않는가
- 표면 조성 연마는 깔끔하게 되었는가
- 몰 경계에 이물질이 남아있지 않는가(튀는 원인으로 왁스나 실리콘 등)

- 탈지하고 있는 도막면에 튀김이 발생하지 않는가(왁스나 실리콘이 부착되어 있으면 탈지제에서도 튀김이 일어남)

점검이 완료되면 곧 마른 걸레로 깨끗이 탈지제를 닦아낸다. 닦아냄이 나쁘면 도료를 도장할 때 튀김, 줄무늬 얼룩이 나타나는 원인이 된다. 도막면에 불량 부위가 있으면 손질한다.

1. 불량 부분의 수정

① 핀홀, 작은 상처

상처가 깊을 경우에는 폴리 퍼티를 도포하여 연마 수정하고 얕을 경우에는 래커계 스폿 퍼티를 도포하여 연마 수정한다.

② 연마 자국

연마 자국이 깊을 경우에는 스폿 퍼티를 도포하여 연마 수정하고, P600~800 페이퍼로 연마 수정한다.

③ 오목 부분

폴리 퍼티 또는 스폿 퍼티로 메워서 연마 수정한다.

④ 프라이머 서페이서의 굴곡 요철

받침목(단단한 타입)에 P600~800 페이퍼로 프라이머 서페이서 면을 연마하여 수정한다.

⑤ 프라이머 서페이서의 단차

받침목 패드를 대고 P600~800 페이퍼로 연마 수정한다.

⑥ 패널의 모서리 상처나 퍼티 연마가 덜된 곳

P400~600 페이퍼로 연마 수정하며 상처가 깊을 경우에는 폴리퍼티나 스폿퍼티로 수정한다.

⑦ 몰 경계의 이물

브러시에 탈지제를 묻혀서 비벼가며 제거하고 에어블로로 분 후 걸레로 깨끗이 닦아낸다.

⑧ 마스킹의 불량

떨어지거나 미흡한 곳이 있다면 다시 붙여 놓는다.

⑨ 구도막의 표면 조정 불량

나일론 부직포 연마재 #1500에 탈지제를 묻혀 연마 수정한다. 작업 후 걸레로 깨끗이 닦아내고 수정 후 다시 에어블로와 탈지작업으로 도막면을 재점검한다.

스프레이용 에어호스와 에어커플러 등의 청소

에어호스나 에어커플러는 의외로 상당히 더러워진다.

에어호스는 스프레이 건의 손목에서부터 1.5~2m정도는 탈지제를 묻인 걸레로 깨끗이 닦아서 오염을 제거한다.

더러워진 상태로 작업할 경우 호스나 커플러에 묻어 있는 먼지 등이 도장면에 떨어져 결함의 원인이 될 수 있다. 또한 스프레이 건을 호스에서 분리할 경우 호스는 바닥에 놓지 말고 호스걸이에 감아놓아야 한다.

도장준비의 순서

1. 조색한 도료의 조합

2. 도장 작업시에는 순서에 맞게

도장 작업중, 도장 부스에 출입하지 않도록 준비를 잘해둔다.

스프레이 건, 도료, 용재 등 필요한 것을 모두 준비해 둔다.

3. 방진복을 착용

자신의 신체를 에어블로 후 방진복을 착용하여 신체로부터 먼지나 이물질이 발생하지 않도록 깨끗이 하여야 한다.

4. 도장하는 차량의 에어블로와 택 크로스 닦아내기

탈지가 끝나면 최종적으로 에어블로를 하면서 도막면의 먼지, 이물질을 택 크로스 또는 특수 정전방지용 천으로 닦아낸다. 에어블로의 압력은 상도 도장시와 같은 압력(0.39MPa= 4kgf/cm^{2}전후)이다.

택 크로스는 천에 특수한 수지가 침투되어 있으므로 조금 끈적끈적하다.

도막면을 닦을 때는 강하게 닦지 말고 가볍게 대고서 먼지나 이물질만을 닦아낸다.

정전방지천도 같은 방법으로 하며 눈에 보이지 않는 먼지를 제거하는 것이 목적이다.

도장 작업에서 안전 위생 대책

1. 방독 마스크 착용

도료의 미스트는 유해하다는 생각을 항상 의식하여, 흡입하지 않도록 주의한다.

2. 내용제성 장갑의 착용

특히 피부가 약한 사람이나 알레르기 체질의 사람은 반드시 장갑을 착용한다.

3. 보안경 착용

눈 속에 미스트가 들어갈 우려가 있으므로 예방을 위해 반드시 착용한다.

4. 안전화의 착용

도장 작업중 도료나 용재를 엎지르는 경우가 흔히 있다. 바닥에 미끄러지기 쉽기 때문에 사고의 원인이 되기도 하므로 바닥이 미끄럽지 않은 타입의 안전화를 착용하고 작업에 임한다.

05 도색별 분무 방법

솔리드 컬러

상도 도료는 상품에 따라 도료의 특성, 건조성, 도료 두께감, 레벨링성, 경화제와의 배합비, 시너의 희석 비율 등 차이는 있지만 도장의 기본은 마찬가지다.

스프레이 건의 조정과 분무 기술이 있으면 어떠한 도료라도 깨끗이 도장할 수 있다. 도료의 특성과 도장할 때의 건조 상태를 파악하고 있으면 충분하다. 작업중에 도장하는 패널을 확실히 보고 중복해서 도장하여 도막의 두께, 표면의 레벨링성을 잘 살펴볼 필요가 있다.

1. 블록 도장

■ 도장 순서

① 1회 - 라이트 코팅(얇게 도장)

얇고 투명하도록 해야 하며, 튀김 방지가 목적이다.

구도막의 프라이머 서페이서 위의 도료에 부착성을 좋게 한다.

② **2회 - 중간 도장(도막의 두께)**

일반적인 도장으로서 패턴의 너비를 1/2~1/3 정도 겹쳐 도장한다.

스프레이 건의 속도를 조금 빠르게 하여 표면을 균일하게 도장한다.

또한 보디의 표면이 거칠게 되지 않도록 도장한다.

③ **3회 - 표면 코트(마무리)**

패턴의 너비 겹침은 2/3~3/4정도로 시행한다. 도장의 표면을 보면서 균일하게 표면을 도장한다. 광택을 내고 운행속도는 2회 때보다 조금 느리게 한다.

주의 사항

① 3회째 표면 코트에서 도장의 표면이 불균일하고 광택이 부족할 경우에는 4회째 도장을 한다.

② 표면 도장을 하지 않을 것

도막 내 용제의 증발이 늦어진다(표면만 건조해져서 도막 내에 용제가 남는다).

강제 건조시키면 핀홀이 발생하기 쉽고, 광택이 나빠지는 원인이 되며 구도막을 침해하여 연마자국이 나타나기 쉽다.

2. 블렌딩 도장

도장 순서

① 손상 부분의 색상 결정은 2~3회 도장한다.

② 주변의 블렌딩 도장은 2회로 한다.

시너 또는 블렌딩제를 20~50% 가해서 블렌딩 도장을 한다.(도료 100 : 시너 또는 블렌딩제 50~100) 또 블렌딩 도장에는 한 등급 느린 시너를 사용한다.

③ 미스트의 길들임은 블렌딩제를 사용한다. 블렌딩도장은 1~2회로 범위를 넓혀 나간다.

주의 사항

① 블렌딩제를 단독으로 사용할 때는 경화제를 2~3% 넣어준다(100 : 2~3).

② 블렌딩제는 용해력이 시너보다 강하고 건조(증발)는 가장 느린 건조시너보다 느리다(겨울에는 늘어지기 쉬우므로 건의 거리를 30~40cm로 하고 드라이코트로 도장한다.).

③ 블렌딩제에는 수지분이 포함되어 있다(일반적으로 5~8%).

건조 방법

가열 건조시킨다(60℃×30분 이상).

블렌딩 부분을 확실히 가열한다. 충격 부분은 나머지 열로 충분히 경화시킨다.

연 마

도막이 냉각된 다음부터 연마 작업을 한다.

블렌딩 부분의 연마는 스펀지 연마제를 사용하며 초미립형 콤파운드를 사용한다.

블렌딩 경계가 만들어지는 원인

표면 조정, 연마 불량, 가열건조 불량, 연마기술 불량 등.

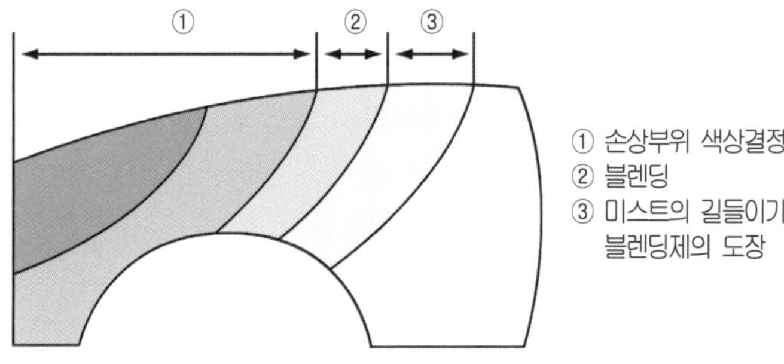

PHOTO 솔리드의 블렌딩 도장

스프레이 건 조정과 도장방법의 참고 예
솔리드 컬러
블록 도장·전체 도장 등

	공기압	패턴 조정	도료분출량	도료점도	건의 거리	패턴중복	건의 속도
1회째 라이트 코트	0.29~0.39MPa (3.0~4.0kg/cm²)	2~2.5회전	3회전	메이커의 규정에 따라 조정	25~30 cm	1/2	빠르게 1m/초
2회째 미디엄 코트	↓	↓	↓	↓	15~25cm	2/3	빠르게 0.7m/초
플러시오프5~10분 3회째 표면코트	↓	↓	↓	↓	15~20 cm	3/4	느리게 0.5m/초

- 희석용 시너는 기온, 면적에 따라 구분하여 사용한다.
- 패턴의 조정나사를 전개상태로 되돌려 푸는 횟수
- 공기압력은 트랜스포머로(호스 길이 약 10m, 내경 6.8mm)

▲ 스프레이 건 조정과 도장 방법의 참고 예

3. 용제의 종류와 선택

① 작은 면적의 보수

경화제는 속성건조 타입을 사용한다.

시너는 기온에 따라 사용하는 것이 기본이지만 작은 면적(패널 1/2)의 경우는 1템포 빠른 타입의 경우가 편리하다.

예를 들면 20℃이하의 경우에는 표준타입이 기준이지만 겨울용 또는 표준 타입과 겨울용을 혼합시킨 것을 사용한다.

공기압을 낮게 하며 패널의 경우는 0.29~0.39MPa(3~4kg/cm²)로 도장하는데 블렌딩에서는 0.19~0.25MPa(2.0~2.5kg/cm², 트랜스포머로 조정)로 도장한다.

② 넓은 면적의 보수

후드 및 프런트 카울 전체, 사이드 전체 등 넓은 면적을 보수하는 경우 1템포 느린 시너를 사용한다.

예를 들면 20℃에서는 표준 타입보다는 여름용을 사용하면 거칠어지지 않는다.

메탈릭 컬러

메탈릭 컬러는 메탈릭 안료의 컬러 베이스를 도장하여 지촉 건조시키고 그 위에 투명한 클리어를 도장한다. 도막의 두께와 광택을 내고 금속감과 입체감을 발생시키는 2코트 도장이다.

메탈릭, 2코트 펄 도장 마무리에 대한 양부(良否)는 마지막 하지(下地) 작업으로 결정한다.

상도 건조 후에는 연마자국 등이 생기지 않도록 주의가 필요한 작업이다. 특히 페이퍼 번호의 선택에 신경을 쓴다.

1. 하지 처리의 확인사항

① 퍼티 연마

P80 → P120 → P180으로 번호를 바꾸어 거친 입자의 연마자국을 남기지 않도록 면 만들기 연마를 한다.

퍼티의 에지, 퍼티 주위 구도막의 연마자국도 P240 → P320의 페이퍼로 P80 → P120 → P180의 상처를 완전히 연마한다.

Point Up! 드라이 코트와 2코트 차이

- 메탈릭 도장은 특히 도장 방법에 따라 색상 맞춤이 변화한다. 조색하는 도료를 메이커 규정의 배합비로 경화제와 시너를 가하여 조합하고 컵에 넣어서 공기압을 조정한다.
- 스프레이 건의 패턴 분출량을 조정하고 이때 2매의 테스트 피스(시험시편)를 준비, 각각의 드라이 코트와 웻 코트로 구분하여 도장한 후 건조시켜 비교하면 같은 도료, 스프레이 건, 공기의 압력에 따라 색상에 차이가 생긴다.
- 드라이 코트는 색이 엷으며, 웻 코트는 색이 깊고 진하게 보인다. 그 원인은 드라이 코트와 웻 코트의 도장 직후 도막 두께의 차이와 도막 속의 용제 함유가 원인이다. 용제의 증발 시간 차이에 따라 알루미늄 입자의 움직이는 방향차이와 배열 상태의 차이가 있기 때문에 생긴다.
- 이와 같은 현상으로 메탈릭을 조색하여 테스트 피스에 도장하고 색상을 비교하였을 때 동일할 경우 실차에서도 같은 조건으로 도장을 한다.

	드라이 코트	웻 코트
분무 직후	분무 직후 도막중에 용제가 적은 상태 (클리어 / 안료 / 알루미늄) 도장했을 때 알루미늄이 불규칙하다.	분무 직후 도막중에 용제가 많은 상태 도장했을 때 알루미늄이 불규칙하다.
지촉건조 후	용제의 증발시간이 빠르다. 알루미늄을 도장했을 때 불규칙적인 상태	용제가 증발되는 시간이 걸리고 그 동안에 알루미늄의 도막 밑으로 나열된다. 알루미늄의 느낌이 좋아진다.
알루미늄의 상태	알루미늄의 도장 얼룩이 생긴다. 메탈릭 얼룩을 알 수 있다.	알루미늄이 나열되어 있으므로 메탈릭 얼룩이 없다.
색의 느낌	색이 엷다	색상이 차가운 느낌을 준다. 조금 진해진다. 깊이가 있다.
정면 투시	하얗게 보인다. 검게 보인다.	색이 진하게(검게) 보인다. 하얗게 보인다.

※ 드라이 코트 : 도장면에 분무한 시점에서 도막중의 용제분이 적고 다소 까칠거리는 기미가 된 상태 또는 그를 위한 도장방법. 분출량을 줄인다. 건의 거리를 떨어지게 하는 등의 방법이 있다.
※ 미디엄 코트 : 드라이와 웻의 중간
※ 웻 코트 : 도장한 상태로 도막중의 용제분이 많고 유동성이 강해서 광택나는 표면이 되는 도장방법

▲ 드라이 코트와 웻 코트의 차이

② **프라이머 서페이서의 연마**

상도에 사용하는 도료의 종류에 따라 페이퍼의 번호를 바꾼다.

속성건조 우레탄(10 : 1 타입) : 내수(耐水) 페이퍼 P600~P800을 사용하고 건식연마는 더블액션 샌더로 P400~P600의 페이퍼를 사용한다.

- 외국계, 국산계 1K 베이스 코트 : 내수 페이퍼 P800을 사용한다. 건식연마는 더블액션 샌더로 P400~P600의 페이퍼를 사용한다.
- 수용성 베이스 코트 : 내수 페이퍼 P800~P1000을 사용한다.
- 구도막의 클리어와 도장하는 부분·블렌딩부분 : 내수 페이퍼 P1500을 사용한다.

③ **이물질과 먼지 대책**

메탈릭, 2코트 펄은 이물질이나 먼지가 묻으면 수정하는 시간이 많이 걸리므로 충분한 대책과 주의가 필요하다.

2. 도장 순서

기본적으로는 메탈릭 컬러 베이스로부터 클리어 코트까지의 도장에서 스프레이 건은 컬러 베이스용과 클리어용의 2가지가 필요하다.

사용하는 스프레이 건은 도료에 따라 조정수치가 다르므로 사전에 도료 메이커 등의 매뉴얼을 참고하여 스스로 맞춰 조정한다.

■ 메탈릭 컬러베이스

① **기본 순서**

- 1회 - 엷게 도장하고 버린다. 거칠음이 없고 깨끗하게 바른다.
- 2회 - 웻 방식으로 색상을 정하여 도장한다.
- 3회 - 2회와 같은 방법으로 도장한다. 3회에서 메탈릭 컬러 베이스의 색상이 은폐되어 하지(下地)의 노출이 없어진다.
- 얼룩 지우기. 필요에 따라 실시하며, 시너를 20~30% 첨가하여 도장한다. 건의 거리를 먼 듯이 하고 얇게 2~3회 정도 도장하여 얼룩을 은폐시킨다.
- 플래시 오프타임 컬러 베이스의 용제를 증발시킨다. 이 사이에 알루미늄이 깨끗이 나열되어 안정을 찾게 된다.

▲ 컬러 베이스

▲ 클리어

PHOTO 메탈릭 도장

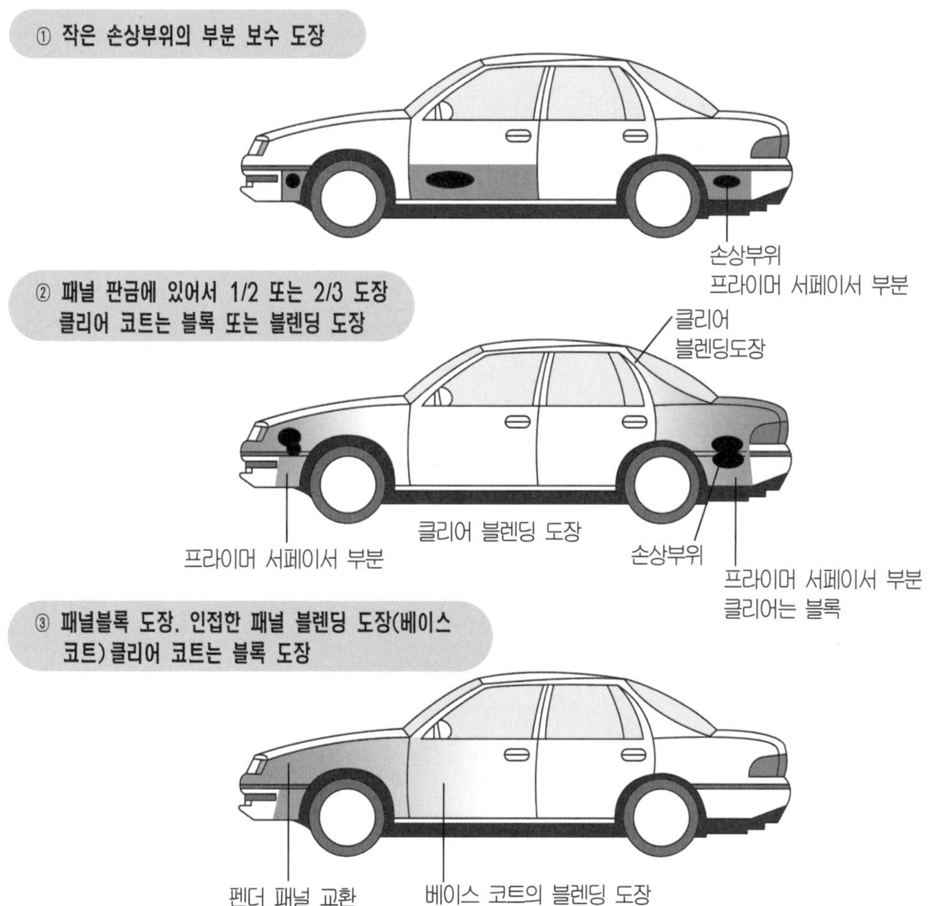

PHOTO 보수도장의 범위(베이스 코트, 클리어 코트)

② 속성건조 우레탄의 사용예

10 : 1 우레탄, 스프레이 건은 1.3mm 구경.

시너는 온도계를 보고 기온에 맞는 것을 선택한다.

속성건조 우레탄에서의 기준을 예를 들면

	조색 도료 : 경화제 : 시너의 배합비로
일반적인 경우	100 : 10 : 100
실버 메탈릭	100 : 10 : 120~130
넓은 면적의 경우	100 : 10 : 120~150

- 1회 라이트 코팅

얇게 도장하는 것으로서 거칠지 않게 얇고 깨끗한 상태가 되도록 도장한다.

튀김 방지와 구도막의 길들임이 목적이다.

- 2회 미디엄 코팅

색의 결정. 도장한 부분이 광택이 나오도록 도장한다.

패턴의 중복 : 2/3, 건의 속도 : 조금 빠르게, 건의 거리 : 15~20cm

- 3회 웻 코팅

도막의 붙임. 2회보다 조금 촉촉하게 도장한다. 절대로 거칠게 하지 않아야 하며 거칠어 질 경우 1템포 느린 시너를 5% 첨가하면 된다. 3회 도장에서 색상은 착색되지만 불빛에 비춰 보았을 경우 색상의 결정을 보완하기 위해 4회로 도장한다.

- 얼룩 제거

기본적인 방법과 조건은 다음과 같다.

- 색상을 결정할 때보다도 공기압은 조금 높게 한다(0.35~0.45MPa).
- 건의 거리는 조금 떨어지게 한다(색의 결정에서 5cm 정도).
- 패턴의 중복 너비는 3/4 정도.
- 건의 운행 속도는 1m/1초

얼룩 없애기와 타이밍은 반 광택이 나기 시작할 때 건은 직각으로 몸과 함께 움직이며 속도는 빠르게 2~3회 바른다.

거칠 경우에는 다시 한번 색상을 결정하여 얼룩 없애기를 한다. 얼룩 없애기의 방법은 도료 메이커에 따라 각각 다르므로 각각의 매뉴얼에 따라 한다.

- 플래시 오프 타임(flash off time)

베이스 코트의 용제를 증발시킨다. 상온에서 10분 정도이며, 되돌아오는 얼룩 방지. 클리어의 광택 방지를 위함이다.

클리어 코트

① 기본적인 순서

- 1회 – 조금 광택이 날 수 있도록 도장한다. 거칠어지지 않고 균일하게, 얇고 깨끗하게 도장한다.
- 2회 – 웻 코트로 마무리한다. 광택과 윤기있게 도장한 표면은 균일하게 한다.

2회 도장의 마무리가 기본이지만 도장된 표면이 매끄럽지 않거나 광택, 윤기가 부족할 경우에는 3회 도장으로 마무리를 한다. 컬러 베이스의 시너는 빠른 타입보다 느린 타입의 경우가 알루미늄의 입자 배열이 잘 된다. 메탈릭 컬러 베이스는 필요 이상으로 두껍게 도장하지 않을 것. 색상이 죽으면 좋다.

도막의 두께, 광택, 윤기, 도막의 표면을 깨끗하게 만든다. 도장이 완료되면 세팅 타임을 잡아서 가열, 경화시키면 마무리가 끝난 것이다.

② 속성건조 우레탄의 사용 예

- 1회 – 중간 도장

도막의 붙임, 거칠지 않을 것. 엷은 도장으로 광택이 나오도록 한다.

- 2회 – 웻 코트

마무리 도장. 광택을 내고 도장의 표면을 고른다.

- 2회 도장으로 깨끗이 되지 않을 경우 3회 도장을 한다.
- 클리어 도장을 중복할 경우에는 여유시간을 두고 먼저 도장된 클리어가 지촉 건조된 다음에 도장한다.
- 도장을 두껍게 하지 않을 것.
- 분무 방법은 솔리드 컬러의 도장 방법을 기본으로 하면 좋다.

• 건 조

지촉 건조 : 세팅 시간은 10분 정도로 한다.

예비가열 : 40~45℃×10분 정도

본 가열 : 60℃×30분 정도

건조시의 가열 방법, 시간 등은 사용할 도료에 따라 다르다.

예를 들면 외국제의 2K의 경우는 세팅 없이도 곧바로 가열한다. 80℃×20분 정도

메탈릭의 결함

도장하였을 때 도장얼룩, 리턴 얼룩, 메탈의 배열 불량 등 시너의 희석에 주의해야 하고 스프레이 기술도 필요하다.

완벽한 표면 만들기를 하여 연마자국이나 핀 홀이 없을 것.

메탈릭, 2코트 펄의 보수 도장

패널의 손상 부분에 하지 작업 후 베이스 코트색을 결정하고 블렌딩 도장, 클리어 코트(블록 또는 부분 도장)로 마무리한다.

보수 도장의 범위로는,

① 작은 상처의 부분보수

② 패널의 1/2 또는 2/3 부분 보수

③ 패널 한 장 도장으로 색이 맞지 않을 경우에 인접 패널과의 블렌딩 도장 등이 있다.

[하지처리]

① 프라이머 서페이서 부분의 연마는 P600이상의 페이퍼로 물연마
② 블렌딩·클리어 코트부의 연마는 P1500이상의 페이퍼로 물연마 또는 나일론 부직포 연마재 #1500과 표면조정제(클린저 등)으로 물연마
③ 탈지·에어블로는 정확하게 한다. 깨끗한 걸레로 먼지·이물질이 생기지 않도록 한다. 택 크로스로 닦아낸다.

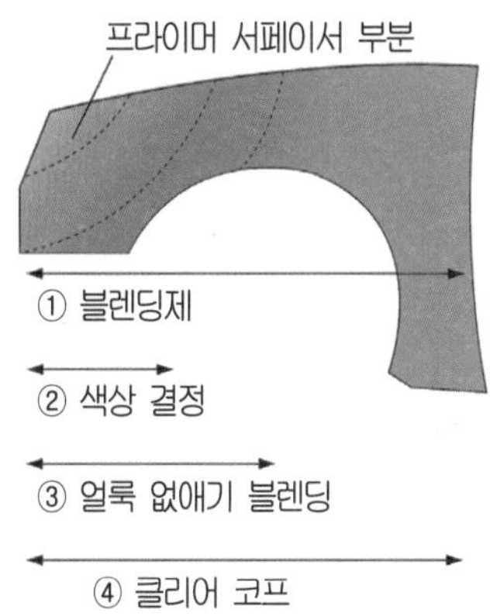

[상도순서]

① 프라이머 서페이서 부분을 제외하고 블렌딩제를 도장하여 클리어 코트, 블렌딩부에 중간도장으로 1회 분무한다.
② 컬러 베이스의 색결정(2~3회)
컬러 베이스는 2회, 3회 도장할 때 마다 범위를 넓힌다.
③ 얼룩 없애기와 블렌딩을 한다.
블렌딩은 1회, 2회로 도장 범위를 넓힌다.
④ 클리어 코트(2~3회) 도장

주의사항

① 블렌딩제는 경화제를 100 : 2의 비율로 첨가할 것. 부착성 향상을 위해
② 색상의 결정 메탈릭 컬러 베이스, 2코트 펄의 베이스는 색상이 죽으면 된다. 두껍게 도장하지 않을 것. 2회, 3회로 도장 범위를 넓힌다.
③ 얼룩 제거. 블렌딩은 컬러 베이스에 대하여 시너를 20~30% 첨가한다. 색상을 결정한 도막이 조금 건조되기 시작하기 전(반광택 정도)에 작업하면 된다. 건조된 다음부터 얼룩을 없애면 거칠거리게 되므로 건조되기 전에 얼룩 제거와 블렌딩은 동시에 행한다.
④ 플러시 오프 타입을 잡아서 컬러 베이스가 건조한 다음에 클리어 코트를 한다.
⑤ 클리어는 1회째는 조금 광택이 나는 정도로 도장한다. 날려 뿌리기는 하지 않는다. 두껍게 도장하지 않는다. 중간코팅으로 도장한다.
⑥ 2회째의 클리어 코트는 지촉건조시켜 도장한다. 클리어는 2회 빠르면 도장하면 경우에 따라서는 3회 바르기를 한다.

▲ 메탈릭, 2코트 펄의 보수 순서

[하지처리]
① 프라이머 서페이서 부분의 물연마 : P600~800 내수(耐水) 페이퍼
② 블렌딩부분, 클리어 코트부분의 물연마 : P1500 내수 페이퍼 또는 부직포 연마재 #1500과 표면조정제(클린저 등)로 물연마
③ 물기 제거, 에어블로, 탈지 : 깨끗한 걸레로 한다.
④ 마스킹
⑤ 도막의 최종 점검
⑥ 택 크로스 닦기. 먼지, 이물질을 완전 제거

[조색·조합]
도료 : 경화제 : 시너(계량 후 사용)
메이커 규정의 배합비를 지킨다.
시너를 기온에 따라 선정

[도장]

1. 언더 클리어(블렌딩제) 도장
- 프라이머 서페이서 부분을 생략할 것
- 중간도장으로 1~2회 분무
- 컬러 베이스의 미스트를 융합시키는 역할
- 컬러 베이스 미스트의 거침을 방지
- 한번에 두껍게 도장하면 흘러버린다. 얇게 2회 도장.

2. 컬러 베이스의 도장

① 컬러 베이스의 버리기 도장
- 프라이머 서페이서 부분 및 P600~800페이퍼 연마부분까지 도장한다.
- 거칠거리지 않도록 균일하게 도장한다.
- 튀김 확인과 도료 융합이 목적
- 라이트 코팅 1/2 겹치기

② 컬러 베이스 색 결정
- 2~3회 도장
- 2회, 3회로 도장하며 범위를 넓힌다.
- 한번에 두껍게 도장하지 말고 조금씩 광택이 나는 도장방법으로
- 중간도장 코팅. 2/3~3/4겹치기
- 색이 죽으면 된다. 두껍게 도장하지 말 것

③ 얼룩 제거와 블렌딩 도장
- 경우에 따라서는 시너를 10~20% 가한다. (1템포 느린 시너가 좋다).
- 블렌딩과 얼룩 제거를 동시에 한다.
- 건을 떨어지게 하여 공기압을 조금 낮춘다.
- 건속도는 빠르게, 중간도장 2/3겹쳐서 도장
- 필요 이상으로 오버 스프레이 하지 않는다.

3. 플러시 오프타임을 잡는다.

4. 클리어의 도장

① 1회째의 도장
- 조금 광택이 나도록 하고 균일하게
- 날려 뿌리기를 하지 않는다.
- 필요 이상으로 두껍게 도장하면 안된다.
- 중간도장, 1/2~2/3 겹치기

② 플래시 오프 타임을 잡는다.

③ 2회째의 도장
- 광택을 낼 것. 도장한 표면은 균일하게
- 도면을 깨끗하게 레벨링한다.
- 2회 도장으로 마무리되도록 도장한다.
- 웻 코팅으로 2/3~3/4겹치기

[스프레이 건의 조정]
- 언더 클리어(블렌딩제)용
- 메탈릭 컬러 베이스용
- 클리어용 합계 3가지 준비한다. (작업에 맞게 그 옆에 둔다.)

- 손잡이 공기압 0.098~0.15MPa(1.0~1.5kg/cm²)
- 분출량 : 2~2½ 회전시켜 연다.
- 패턴 : 2~2¾ 회전시켜 연다.
- 건의 속도 : 빠르게, 1.5m/초

- 손잡이 공기압 0.098~0.15MPa(1.0~1.5kg/cm²)
- 분출량 : 2¼~2½ 회전시켜 연다.
- 패턴 : 2½~2¾ 회전시켜 연다.
- 건의 속도 : 빠르게, 1.5m/초

- 손잡이 공기압 0.098~0.15MPa(1.0~1.5kg/cm²)
- 분출량 : 2½~3 회전시켜 연다.
- 패턴 : 2½~2¾ 회전시켜 연다.
- 건의 속도 : 빠르게, 1.0m/초

- 손잡이 공기압 블렌딩부분 0.078~0.098MPa(0.8~1.0kg/cm²)
- 얼룩제거 : 0.15MPa(1.5kg/cm²)
- 분출량 : 2~2¾ 회전시켜 연다.
- 패턴 : 2~2¾ 회전시켜 연다.
- 건의 속도 : 빠르게, 1.5m/초

- 손잡이 공기압 0.25~0.29MPa(2.5~3.0kg/cm²)
- 분출량 : 2¾~3 회전시켜 연다.
- 패턴 : 2¼~2¾ 회전시켜 연다.
- 건의 속도 : 조금 빠르게, 1.0m/초

10~15분(20℃)
- 손잡이 공기압 0.098~0.15MPa(1.0~1.5kg/cm²)
- 분출량 : 2½~3 회전시켜 연다.
- 패턴 : 2½~2¾ 회전시켜 연다.
- 건의 속도 : 빠르게, 1.0m/초

5~10분(20℃)
- 손잡이 공기압 0.25~0.29MPa(2.5~3.0kg/cm²)
- 분출량 : 회전시켜 연다.
- 패턴 : 2¾ 회전시켜 연다.
- 건의 속도 : 1.0m/초

PHOTO 메탈릭, 2코트 펄 도장 작업 순서

1. 스프레이 건의 준비와 조정

스프레이 건은 기본적으로 3개 준비한다.

① 언더 클리어(=친화용 클리어, 블렌딩제) 도장용

② 컬러 베이스 도장용

③ 클리어 도장용

각각의 용도에 따라 조정이 필요하다. 스프레이 건의 종류에 따라 적합한 도료가 다를 경우도 있으므로 메이커의 수치를 참고하여 자기의 기술에 맞도록 조정을 한다. 컬러 베이스를 도장할 경우 미립화가 좋은 스프레이 건을 사용하고, 클리어의 경우에는 도막 표면의 조정이 용이한 스프레이 건을 사용하는 방법이 좋다.

2. 컬러 베이스의 블렌딩이 거칠거릴 때

컬러 베이스의 블렌딩을 할 때 도장이 거칠거릴 경우가 있다. 이것은 컬러 베이스의 시너 선정 불량과 스프레이 기술 부족이 원인이다. 또한 블렌딩제의 활용방법을 이해하지 못하기 때문이다.

① 블렌딩제 활용·사용 방법의 파악

② 컬러 베이스에 사용하는 시너는 1템포 느린 타입을 사용한다.

③ 스프레이 기술의 습득. 특히 블렌딩 도장을 할 수 있도록 할 것.

3. 3코트 펄 컬러

3코트 펄 컬러의 도장 작업은 컬러 베이스를 도장하고 펄 베이스(펄 원색 단독 또는 몇 종류의 펄 원색을 조색한 것)를 도장하며, 그 위에 클리어 코트하여 마무리한다. 또 멀티컬러 등도 기본적으로는 3코트 도장이므로 공정은 같다.

하지 처리의 확인사항

3코트 펄은 컬러 베이스의 도막이 얇기 때문에(두껍게 바르지 말 것) 연마자국이 생기기 쉬워 정성껏 연마하여 마무리할 필요가 있다.

① 프라이머 서페이서 연마

받침 고무, 소프트 패드 등에 P600~800 내수 페이퍼를 부착시켜 면내기 연마, 고르기(연마 자국 제거) 마무리 연마한다. 프라이머 서페이서의 가장자리 부분은 단차가 생기지 않도록 정확하게 연마한다.

- 속성건조 우레탄 : P600 내수(耐水) 페이퍼
- 1K 베이스 코트 : P800~1000페이퍼

1K베이스 코트는 도막이 더 얇기 때문에 P600으로는 연마자국이 생길 가능성이 있다.

- 건식 연마 : P500~600

더블 액션 샌더로 연마(오빗 다이어 5mm 전후), 샌더가 닿지 않는 부분은 P800이상으로 손연마(물연마 병용가능).

② 구도막 연마

물로 연마한다.

- 컬러 베이스 블록 도장 부분 : P600~800 내수 페이퍼
- 클리어만, 블렌딩 부분 : P1500 내수 페이퍼
- 컬러 베이스, 펄 베이스, 블록 도장 : P600~800 내수 페이퍼

클리어만의 도장 부분, 블렌딩 부분의 연마는 연마 얼룩, 연마 잔류가 없도록 확실히 표면조정 연마한다. 내수 페이퍼 이외의 방법으로는 나일론 불직포 연마제 #1500과 표면 조성제(클린저 등)와의 조합으로도 좋다.

또 특수 내수 P1500~2000을 스펀지 패드에 묻혀서 하는 방법도 있다.

③ 먼지·이물질 대책

3코트 펄 도장에는 먼지와 이물질이 광택에 큰 적이다. 대책은 반복해서 정성껏 한다.

조색과 조합의 확인사항

시험 시편의 도장은 실차와 같은 도장의 방법(분무 방법)으로 실시한다.

공기압, 패턴 너비, 분출량, 도료 점도, 건의 거리, 도장의 겹치기, 건의 속도를 동일하게 한다. 실차의 도장 방법이 다르면 색은 맞지 않는다. 시험 시판에 도장은 다음과 같다.

① **컬러 베이스** : 2~3회 도장(착색하면 좋다.)

② **펄 베이스** : 1회 도장, 2회 도장, 3·4회 도장으로 구분한다. 펄 베이스의 도장 횟수에 의한 펄 감의 깊이, 보는 각도에 따른 홍채감(紅彩感), 색상의 차이를 보기 위해서다.

③ **클리어 코트** : 1~2회 도장

반드시 광선(될 수 있으면 태양광)에 비추어서 색상을 비교한다. 펄의 반사광 입자의

크기, 펄의 깊이, 보는 각도에 따른 홍채성의 변화, 정면, 불빛에 비쳤을 때의 색상, 펄의 도장 횟수의 판단, 컬러 베이스의 색상 등을 확인한다.

펄의 베이스의 도장 방법에 따라서도 차이가 생기므로 색이 맞는다 해도 다시 한번 시험 시편에 도장하여 확인해 보는 것도 하나의 방법이다.

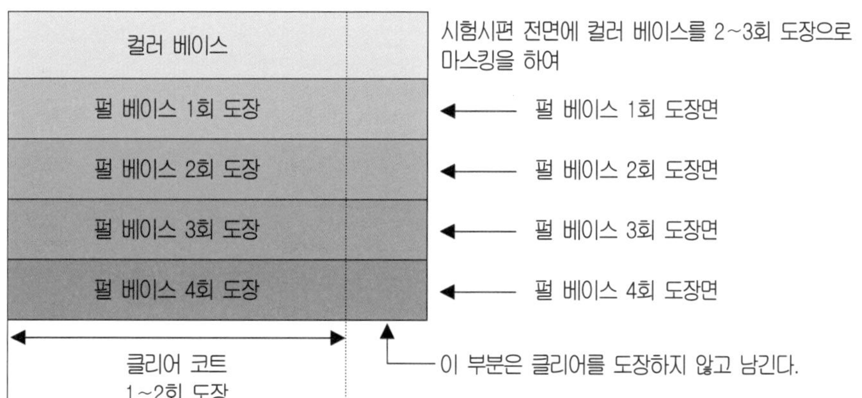

▲ 1회째 시험 시편으로 도장

기본적인 도장 순서

상도를 하기 전에 재차 택 크로스 또는 정전방지 천으로 도막 표면의 먼지나 이물질을 제거한다.

① 컬러 베이스

- **버리는 도장 라이트 코팅** : 얇고 균일하게 도장한다. 거칠어지지 않도록 깨끗하게 도장한다.
- **색결정 중간도장** : 도장 후 광택이 나오도록 도장한다. 웻 코트로는 도장하지 않는다. 2~3회 도장으로 착색(着色)되어 필요 이상으로 중복 도장을 하지 않는다.
- **플래시 오프 타임** : 컬러 베이스의 용제를 증발시키고 지촉 건조를 한 다음에 펄 베이스를 도장한다. 컬러 베이스가 건조되지 않은 사이에 펄 베이스를 도장하면 펄이 컬러 베이스 속으로 들어가 펄 감이 생기지 않는다.

② **펄 베이스**

시험 시편에서 확인한 도장 횟수로 한다.

- 중간 도장으로 2~3회 도장하여 광택이 나는 느낌으로 도장한다.
- 플레시 오프 타임 : 펄 베이스의 용제를 증발시킨 다음에 깨끗이 도장한다. 건조되기 전에 클리어를 도장하면 리턴 마크가 생긴다.

③ **클리어**

2~3회 도장으로 마무리한다.

- 1회째 중간도장의 인터벌을 준다.
- 2회째 웻으로 도장한다.

2회 도장으로 부족할 경우에는 3회 도장을 한다.

도장이 끝난 다음에 세팅 타임을 주고 예비 가열을 한 후 본 가열로 경화시킨다.

3코트 펄의 보수 도장

3코트 펄의 보수 도장은 ① 블렌딩제 또는 언더클리어의 도장 ② 컬러 베이스의 도장 ③ 컬러 베이스의 블렌딩 ④ 혼탁의 조합과 도장 ⑤ 펄 베이스의 도장 및 블렌딩 ⑥ 클리어의 도장 등 필요에 따라 블렌딩 순으로 작업한다.

도장 작업시에는 미리 흐름을 파악하여 수순을 정확하게 세워두면 효율이 나고 마무리도 좋아진다. 작업에 여유를 가지고 할 수 있다.

작업 전에 각 도료를 스프레이 건에 넣어서 준비해 둔다. 혼탁을 일으키지 않는 용기와 추가적인 시너도 준비해 둔다. 도장의 면적이나 형상에 따라 그 때마다 스프레이 건의 조정과 도장 방법을 배려한다. 기본을 준수하고 조건에 따라 잘 응용할 것

속성건조 우레탄(10 : 1 타입)

	도료 : 경화제 : 시너
컬러 베이스	100 : 10 : 50~70
펄 베이스	100 : 10 : 100~120
클리어	100 : 10 : 0~20

컬러 베이스는 솔리드 컬러이지만 시너의 희석이 많다.(일반적인 솔리드 컬러는 40~50정도). 이것은 컬러 베이스가 하도색으로서 착색하면 좋으며 도막의 두께는 필요없기 때문이다. 또 솔리드 컬러와 같이 두껍게 도포하면 도장표면이 만들어진다. 거칠거리지 않도록 얇고 깨끗한 도막면으로 할 필요가 있다.

▲ **도료의 조합제**

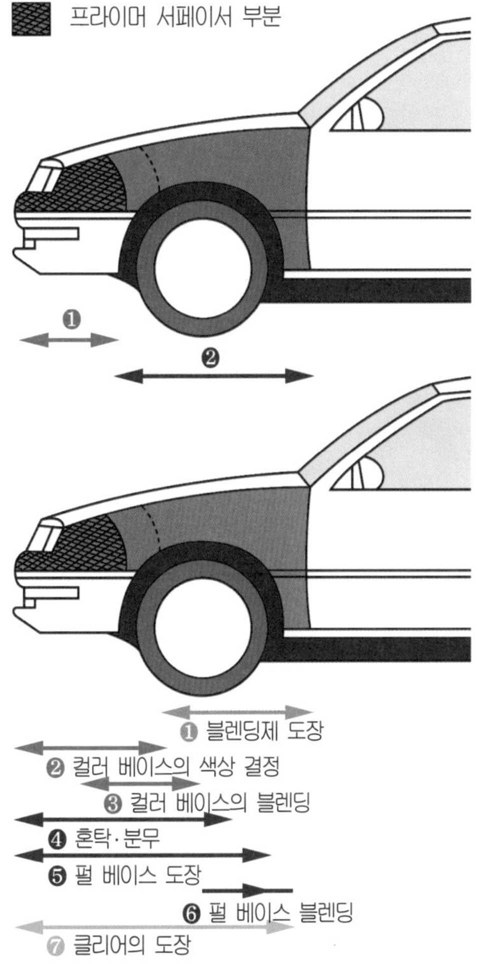

[하지처리]

❶ 프라이머 서페이서 부분의 연마. P600이상 페이퍼로 물연마.

❷ 구도막의 표면 조성 연마. P1500이상의 페이퍼로 물연마 또는 나일론 부직포 연마제 #1500과 표면 조정제(클린저 등)로 물연마.
종료 후 깨끗한 물로 세정, 물기를 제거 건조.

③ 탈지·에어 블로는 정확하게 한다. 깨끗한 걸레를 사용하여 먼지·이물질이 날지 않도록 또한 부착하지 않게 주의한다.

④ 마스킹을 연주하면 먼지·이물질의 부착이 감소한다.

[상도 순서(도장 공정)]

❶ 프라이머 서페이서 부분을 제외한 블렌딩제를 얇게 1~2회 도장

❷ 컬러 베이스를 2~3회 도장한다. 1회, 2회로 조금씩 도장하여 범위를 넓힌다.

❸ 컬러 베이스의 블렌딩

❹ 혼탁(컬러 베이스와 펄 베이스의 블랜드) 도장

❺ 펄 베이스를 2~3회 도장한다. 1회, 2회로 조금씩 도장하여 범위를 넓힌다.

❻ 펄 베이스의 블렌딩

❼ 클리어를 2~3회 도장

※ 도료와 경화제·시너의 배합비율은 베이커의 매뉴얼을 지킨다.

※ 혼탁의 비율은 펄 베이스 : 컬러 베이스의 블랜드
95 : 5
또는 96 : 10
시너를 추가하면 도장이 쉽다.

※ ⑥의 펄 베이스의 블렌딩은 생략해도 좋다.

※ 1회째의 클리어는 두껍게 도장하지 않는다.
간격을 두고 2회째의 클리어를 도장한다.

주의사항

① 스프레이 건은 블렌딩제용, 컬러 베이스용, 펄 베이스용, 클리어용의 4가지를 준비하면 작업이 효율적. 혼탁은 컬러 베이스용의 건을 사용한다.
② 블렌딩제의 도장은 얇게 1~2회, 프라이머 서페이서 부분에는 도장하지 않는다. 블렌딩제에 경화제 2~3% 첨가하면 부착성이 향상한다.
③ 컬러 베이스는 색이 죽으면 좋다. 두껍게 도장하지 않는다. 컬러 베이스의 블렌딩을 잘하면 경계선을 알 수 없게 된다.
④ 혼탁은 펄 베이스의 얼룩 방지와 컬러 베이스의 블렌딩을 보다 깨끗이 알기 쉽게 하기 위해서 하는 것이다.
⑤ 컬러 베이스 혼탁의 미스트가 거칠거리면 블렌딩제를 얇게 2~3회 도장하여 융합시키면 깨끗하게 된다.
⑥ 펄 베이스는 구도막과 펄 감이 맞도록 2~3회 얇게 도장하면 대충 알기 어렵게 될 것이다.
⑦ 1회째의 클리어 코트를 하기 전에 확실히 세팅을 한다. 또 1회째의 클리어를 두껍게 도장하는 것을 피한다.

3코트 펄의 보수 순서

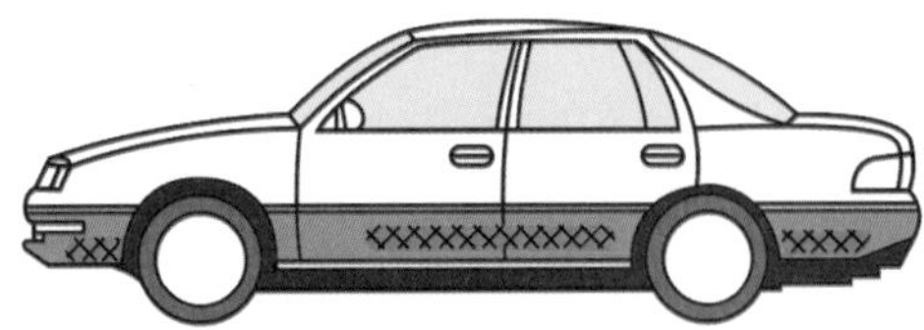

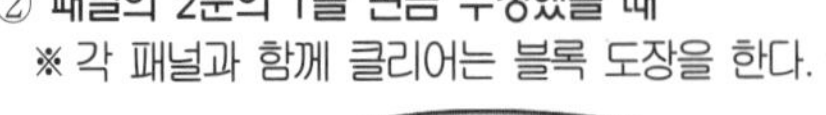

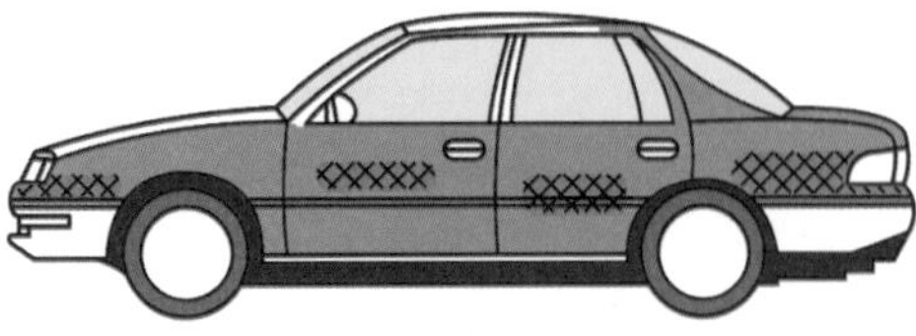

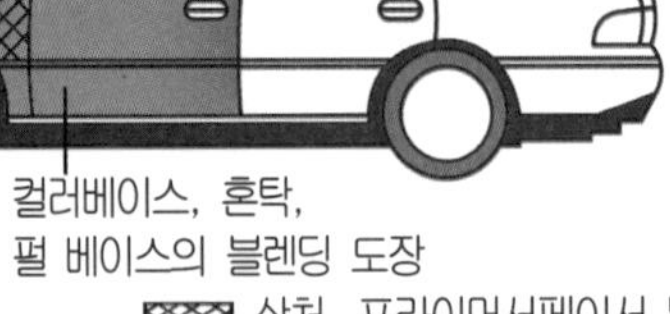

PHOTO 3코트 펄 보수도장의 범위 [예]

1. 보수 도장의 포인트

① 블렌딩제 또는 언더 클리어 활용

컬러 베이스, 펄 베이스의 미스트 거칠거림 방지와 거칠거림 도료 미스트의 레벨링 수정을 위해 사용한다. 컬러 베이스를 도장하기 전에 프라이머 서페이서 부분의 구도막 면에 얇게 1~2회 도장한다(클리어 코트를 하는 부분 전체 면에 도장한다.).

구도막으로의 베이스 코트 부착성 향상, 튀김에 생기는 정도의 확인과 방지 등의 효과가 있다. 블렌딩제에는 경화제를 첨가한다. 배합비는 블렌딩제 100 : 경화제 2~3.

② 조합한 도료의 교반

특히 펄 베이스는 침전이 쉬우므로 도료 컵에 넣기 전에 재차 교반한다.

③ 컬러 베이스의 시너는 많게

컬러 베이스는 통상적인 솔리드 컬러일 때보다 시너를 많이 첨가하여 점도를 낮추어 도장한다.

속성건조 우레탄	도료 : 경화제 : 시너
솔리드 컬러	100 : 10 : 40
컬러 베이스	100 : 10 : 50~70

[하지처리]

① 프라이머 서페이서 부분의 물연마 : P600~800 내수 페이퍼
② 블렌딩 부분, 클리어 코트 부분의 물연마 : P1500 내수 페이퍼 또는 부직포 연마재 #1500과 표면 조정제(클린저 등)으로 물연마
③ 물기제거 건조, 에어 블로
④ 탈지는 깨끗한 걸레로 빈틈없이 한다.
⑤ 마스킹
⑥ 도막의 최종 점검
⑦ 택크로스 닦기. 먼지·이물질을 완전 제거

[조색·조합]

① 도료 메이커의 색견본과 데이터에 의해서 계량 조색하여 시험 시편으로 색상을 비교한다. 컬러 베이스, 펄 베이스 모두
② 조합은 디지털 전자저울을 사용해서 정확하게 한다.

도료 : 경화제 : 시너
메이커 규정의 배합비를 정확하게 지킨다.
시너는 기온에 따라 선정
컬러 베이스, 펄 베이스, 클리어 모두 도장

[도장 후]

도장 후에 재차, 에어블로, 탈지, 택크로스 닦기를 한다.

1. 언더 클리어(블렌딩제) 도장

- 블렌딩제의 경우에는 프라이머 서페이서 부분에는 도장하지 않는다.
- 중간도장으로 1~2회 도장
- 컬러 베이스의 미스트를 융합시키는 역할
- 컬러 베이스의 미스트의 거칠거림 방지
- 한번에 두껍게 도장하면 흘러 내린다. 얇게 1~2회 도장

2. 컬러 베이스의 도장

① 날려 뿌리기
- 프라이머 서페이서 부분 및 P600~800 페이퍼 연마 부분까지 도장한다.
- 거칠거리지 않도록 균일하게 도장한다.
- 튀김 확인과 도료 융합이 목적

② 색상의 결정
- 2~3회 도장
- 2회, 3회로 조금씩 도장하여 범위를 넓힌다.
- 한번에 두껍게 도장하지 말고, 광택이 조금씩 나오는 도장 방법으로
- 중간도장으로 2/3 겹침
- 색이 죽으면 된다. 두껍게 도장하지 않을 것
- 반짝거리는 표면에 도장한다.

3. 컬러 베이스의 블렌딩 도장

- 컬러 베이스에 1템포 느린 시너 또는 블렌딩제를 30~50% 가한다.
- 2회 또는 3회 도장. 미스트의 거칠거림, 컬러 베이스의 경계를 알 수 없도록 얇게 도장한다.
- 블렌딩 부분이 거칠거리면 블렌딩제를 도장하여 융합시킨다.

스프레이 건을 준비, 조정한다.
- 언더 클리어(블렌딩제)용
- 컬러 베이스 용
- 펄 베이스 용
- 클리어 용

…… 합계 4가지 준비한다
(작업에 맞게 바로 옆에 놓는다.).

손잡이 공기압
: 0.098~0.15MPa(1.0~1.5kg/cm²)
분출량 : 2~2 1/2 회전시켜 연다.
패 턴 : 2~2 3/4 회전시켜 연다.
건의 속도 : 빠르게, 1.5mm/초
건의 거리 : 30~35cm
겹치기 : 1/2

손잡이 공기압
: 0.098~0.19MPa(1.0~1.5kg/cm²)
분출량 : 2~2 1/2 회전시켜 연다.
패 턴 : 2~2 3/4 회전시켜 연다.
건의 속도 : 빠르게, 1m/초
건의 거리 : 20~30cm
겹치기 : 1/2

손잡이 공기압
: 0.098~0.19MPa(1.0~2.0kg/cm²)
분출량 : 2~2 3/4 회전시켜 연다.
패 턴 : 2~2 1/2 회전시켜 연다.
건의 속도 : 빠르게, 1m/초
건의 거리 : 15~25cm
겹치기 : 2/3

손잡이 공기압
: 0.098~0.19MPa(1.0~2.0kg/cm²)
분출량 : 2~2 1/2 회전시켜 연다.
패 턴 : 2~2 1/2 회전시켜 연다.
건의 속도 : 빠르게, 1.5m/초
건의 거리 : 20~30cm
겹치기 : 2/3

PHOTO 3코트 펄의 분무작업 순서(1)

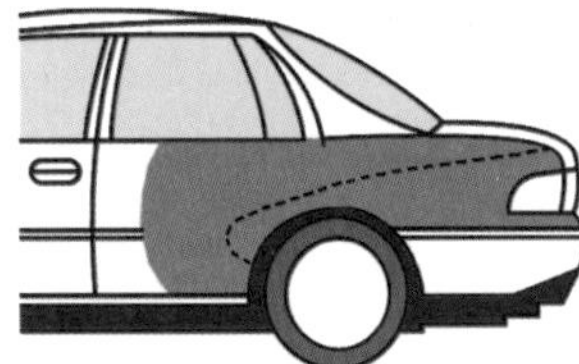

4. 혼탁 도장

- 혼탁도장 또는 불결한도장이라는 것은 조합한 컬러베이스와 펄 베이스를 혼합한 것
- 혼합의 비율은 펄 베이스 95 : 컬러 베이스 5 또는 90 : 10
- 시너를 조금 추가하여 도장하면 바르기가 쉽다.
- 중간도장에서 광택이 나도록 1회 또는 2회 도장한다.
- 혼탁 도장으로 미스트가 거칠거릴 때는 그 부분에 블렌딩제를 도장하여 곁들이면 깨끗해진다.
- 또는 미리 미스트 부분에 블렌딩제를 1회 도장해두는 것도 하나의 방법이다.
- 도장이 끝나면 플래시 오프타임을 취한다.

손잡이 공기압
: 0.098~0.19MPa(1.0~2.0kg/cm²)
분출량 : 2~3 회전시켜 연다.
패 턴 : 2~2½ 회전시켜 연다.
건의 속도 : 빠르게, 1m/초
건의 거리 : 20~25cm
겹치기 : ½~⅔

3~5분(20℃)

5. 펄 베이스의 분무

① 중간도장 또는 약간 웻코트 기미로 1~3회 펄 베이스를 도장
- 구도막과 같은 색이 되도록 횟수를 조정

② 펄 베이스의 블렌딩
- 펄 베이스의 가장자리 부분의 블렌딩은 시너 50~100% 추가해서 얇게 1~2회 도장하여 경계를 알 수 없게 한다.

※ 또는 펄 베이스는 얇게 2~3회, 메탈릭의 얼룩 제거의 요령으로 도장하는 방법도 있다.

손잡이 공기압
: 0.098~0.19MPa(1.0~2.0kg/cm²)
분출량 : 2~3 회전시켜 연다.
패 턴 : 2~2½ 회전시켜 연다.
건의 속도 : 빠르게, 1m/초
건의 거리 : 20~25cm
겹치기 : ⅔~¾

6. 플래시 오프타임을 잡는다.

10~15분(20℃)

7. 클리어의 도장

① 1회째의 도장
- 조금 도장하여 광택이 나오도록 균일하게
- 날려 뿌리지 않는다.
- 필요 이상으로 두껍게 도장하는 것은 불가. 펄 베이스의 반복 얼룩의 원인이 된다.

손잡이 공기압
: 0.19~0.29MPa(2.0~3.0kg/cm²)
분출량 : 2½~3 회전시켜 연다.
패 턴 : 2½~2¾ 회전시켜 연다.
건의 속도 : 조금 빠르게, 1m/초
건의 거리 : 15~20cm
겹치기 : ⅔~¾(중간도장으로 바른다)

② 플래시 오프 타임을 잡는다.

5~10분(20℃)

③ 2회째의 도장
- 도장의 광택을 낼 것. 도장 표면은 균일하게
- 도장면을 깨끗이 닦는다.
- 2회 도장으로 마무리가 되도록 도장한다.

손잡이 공기압
: 0.19~0.29MPa(2.0~3.0kg/cm²)
분출량 : 2½~3 회전시켜 연다.
패 턴 : 2½~2¾ 회전시켜 연다.
건의 속도 : 표준, 50cm/초
건의거리 : 15~20cm
겹치기 : ⅔~¾(웻 도장으로 바른다)

PHOTO 3코트 펄의 분무작업 순서(2)

④ **컬러 베이스는 두껍게 도장하지 않는다**

컬러 베이스는 얇고 깨끗하게 반짝거리는 표면에 뿌려 준다. 색이 은폐되면 좋다. 필요 이상으로 두껍게 도장을 하면 도막의 표면이 거칠어져 클리어 마무리 후의 도막이 거칠어지는 원인이 된다.

⑤ **컬러 베이스의 블렌딩을 확실하게**

컬러 베이스의 경계면을 알 수 없도록 블렌딩 도장을 한다.

느린 타입의 시너로 희석하거나 블렌딩제로 희석하는 등으로 도장한다. 따라서 스프레이 기술이 필요하다.

컬러 베이스의 블렌딩 상태가 3코트 펄의 블렌딩 부분 마무리 양부를 결정한다.

⑥ **미스트의 거칠거림은 블렌딩제 또는 언더 클리어로 수정**

컬러 베이스나 탁한 도장의 미스트가 거칠거릴 때는 거칠어진 부분에 블렌딩제를 1~2회 도장하여 미스트를 잠재운다. 한번에 블렌딩제를 두껍게 도장하면 흘러내리게 된다.

⑦ **탁한 도장의 활용과 목적**

탁하게 또는 탁함이라는 것은 펄 베이스와 컬러 베이스를 혼합시켜서 도장하는 방법이다(혼합비＝펄 베이스 90~95 : 컬러 베이스 10~5).

목적으로는 컬러 베이스의 블렌딩 부분을 알기 쉽도록 정도(精度)가 높은 블렌딩을 함과 동시에 펄 베이스의 도장 얼룩방지에도 도움이 된다.

탁한 도장은 컬러 베이스의 블렌딩을 마치고 잠시 여유를 둔 다음에 반건조 상태에서 하게 된다. 조금 도장하여 광택이 나도록 중간도장으로 분무한다. 일반적으로는 1~2회 도장한다.

⑧ **펄 베이스의 도장**

펄 베이스는 혼탁 도장 후 플래시 오프 타임을 취한 다음에 도장한다.

혼탁 도막이 끈적거리는 동안에 도장을 하면 안된다. 펄 베이스가 도막 속에 들어가면 진주같은 느낌이 변해버린다. 또 펄 베이스의 도장 횟수 등은 시험 시편으로 확인되는 대로 도장 방법이나 횟수를 정한다.

⑨ **플래시 오프 타임을 잡는다**

펄 베이스 분무 후에는 플래시 오프 타임을 취한다. 컬러 베이스, 펄 베이스, 혼탁 베이스, 코트 도막의 용제를 증발시킨다. 이 시간을 확실히 잡아서 펄의 리턴 얼룩의 방지, 클리어의 광택 결함과 흡수 방지가 된다.

⑩ **클리어 코트를 2~3회 도장한다**

1회째의 클리어는 흩뿌리는 도장을 하지 말 것. 중간도장으로 조금씩 광택이 나게 해서 균일하고 엷게 바르도록 한다.

2회째는 플래시 오프 타임을 잡아서 웻 코트로 마무리한다.

광택이 나는 원인이 되므로 클리어의 웻 온 웻 도장 방법으로 하지 않는다. 흐름 등의 결함이 생기는 원인이 된다.

⑪ **클리어의 블렌딩**

1템포 느린 시너 또는 블렌딩제를 50~100% 첨가해서 도장한다. 미스트의 거칠거림이 생길 때는 블렌딩제를 미스트 부분에 도장하여 길들인다.

이 때 한번에 블렌딩제를 두껍게 도장하지 말고 여러 번 나누어서 얇게 도장한다. 1회째를 도장한 다음에 미스트의 길들임 상태를 보고 2회째, 3회째로 그 때마다 깨끗하게 길들어 있는가 확인한다.

⑫ **플래시 오프 타임의 중요성**

건조 후의 결함(광택 결함), 수축·흡수, 연마 자국, 펄의 리턴 얼룩 방지를 위해서 플래시 오프 타임을 주면서 바른다.

플래시 오프와 세팅 타임

1 플래시 오프

도장 횟수 사이를 4~5분 정도의 간격을 두고서 도장한 도료의 용제를 어느 정도 증발시킨 다음에 다음 공정으로 넘어간다. 이것을 '플래시 오프 타임' 이라고 한다.
플래시 오프 타임을 주지 않고 계속 도장하면 흐름이 생기거나 용제가 증발하는 시간이 길어져 좋은 마무리가 안된다.

2 세팅 타임

도장 직후에 용제 증발이 활발할 때 갑자기 열을 가하면 도막에 나쁜 영향이 미칠 경우가 있다. 따라서 분무 종료 후 10~20분 정도 간격을 두고 열을 가할 경우가 있다. 이것이 '세팅 타임' 이다.

8. 건조와 연마

8. 건조와 연마

상도 건조에서도 결함을 피하기 위해 알아 두어야 할 것이 있다.

그것이 끝나면 최종 마무리의 폴리시 공정이다.

01 자연건조와 강제건조

상도 도장 작업이 완료되면 도막의 건조에 들어간다.

도막의 건조란 도장 후 액상 도막 중에 포함되어 있는 용제를 증발시켜서 건조하고 단단한 도막으로 변화시키는 것이다.

자동차 보수용 도료의 건조에는 자연 건조와 강제 건조의 두 가지 방법이 있다.

자연 건조

1. 건조에 시간이 걸린다.

   건조 시간은 외기 온도에 따라 일정하지 않다. 기온이 낮은 겨울에는 시간이 걸리며, 여름에는 비교적 빨리 건조한다. 또한 우천시나 습도에도 크게 영향을 받는다.

2. 다음 작업에 즉시 임할 수 없다.

   작업 효율이 나쁘다.

3. 도료가 가지고 있는 성능을 충분히 발휘할 수 없다.

   2액형 우레탄 도료의 경우 경화에 시간이 걸리고 그 동안의 화학 반응시 공기중의 수분 등이 영향을 미치기 쉽다. 자연 건조는 에너지 비용이 절감되며 우천시 외에는 건조 장소를 차지하지 않는 장점도 있다. 래커계 도료의 경우에는 자연 건조로 충분히 할 수 있으나 우레탄 도료에는 바람직하지 않다.

강제 건조

강열 건조라고도 한다. 인위적으로 일정 온도의 열을 가해서 경화시킨다. 가열 방법에는 가열기의 온도나 시간을 설정해 두면 자동적으로 할 수 있다.

장 점

① 건조 경화가 빠르다.

자연 조건(기온, 날씨 등)에 관계없이 일정한 시간에 건조한다.

② 도막 성능이 향상된다.

도료가 가지고 있는 성능을 가열하므로서 충분히 발휘할 수가 있다.

③ 작업 효율이 좋다.

다음 작업(연마, 조립 등)에 빨리 임할 수 있다. 그러나 자연 건조에 비하면 건조 설비 기기의 비용과 에너지 소비율이 증가한다.

1. 강제 건조의 기본적인 순서

속성건조 타입으로 우레탄 도료를 사용하였을 경우 가열 방법의 예를 알아보자.

1. 세팅 타임

세팅 타임 : 10~15분

도막은 도장이 종료된 시점으로부터 용제가 활발하게 증발한다. 대략 10분 정도에서 도막중 용제의 70~80%가 증발한다고 하며, 10~15분에 지촉(指觸) 건조의 상태가 된다.

'세팅 타임'이란 열을 가하지 않고 자연 상태로 증발시키는데 필요한 시간을 말한다. (지촉건조 후 마스킹 테이프를 떼어낸다)

도막의 두께가 두꺼우면 용제의 증발시간은 길어진다.

건조한 도막의 용제 증발시간은 도막 두께의 2제곱에 비례한다. 따라서 도막의 두께가 2배가 되면 세팅시간은 4배로 해야 한다.

※건조시의 세팅타임을 짧게 하는 방법
(웻 온 웻의 도장방법으로 하지 않는다.)
1회마다 플러시 오버 타임 간격을 두고 그때마다 용제를 증발시켜서 도장한다. 그러나 매번 표면을 일정하게 정성들여 맞추어 도장하는 것이 중요하다. 도막의 두께가 두꺼워지더라도 용제의 함유량은 적지 않는 도막으로 되기 때문에 세팅타임을 짧게 할 수 있다.

PHOTO 세팅 타임

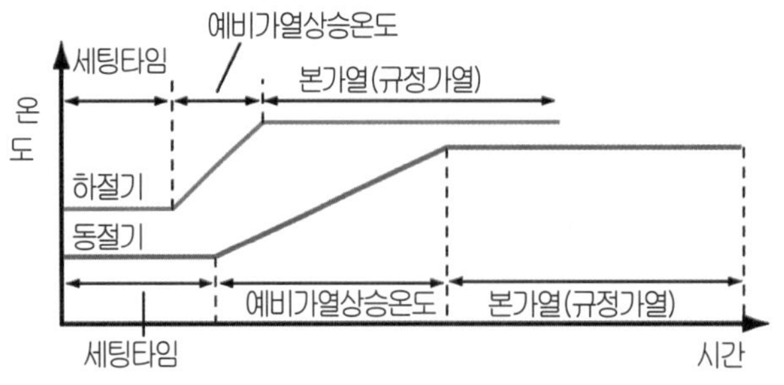

※ 기온의 차이에 따라 세팅타임과 예비가열시 상승온도가 크게 차이가 생긴다. 당연히 기온이 낮으면 건조시간은 길어진다.

PHOTO 건조온도와 시간은 여름과 겨울에 크게 다르다

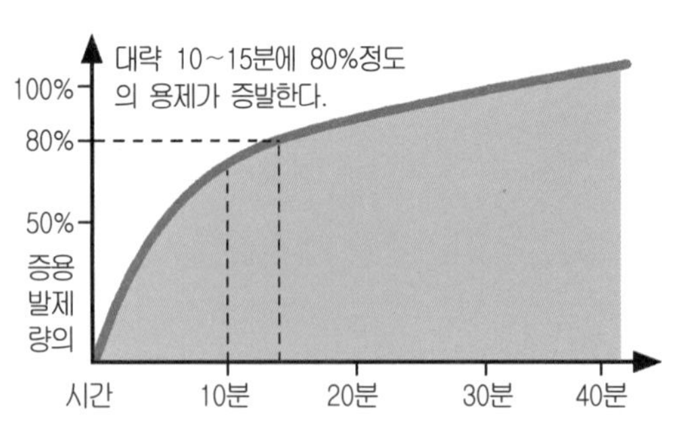

PHOTO 도막 중 용제의 증발량과 세팅 타임의 관계

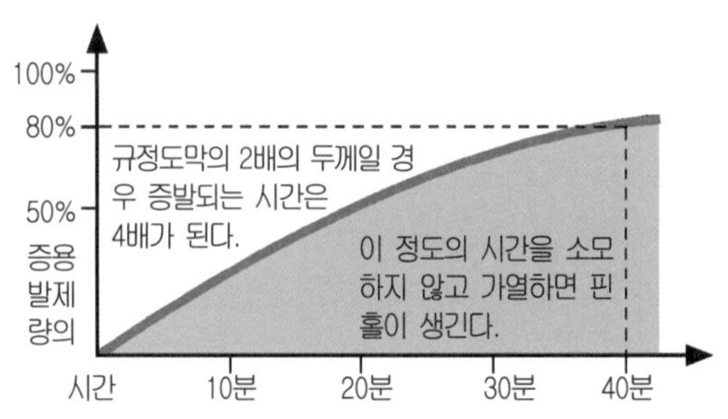

PHOTO 도막이 두꺼우면 용제의 증발시간이 길다

2. 예비 가열

가열 온도 : 40~50℃, 5~10분

예비 가열이란 입상 온도(riser temperature)를 말한다.

도막에 용제의 증발이 안정된 상태(지촉 건조 상태)가 된 다음 일시에 높은 온도로 가열하면 도막의 표면만 지나치게 빨리 건조해버린다. 그리고 도막 내부에 남아있는 용제의 증발이 활발하게 되었을 때 핀홀 등의 결함의 원인이 되므로 입상 저온(40~50℃)으로 가열하며 도료의 종류, 도막의 두께, 외기 온도 등에 따라 온도나 시간의 설정이 달라지므로 그 상태를 보면서 정확한 판단이 필요하다.

3. 본가열

가열 온도 : 60~80℃, 20~40분

예비 가열 후 본래의 규정대로 가열한다.

도료의 종류에 따라 가열 온도와 시간은 달라지지만 대략의 기준은 다음과 같다

- 10 : 1 우레탄 ·················· 60℃ × 20~30분
- 4 : 1 아크릴 우레탄 ········ 60℃ × 30~45분, 80℃ × 20~30분
- 2 : 1 우레탄 ···················· 80℃ × 20~30분

60℃ × 20분이란, 도막의 면이 60℃가 된 다음에 20분의 가열이 필요하다는 의미이다. 예비 가열을 하면 30분 이상의 시간이 필요하게 된다. 60℃ 또는 80℃의 열을 가함으로서 도막 내의 분자(수지 분자와 경화 분자)의 화학 반응이 활발하게 된다.

4. 건조 종료 후 마스킹 제거

강제 건조가 끝나면 도막의 면이 따뜻할 때 신속하게 마스킹 테이프나 마스킹 페이퍼를 벗겨낸다. 마스킹 테이프나 페이퍼가 따뜻할 동안에는 부착된 도료의 미스트가 흩어지거나 떨어지지 않으므로 냉각할 때까지 둔다. 떼어내는 순서는 마스킹을 할 때와 반대로 한다.

테이프를 떼어낼 때는 도막의 면과 테이프의 각도가 90° 가 된 상태로 떼어내면 좋다. 또 도막의 면이 뜨거울 동안에는 도막이 부드러운 경우도 있으므로 건드리지 않도록 주의할 것.

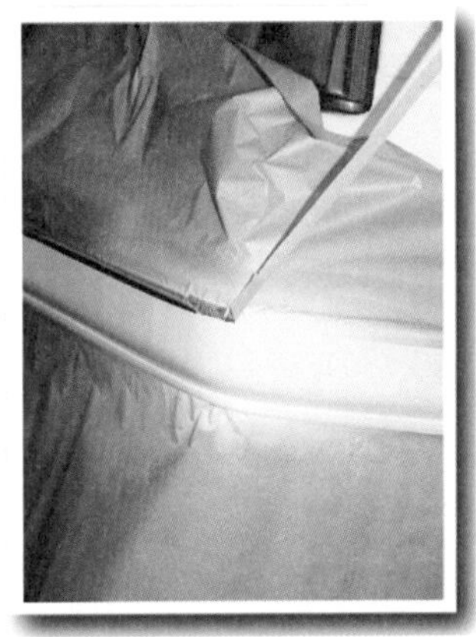

PHOTO 마스킹 떼어내기

2. 건조 후의 결함

특히 핀홀에는 주의가 필요하다.

① 필요 이상으로 두껍게 도장하였을 경우

② 웻 코트로 3회 계속해서 겹쳐 도장하였을 경우

도막내 용제의 증발 속도가 늦어질 뿐 아니라 모두 없어지지 않을 경우도 있다. 이 상태의 도막을 규정 방법으로 가열하면 반드시 핀홀이 생긴다. 세팅 타임을 길게 잡고, 예비 가열을 길게 하여 낮은 온도로 가열하는 이외의 해결 방법은 없다.

이런 경우 규정 온도가 60℃라면 45~50℃로 세팅한다.

폴리시(연마)

폴리시(연마)는 보수 도장 공정의 최종 작업이다. 우레탄계 상도 도료는 광택이나 윤기가 있으며, 도막이 경면(鏡面)으로 유리처럼 균일하게 마무리되기 때문에 먼지나 이물질이 부착되어 있지 않는 상태라면 폴리시의 필요성은 없다.

도장면의 매끄러움을 좋게 하기 위해서 마무리제 등을 사용하여 가볍게 스펀지 버프(buff)로 연마하는 것만으로도 충분하다.

도장 작업의 합리화·생략화(省略化)를 촉진시키기 위해서는 이 폴리시를 최대의 노력을 생략하거나 단시간에 끝낼 수 있는 연구가 필요하다.

도막의 표면

도막의 표면을 자세히 보면 마치 귤껍질과 같은 부드러운 기복이 있다. 심하면 도막의 결함이지만 신차의 도막과 같을 정도로 표면 상태를 고르게 만들 필요가 있다.

일명 도막의 상태를 피부로 얘기 하지만 고운 피부를 완성하려면 스프레이 건의 도장 작업 또는 콤파운드 다듬질로 고도의 기술을 필요로 한다.

목적과 필요성

폴리시 작업의 목적은 다음과 같다.

- 도막의 미관 향상
  도장한 표면의 광택과 윤기를 낸다.
- 균일한 도막을 낸다(도장의 피부 조정).
- 먼지, 이물질, 흘림 등의 제거
  도장중에 생긴 결함의 수정
- 블렌딩 부분의 폴리시
- 수분, 대기(공기 중의 공해 물질)의 오염으로부터 도막을 보호한다.

폴리시 재료

1. 콤파운드

콤파운드는 연마재의 일종이다. 포함되어 있는 성분의 종류, 입자의 크기, 용제의 양 등에 의해서 용도가 다르기 때문에 목적에 따라 콤파운드를 선택하여 작업한다.

콤파운드는 연마제 성분(산화알루미늄, 산화규소 등)의 입자 크기에 따라 #1000, #2000, #3000, #3500, #4000 등이 있으며 용제 또는 수분의 양에 따라서 페이스트(paste ; 떡(풀)상태) 타입과 리퀴드(liquid ; 액체상태)타입으로 분류된다.

또한 연마뿐 아니라 표면 조정, 도막의 물때나 먹물의 제거 등 폭넓은 용도에 이용된다.

2. 버프(buff)류

손연마의 경우에는 부드러운 면포에 콤파운드를 적당량 묻혀서 힘을 주어 연마한다. 기계연마의 경우에는 폴리셔에 버프를 장착하고, 버프면 또는 도막면에 콤파운드를 발라서 연마한다.

콤파운드를 사용하여 연마에 이용하는 버프로는 타월, 양모(wool), 스펀지 등의 종류는 많다. 그러나 각각의 연삭성, 광택성, 콤파운드가 휘감아 붙는 상태 등의 특징과 목적에 따라 구분하여 사용함으로서 그 효과를 최대로 얻을 수 있다.

① 타월 버프

면포, 타월로 만든 버프로 거친 연마용으로서 표면 고르기(도장한 표면 연삭, 균일한 표면으로 하는 것) 등에 사용한다.

연삭력이 강하고 작업은 빠르지만 버프의 상처가 깊어지기 쉽다.

폴리셔에 스펀지 패드를 씌워서 사용하는데 고무 부착이나 끈 부착이 있으며 타월의 면사 굵기, 길이, 편직 방법 등에 따라 그 성능이 달라진다. 고품질의 타월 버프는 연삭성이 높고 양모 버프보다 버프 상처가 얕으며 콤파운드에 휘감겨 붙는 성질도 없으므로 작업이 빨라진다.

② 양모 버프

양모 페이스만으로 된 것과 스펀지를 바탕으로 한 것이 있다. 스펀지의 굵기나 두께에 따라 하드와 소프트로 나뉘어지며 형상과 종류도 다양하다. 털의 길이는 5mm 전후의 단모와 8mm 전후의 장모 두 종류가 있으며, 굵기에 따라 달라진다. 털이 길면 연삭력이 약해지며 10mm를 초과하면 털끝이 아니라 허리 부분으로 문지르는 결과가 된다.

양모 버프는 스펀지 버프와 함께 연마에서는 빼놓을 수 없다.

연마 자국 제거, 표면 고르기 등의 중간연마에 사용하고 털이 긴 타입은 마무리에 사용할 수 있으며 용도의 폭도 넓다. 연삭력은 타월 버프보다 약하지만 버프의 상처가 얕다. 콤파운드는 #3000, #3500을 사용하며 목적에 따라 양모 버프를 구분해서 연마하므로 작업시간을 단축할 수 있다.

③ 스펀지 버프

스펀지를 가공해서 버프로 만든 것으로서 #1000~#3000까지 있으며, 소프트와 하드 등 경도에 의한 차이와 여러 가지 종류로 구분된다. 형상도 마찰열이나 콤파운드에 휘감겨 붙는 것을 해소하기 위해서 구멍이나 홈이 있는 타입과 표면에 특수한 요철이 있는 것 등 여러 가지가 있다.

연삭력은 약하므로 버프 자국을 없애거나 마무리 광택 내기에 주로 사용한다.

콤파운드와 버프의 #1000과 #3000의 조합에 의해 연마 작업도 달라지므로 요령껏 구분하여 사용한다. 일반적인 방법으로는 타월 버프나 양모 버프로 표면 고르기를 한 도막면의 버프 상처를 #3500의 콤파운드와 #1000·#2000 타입의 스펀지 버프로 연마하고 버프자국 없애기를 행하여 #4000의 콤파운드와 #3000 버프로 연마를 마무리한다.

스펀지 버프는 보수 도장의 광택내기, 블렌딩 부분 등 폴리시의 주역이다.

PHOTO 각종 버프

④ **펠트(felt) 버프**

펠트(양모 등을 압축하여 만든 두꺼운 천)를 버프로 가공한 것.

색상의 광택 내기, 버프 자국 제거에 사용한다.

3. 고급 손연마제

필름 기재(基材)에 의한 고급 건식연마용 연마제나 미세한 연마제를 특수 코팅한 내수 페이퍼 등 몇 가지 종류가 있다.

이물질 제거, 먼지 제거 후의 연마나 표면 고르기에 사용한다. 전용 패드나 전용 물연마용 샌더에 접착하여 사용하는 타입도 있다.

4. 연마용 걸레

① **손연마용 걸레**

부드러운 면포(綿布)나 타월을 사용하며 콤파운드로 손연마를 하기 위한 것.

작업 후 마무리 닦기에 필요한 것은 마이크로 파이버 천, 융 타월 등을 이용한다.

② **닦아내는 걸레**

플란넬(flannel) 걸레는 닦아낸 다음에도 도막면에 상처가 생기지 않는다.

닦아내는 전용 걸레도 상처가 생기지 않도록 특수하게 만들었다.

연마용 공구

1. 폴리셔

폴리싱에 사용하는 공구로서 공기식과 전동식이 있다.

① **에어 폴리셔**

공기의 힘으로 회전하며 전동식에 비해서 중량은 가볍다. 사용할 때 힘이 들어갈 정도로 회전이 불규칙적인 것이 결점이다.

② **전동 폴리셔**

회전이 일정하고 힘이 강한 대신에 무겁다.

연마하기 쉽고, 회전수는 800~2,000rpm정도 회전속도를 높이면 도막면에 마찰열이 발생하여 콤파운드가 휘감겨 붙거나 도막에 상처를 주는 경우가 있으므로 주의하여야 한다.

일반적인 싱글 회전 이외에 더블액션이나 반복 타입의 전동 폴리셔도 있으며 목적에 따라 구분하여 사용함으로서 효과가 크다. 폴리셔에 장착하는 버프용의 패드에는 수지제, 고무제 등 강하고 부드러운 것 등 여러 가지 종류가 있다.

2. 이물질 제거 용구

도막면에 부착한 먼지나 이물질 등을 제거하는 용구

① 특수 경질 유리 메탈/ 금속성 메탈

특수 경질 유리를 가공한 제품. 금속제도 경강판(硬鋼板)을 가공한 것.

먼지나 이물질을 깨끗하게 제거할 수 있어서 주위의 도막에 상처가 생기지 않는다.

② 커터 칼

날을 세워서 먼지나 이물질을 제거하는데 요령이 필요하다.

③ 받침목, 받침 고무

페이퍼연마로 먼지나 이물질을 제거할 때 페이퍼에 대고서 사용한다.

받침목을 잘 가공해서 사용하면 도막에 연마 자국이 생기지 않는다. 받침 고무의 경우에는 딱딱한 재질을 사용한다.

④ 연마숫돌

페이퍼에 연마재 입자 등을 특수한 수지로 굳힌 연마숫돌.

콤파운드를 고체로 만든 것으로서 여러 가지가 있으며 P240, 320, 400, 600, 800, 1000, 1200, 1500, 2000, 3000 등 폭넓은 번호로 갖추어져 있다.

3. 폴리시 샌더

거친 표면, 일정하지 않은 표면 그리고 귤껍질 같은 도막의 표면 등을 매끈한 표면으로 하기까지 손작업으로는 너무 오랜 시간이 걸린다.

퍼티연마나 프라이머 서페이서 연마 요령으로 샌더를 이용하면 간단하게 할 수 있다.

표면 조정에는 더블 액션 샌더 물연마용(오빗 다이어 3mm)이 적합하다. 그 외에 오비털 샌더, 스트레이트 샌더도 있으며 작은 이물질 제거 전용도 있다.

페이퍼는 각 샌더에 적합한 것을 선택하며 번호는 P800~2000을 사용한다.

작업 순서

① 먼지, 이물질의 제거

도막면에 부착되어 있는 먼지나 이물을 특수 커터나 특수 공구의 날 등으로 제거하되 주변의 도막에 상처가 나지 않도록 조심스레 작업에 임한다.

※ 크기나 도막의 상태에 따라 일부 생략할 때도 있다.

먼지나 흘림의 솟아오름이 클 때는 칼로 깎아낸다.

P1000~1500의 페이퍼로 물연마 샌더 또는 손연마로 편평하게 만든다.

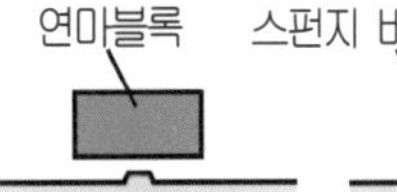

P1500~2000상당의 연마 블록으로 연마 자국을 지운다.

#3500~4000의 콤파운드로 연마한다.

PHOTO 먼지나 흘림의 수정

② 페이퍼연마(손연마, 기계연마)

일정하지 못한 도막이나 거칠어진 도막, 귤껍질 같은 표면 등은 P1000~1500페이퍼로 물연마를 해서 편평하게 만든다.

손연마, 샌더연마는 도막의 상태에 따라 구분하여 사용한다.

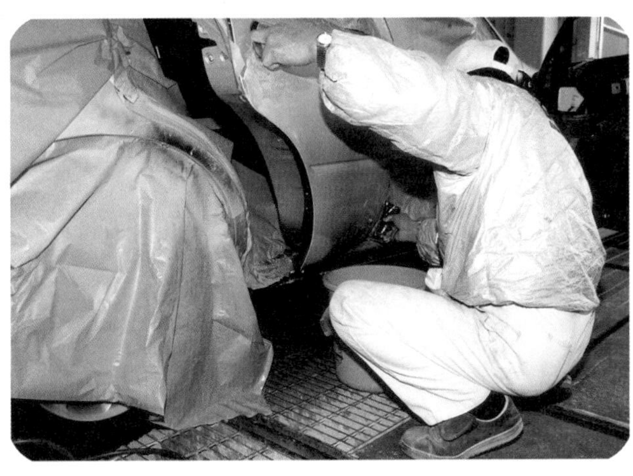

PHOTO 페이퍼 연마

③ **거친 연마**

폴리셔에 타월 버프 또는 양모 버프를 붙여 미세한 #3000의 콤파운드로 연마 자국을 지워 버린다.

④ **버프 자국 제거**

스펀지 버프로 바꿔서 #3500의 콤파운드를 묻혀 거친 연마를 할 때 생긴 버프 상처를 지운다. 연마하는데 따라 광택이 나오게 되면 동시에 버프 상처도 없어진다.

⑤ **마무리 연마 광택내기**

마무리용 스펀지 버프에 #4000의 콤파운드로 광택 내기 마무리를 한다.

일정한 도막으로 하여 연마 얼룩이 없도록 한다.

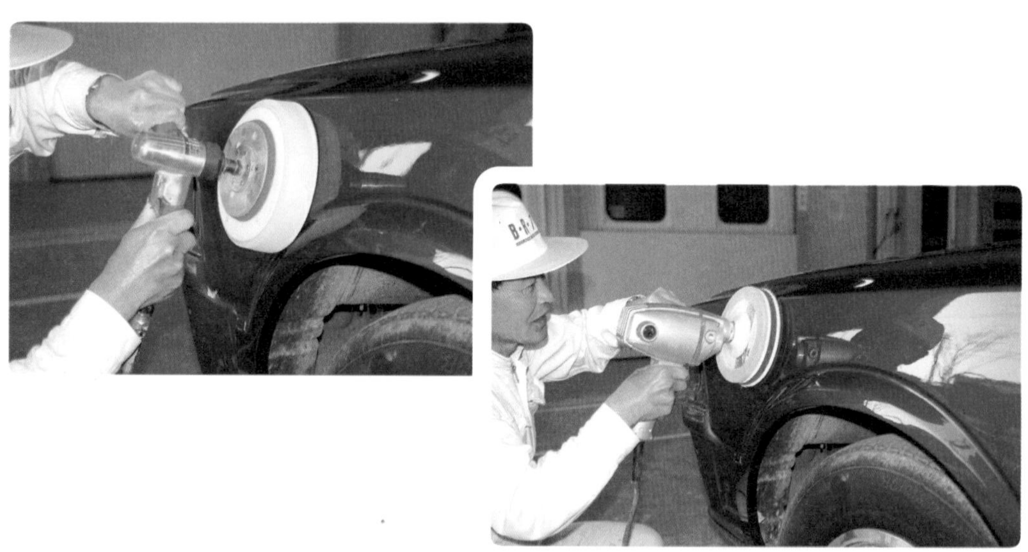

PHOTO **폴리시**

1. 포인트

- 하지의 연마와 마찬가지로 콤파운드는 거친 것부터 차례로 바꿔가면서 사용한다.
- 도막이 단단할 경우에는 물연마로 표면 고르기부터 시작한다.
- 흑색 등의 진한색은 여린 색보다도 버프 상처가 눈에 띄기 쉬우므로 보다 여린 콤파운드를 사용해서 정성껏 작업을 한다.
- 블렌딩부의 폴리시는 보수 도막에서부터 구도막으로 일방향으로 행한다.

폴리셔의 사용방법 포인트

① **콤파운드를 과도하게 묻히지 않을 것**

과도하게 묻히면 콤파운드가 끈적끈적 해져서 절삭이 잘 안될 뿐 아니라 주변에 튀게 되며 버프에도 눌러 붙어 작업 효율이 떨어진다.

② **폴리셔의 무게를 이용한다**

필요 이상으로 힘을 주지 말고 폴리셔의 중량을 이용해서 연마할 것. 버프는 도막면 전체에 일정하게 대고 형상에 따라 조금 기울인다. 이때 각도는 10° 이내로 한다.

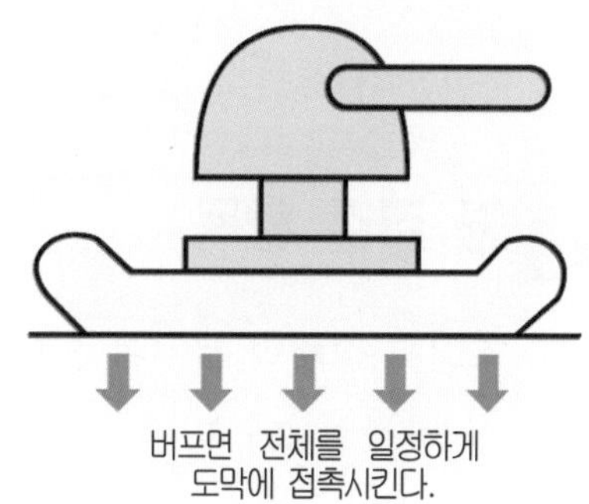

PHOTO 버프의 접촉 방법

③ **일정한 면적으로 나누어 연마해 나간다**

일시에 넓은 면적을 연마하는 것이 아니라 30cm² 정도씩 차례대로 정성껏 연마한다.

④ **콤파운드가 건조하지 않는 동안에 연마한다**

연마하고 있는 동안 콤파운드가 마르게 되는데 완전히 말라 버린 버프는 절삭되지 않으므로 이 경우 다시 콤파운드를 바르거나 물을 뿌려서 콤파운드의 연삭성을 살려 주어야 한다.

⑤ **폴리셔의 특징을 알아둔다**

폴리셔의 사용방법과 버프와의 서로 겹침을 숙지하는데 반복 연습을 함에 따라 그 특성을 익혀둔다.

점검과 확인

연마가 끝난 다음에는 도장의 면을 점검한다.

- 이물질, 먼지, 연마 자국 등은 남아 있지 않는가.
- 도막의 표면은 일정한가, 윤기나 광택이 있는가, 연마 얼룩은 없는가.
- 버프의 상처, 흘림·튀긴 흔적은 남아 있지 않는가.
- 연마한 도막의 면이 오염되어 있지 않는가.
- 패널의 안쪽, 몰딩 사이, 장착 부품의 사이 등에 콤파운드 찌꺼기가 남아 있지 않는가.

마무리가 되면 물 세척을 하고 부품 조립 작업에 임한다.

03 도장 종료 후 출고까지

부품의 조립 작업이 끝나면 다시 한번 보디의 주변을 점검하고 깨끗이 청소를 한 다음 출고 준비를 한다.

최종 점검 항목

① 조립시 상처의 유무와 도막의 오염

조립 작업시에 보디에 상처를 주지 않았는가, 발생했다면 즉시 수정 보수하고 도장면의 오염이나 닿은 흔적이 있으면 스펀지 버프로 폴리시할 필요가 있다.

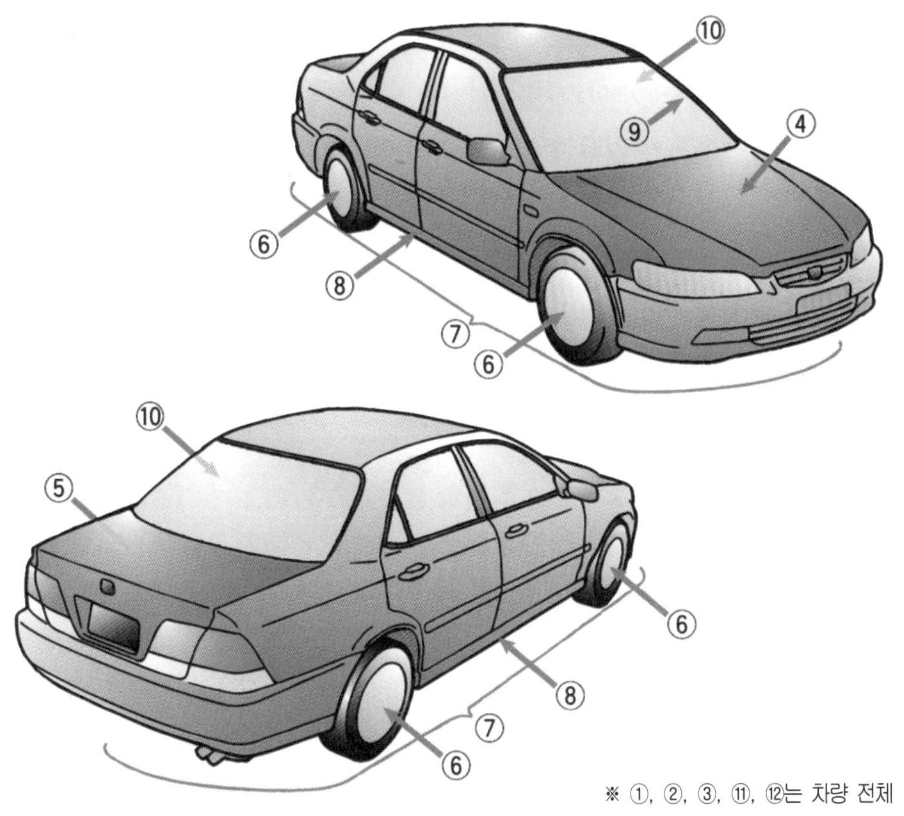

PHOTO 최종 점검 항목

② **조립시의 실수**

조립시에 실수는 없는가.

전기 배선의 미연결, 나사의 미체결, 여닫이의 불량은 없는지를 점검한다. 또 도장되어 있는 부위가 나사의 탈착에 의해 도료가 벗겨졌을 때 터치 펜을 실시한다.

③ **도료 미스트의 부착**

도료 미스트나 퍼티 분말이 보디나 유리에 부착되어 있지 않는가를 확인한다. 도장 작업시 보디 전체를 마스킹 했다 하더라도 틈새로 미스트가 들어와 묻는 경우가 있다.

보닛이나 루프, 트렁크와 유리는 세심히 관찰하여야 한다. 만일 미스트의 부착이 있을 경우 다시 연마하여 제거한다.

④ **엔진룸의 오염**

엔진룸에 퍼티 분말이나 물연마의 연마즙이 부착되어 있게 되면 매우 지저분하다. 라디에이터 코어 등에 퍼티의 먼지도 확인하여 에어블로나 물 세척 등 기타의 방법 등을 실시하여 제거한다.

⑤ **트렁크 룸의 오염**

트렁크 룸도 발견하기 어렵지만 오염되기 쉬운 부분이다. 먼지 등이 날려 들어가 하얗게 되기 쉽다.

⑥ **휠, 타이어의 오염**

퍼티의 분말이나 연마즙으로 오염이 되었을 경우 세척을 하면 깨끗하게 보이더라도 마르고 나면 남아 있는 부분이 보일 수 있으므로 오염시 깨끗하게 세척하여야 하지만 무엇보다도 철저히 마스킹을 하는 것이 중요하다.

⑦ **섀시, 하체의 오염**

도장시 마스킹 불량 등으로 색이 부착되어 있을 경우 시너 등으로 닦아내고, 지워지지 않을 경우에는 도장 등의 조치를 하여야 한다. 점검 정비시 리프트 업을 하므로 하체 주변의 부품에 색이 묻게 되면 지저분하기 때문이다.

⑧ **스텝주변의 오염**

도어 등을 도장한 경우 연마된 분말이 부착되어 있으므로 깨끗이 닦아낸다.

⑨ **내측 필러 주변의 오염**

펜더나 도어를 도장하면 필러 주변이 오염되거나 테이프를 붙이는 방법이 불량하여 색이 묻어 있을 경우가 있으므로 꼼꼼히 살펴서 점검 확인한다.

⑩ **실내의 오염과 냄새**

실내는 마스킹을 하더라도 쉽게 오염될 수 있다. 먼지나 도료의 미스트가 들어가므로 확실하게 청소를 해야 한다. 걸레로만 닦으면 틈새부분에 끼어있는 것이 많으므로 반드시 에어블로로 불어내고 닦는다. 그 밖에 도료나 시너의 냄새가 남아 있게 마련인데 반드시 탈취처리를 할 것.

⑪ **콤파운드의 찌꺼기와 마스킹 테이프의 제거 확인**

몰딩의 틈새나 윈도 글라스 주변 등을 연마한 후에 남아있는 콤파운드나 마스킹 테이프의 조각들을 세심하게 확인하여 제거한다.

⑫ **세 차**

최종적으로 작업이 끝난 자동차는 반드시 물 세차를 깨끗이 한다. 걸레나 타월로 닦을 경우 상처가 생길 우려가 있으므로 세차 전용의 부드러운 걸레를 사용하여 전체적인 완성도를 높인다.

도막의 결함

하지에 관한 결함

상도 후에 생기는 도장의 결함으로서 하지 작업에 그 원인이 있다.
또 결함에는 상도 도장 건조 후에 발생하는 것과 출고 후에 발생하는 것도 있다.
하지의 결함으로 유명한 것은 블리스터와 연마 자국이다.

1. 블리스터

출고 후에 발생하는 결함이다. 크기는 각각 다르지만 도막에 작은 부풀음이 생기는 현상이다.

① **원 인**

금속 수지와 하지 도료, 퍼티와 프라이머 서페이서, 하지와 상도 등에 밀착 불량 또는 층 사이에 먼지, 불순물, 오일 등의 이물질이 들어있거나 수분이 남아있어 도막 사이에 틈새가 생기는데 그 원인이 있다.

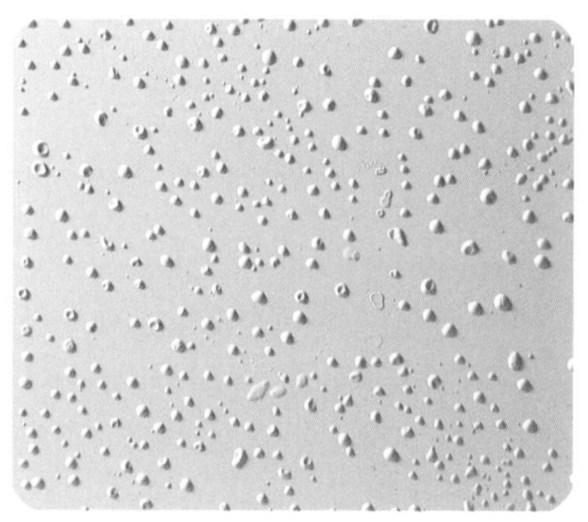

도막은 수분을 빨아들여 증발시킨다. 이물질이 있거나 밀착이 나쁜 곳은 특히 공기 중 수분의 침투가 많게 되어 증발할 때 체적이 증대되므로 그 부분이 크게 부풀어 간다.

날씨가 좋으면 일시적으로 없어질 경우도 있으나 근본적으로 없어지는 것은 아니므로 재발을 방지할 수 없다. 공기 중에 수분이 많고, 습도가 높은 장마철에 많이 발생한다.

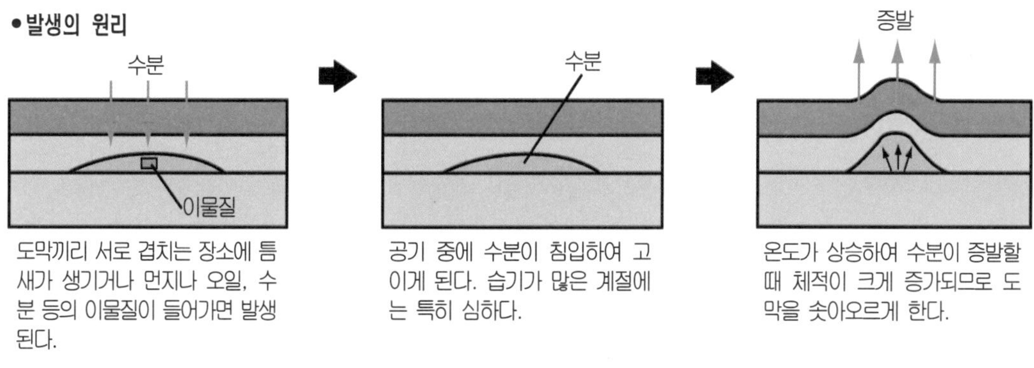

PHOTO 블리스터

② **대 책**

습도가 높거나 수분이 많은 도장 환경은 피한다. 도장 부스 등 환경이 깨끗하고 습기가 없는 정갈한 곳에서 도장을 한다. 스프레이 건은 깨끗한 공기를 주입하고, 에어 드라이어, 필터 등을 통하여 에어 호스 중에 오일, 수분, 먼지 등이 없도록 한다. 금속면 또는 하지 도장 각 단계에서 제거제, 연마분말, 먼지, 이물질, 손때, 땀, 지문, 오일 등이 남아있지 않도록 탈지·청소를 한다. 물연마 후에는 수분의 건조를 확실하게 하여야 하며, 각 도료는 공정마다 충분히 건조시킨다. 밀착성, 내수성이 나쁜 하지 도료는 사용하지 않는다.

③ **보 수**

어느 부분에서부터 부풀어 오르고 있는가 바늘로 찔러 보아 확인하고, 문제가 있는 도막은 다시 작업을 한다. 일반적으로 재작업시에는 도막을 모두 제거하고 금속면부터 다시 한다.

2. 연마 자국

육안(肉眼)으로 알 수 있을 정도로 연마 자국이 생긴다.

① 원 인

프라이머 서페이서 연마 또는 구도막의 표면 조정으로서 상도로도 커버할 수 없을 정도로 깊은 연마 자국이 남아 있다. 또 깊지 않더라도 상처가 있으면 상도중에 용제가 많기 때문에 용해·팽창되어 상처가 더욱 커진다. 따라서 두껍게 도장하여 커버하더라도 상처는 점점 선명하게 된다. 상도에 용해력이 강한 시너를 사용하거나 시너로 희석하면 더욱 심해진다.

• 발생의 원리

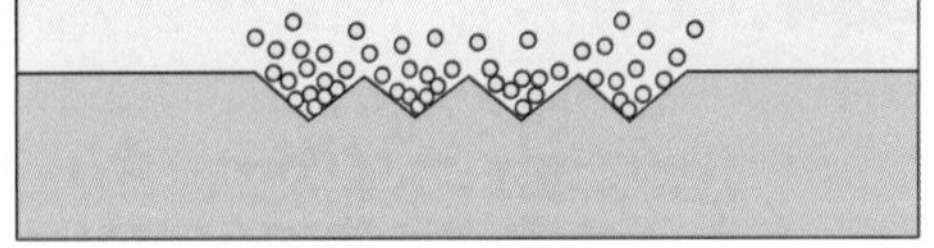

연마 자국이 필요 이상으로 거칠거나 깊을 때는 그 부분에 용제가 과잉으로 고이게 된다.

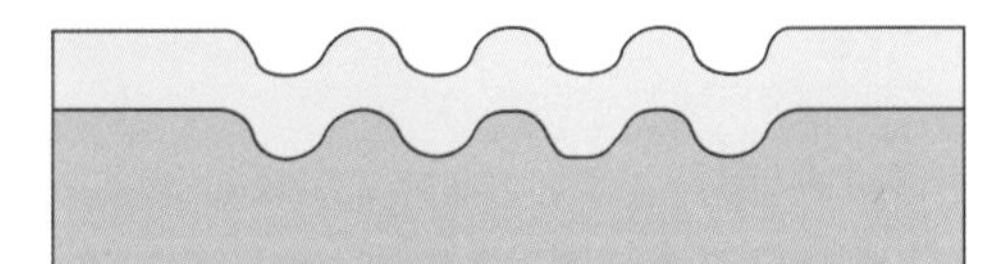

용제는 하지를 마치 물에 젖어 불린 것 같이 상처를 넓혀 상도의 표면까지 나타난다.

PHOTO 연마 자국

② 대 책

하지 처리에서 페이퍼의 번호는 거친 것부터 고운 것의 순서에 따라 단계적으로 사용하여 연마 자국을 지워 나간다. 최종 처리의 페이퍼는 적은 번호를 사용한다. 특히 진한 색은 연마 자국이 눈에 띄기 쉬우므로 보다 세심한 연마가 바람직하다.

프라이머 서페이서나 상도를 한번에 두껍게 도장하는 것은 피해야 한다. 플래시 오프 타임을 충실히 설정하고 겹쳐서 도장한다. 시너는 계절에 맞는 것을 올바르게 선택하고 과도하게 주입하지 말아야 하며, 리터더(증발이 느린 용제)의 과도한 주입에도 주의한다. 또한 하지 도료의 건조는 정확하게 한다.

③ **보 수**

비교적 가벼운 상처일 경우에는 폴리시를 하면 없어질 때가 있다. 일반적으로는 상도를 완전히 건조시킨 다음 P400~600 이상의 내수 페이퍼로 물연마하여 연마 자국을 지우고 다시 한번 도장한다.

3. 주 름(Lifting)

도막에 가느다란 주름이 생기는 현상을 '리프팅'이라고도 한다.

① **원 인**

기본적으로는 상도중에 용제가 구도막 또는 하지 도막의 약한 곳을 침해하므로서 생긴다. 그 부분이 용제에 의해 부풀어 올라 다른 것과 차이가 생김으로서 주름이 된다.

우레탄의 반응 경화 시간중(완전 경화되어 있지 않은 상태)에 재보수 등으로 같은 우레탄을 도장하면 주름이 발생한다.

또 완전 경화되어 있어도 미세한 균열이 있는 열화(劣化) 도막, 래커계 도막, 알키드 에나멜 도막, 또 건조가 불충분한 도막 사이에 있는 도장계의 경우 발생되기 쉽다. 건조가 불충분한 것은 두꺼운 도막이나 2액형 도료의 경화제 과부족에서도 발생한다. 흔히 있는 일은 아니지만 신차 소부 도막에서조차 담금질이 좋을 때도 있다.

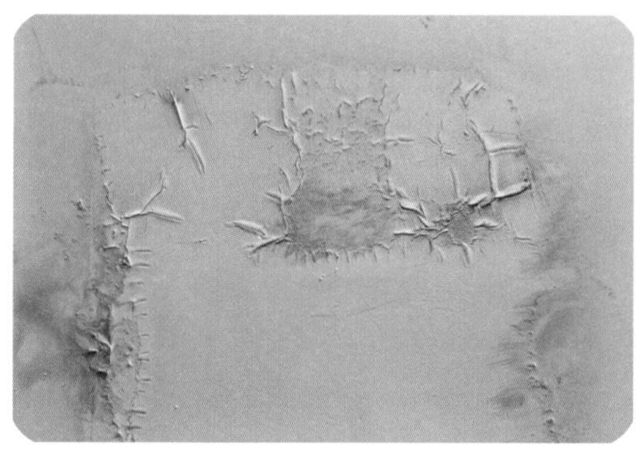

•발생 원리

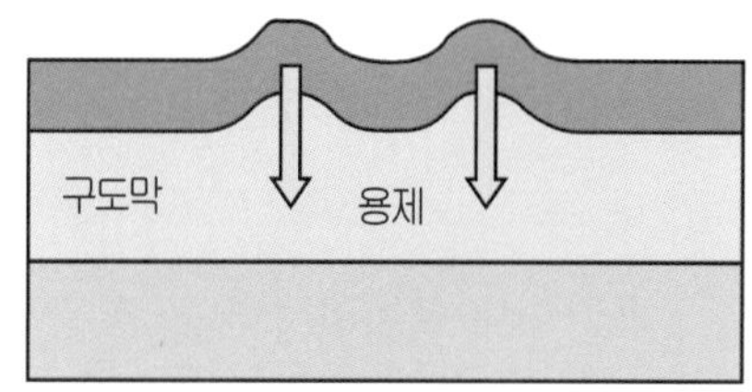

상도 용제가 구도막에 침투하여 용해시켜 부풀게 되므로서 주름이 생긴다.

PHOTO 주 름

② **대 책**

열화되어 있는 도막은 완전히 제거한다.

보수 전에 반드시 구도막의 상태와 종류를 판별한다. 위험성이 높다고 판단하였을 때는 실(seal) 효과가 높은 2액형 프라이머 서페이서를 사용한다.

③ **보 수**

도막을 제거하여 재도장한다.

심하지 않으면 프라이머 서페이서의 연마에 알맞은 페이퍼 번호로 연마한 후 우레탄 프라이머 서페이서로 블록 도장을 한 다음 상도를 한다.

4. 기공(cratering)

도막에 작은 분화구 모양의 구멍이 생기는 현상이다.

① **원 인**

퍼티의 기공(氣孔) 및 프라이머 서페이서의 기공이 상도에서 완전히 은폐되지 못하여 도장 후에 그대로 나타나는데 그 원인이 있다. 기공은 분화구 모양처럼 오목하다.

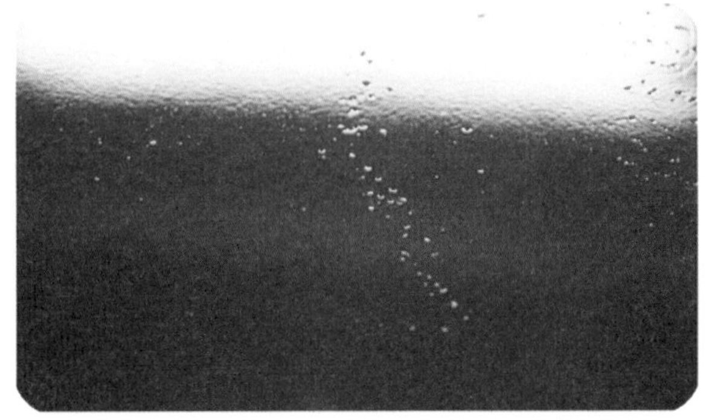

PHOTO 기 공

② **대 책**

- 상도 전에 하지의 점검을 확실히 한다. 기공은 가벼운 퍼티로 메운다.
- 기공이 발생하기 어려운 퍼티를 사용하며, 프라이머 서페이서는 드라이 스프레이가 되지 않도록 주의한다.

③ **보 수**

프라이머 서페이서 또는 경우에 따라서 퍼티 작업부터 다시 한다.

5. 벗겨짐

출고 후 발생하는 것으로서 퍼티 부분 또는 상도 부분이 벗겨진 현상이다.

① **원 인**

상도와 하지 및 구도막 또는 하지끼리의 밀착이 불량하여 발생한다.

실리콘이나, 오일, 기타 불순물이 부착되어 있는 표면 처리나 표면 조정의 연마가 불충분한 것 등이 원인이다. 또 강판 이외의 플라스틱(특히 PP)이나 알루미늄 합금 등 도료와의 밀착성이 나쁜 것도 있다.

② **대 책**

각 공정에서 표면 조정의 연마를 충분히 하고 작업 전 청소와 탈지를 철저히 한다. 소재의 표면처리를 정확히 하고 밀착성이 뛰어난 프라이머 서페이서 및 상도의 도료를 사용한다.

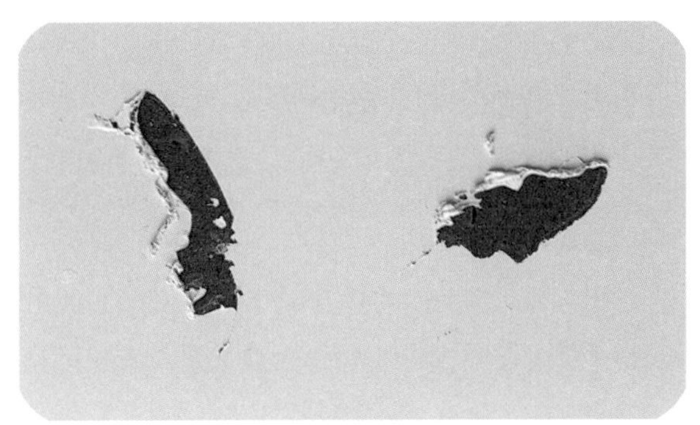

PHOTO 벗겨짐

③ **보 수**

벗겨진 층을 확실히 연마하여 제거하고 이후의 공정을 다시 한다.

6. 퍼티 자국

퍼티의 경계부분이 주름지거나 넓게 확산되어 표면에 나타나는 현상이다.

① **원 인**

퍼티의 경계부분에서 얇은 곳이 충분히 경화되어 있지 않은 상태에서 상도 후에 용제의 침투로 팽창하거나 퍼티의 주위가 래커계 구도막으로 팽창의 차이가 있을 경우에 발생한다.

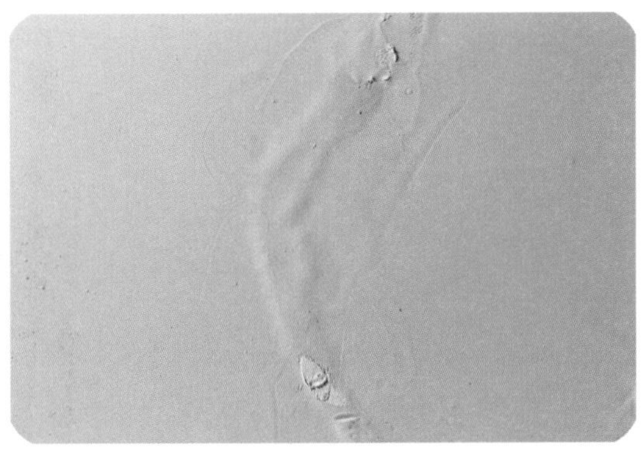

PHOTO 퍼티 자국

② **대 책**

퍼티의 경화제를 정확하게 배합하면, 건조의 확인은 경계부분까지 세심하게 한다. 반응을 촉진하는 퍼티의 건조에서는 얇은 페더에지 부분은 두꺼운 부분과 비교하면 경화반응이 늦어지기 때문에 프라이머 서페이서, 상도를 한번에 두껍게 도장하지 않는다. 프라이머 서페이서 도장에서는 우선 퍼티 주위를 길들이기 한다.

계절에 맞는 시너를 선택한다. 시너, 리타더의 과도한 주입에 신경을 쓴다.

③ **보 수**

건조 후 기능의 불량 부분까지 편평하게 연마하여 실(seal) 효과가 높은 우레탄 프라이머 서페이서로 블록 도장한 다음 상도한다.

7. 흡습에 의한 광택 저하(loss of gloss)

광택이 소멸되어 표면에 윤기가 없어지는 현상이다.

① **원 인**

하지와 관련되며 하지 도료(프라이머 서페이서나 퍼티)에 상도의 수지성분이 유입되는 것이 원인이며, 이것은 일반적으로 '흡습'이라고 하는 현상이다. 안료 성분이 많아서 틈새가 수지로 메워져 있지 않으면(다공질) 그 곳에 상도 수지가 유입되기 때문이다.

광택의 근원이 되는 투명한 수지 성분의 감소로 상도의 도막 두께도 감소한다.

하지 이외의 원인은 콤파운드 타임이 너무 빨라서 상도가 완전히 건조하지 않은 상태에서 폴리시를 하는 경우 등이다.

PHOTO 흡습에 의한 광택 저하

② **대 책**

하지 도료의 건조를 확실히 한다.

하지 도료는 사용 전에 충분히 교반하여야 하며, 안료의 성분이 많으면 흡습한다.

③ **보 수**

하지에 의한 흡습현상은 다시 재도장을 하더라도 수정되지 않고 또다시 흡습되기 때문에 도막을 벗겨내어 하지 처리부터 다시 한다.

도료의 결함

도료의 관리가 부족해서 발생하는 결함에는 다음과 같은 것이 있으며, 이와 같은 상태의 도료는 사용하지 않는 것이 좋다. 이들의 결함은 통의 뚜껑을 완전밀폐, 그늘지고 시원한 장소에 보존하고 정기적인 교반으로서 방지할 수 있다.

PHOTO 도료의 결함

1. 겔(gel) 화

젤리(jelly) 모양으로 되거나 점도가 높아지는 현상.

2. 침 전

통의 바닥에 안료가 남는다. 일반적으로 교반해서 사용할 수 있으나 분리되어 굳어버리면 못쓰게 된다.

3. 표면 가죽 형성

표면이 경화되어 가죽처럼 덮이는 현상을 말한다.

4. 클리어 업

상층부에 클리어(수지)가 분리된다.

상도에 관한 결함

상도에 관한 도장의 결함은 도장 작업시에 발생하는 것이 많다. 따라서 결함의 발견 즉시 바로 또는 출고전 까지 수정을 하여야 한다. 출고 후에 발생하는 결함은 공장의 신용과 관계되므로 주의해야 한다.

1. 튀 김

도장시에 물과 기름처럼 도료가 튀어서 부착되지 않고 오목하거나 크레이터가 생긴다.

① 원 인

도장한 면에 실리콘, 왁스, 기름의 성분, 콤파운드, 연마의 분말 등이 부착되어 있거나 공기에 기름 및 물의 성분이 포함되어 있다. 가장 많은 것은 왁스 등에 포함되어 있는 실리콘이 원인이다.

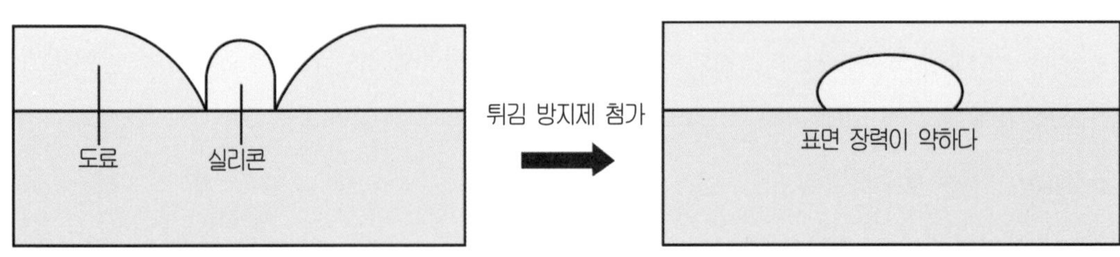

※ 실리콘은 본래 도료와는 섞이지 않으나 표면 장력을 저하시키는 기능이 있다.

PHOTO 튀 김

② **대 책**

실리콘 오프 또는 탈지제에 의하여 충분히 탈지하여야 한다. 특히 사이드 몰딩의 주변 등 왁스 성분이 남아있기 쉬운 부분을 주의한다. 도장한 면은 직접 손으로 만지지 말고 깨끗한 걸레를 사용한다.

실리콘 왁스 및 콤파운드를 사용하는 작업을 하고 있는 근처에서 도장을 하지 말아야 한다. 스프레이 건에는 필터 등을 통해서 에어를 공급한다.

③ **보 수**

가벼운 튀김은 드라이 코트로 메우고 심할 경우에는 건조시킨 다음에 내수 페이퍼로 완전히 제거하고 재도장을 한다. 튀김 방지를 위한 첨가제도 실리콘이므로 신중하게 사용하여야 하며, 표면 장력의 조정을 위해서 본래의 도료에도 약간의 실리콘이 첨가되어 있다.

2. 먼지, 이물질

먼지나 이물질 등이 도막에 부착하여 볼록한 부위가 생긴다.

① **원 인**

도장시 또는 건조시(표면 점착이 있는 사이)에 공기 중의 먼지나 이물질이 도장한 면에 부착되는 경우와 도료에 기인하는 경우가 있다. 도료와 관련지어보면 필터를 이용한 여과를 소홀하게 하거나(또는 불충분한 상태), 교반 부족, 스프레이 건의 세척 불충분 등이 원인이다.

PHOTO 먼지, 이물질

② **대 책**

평소에 작업장은 청결하게 하여야 하며 작업하는 차는 충분히 청소하여 도장 전에는 먼지가 일어나지 않도록 한다. 또한 바닥에는 물을 뿌려놓고, 도장면은 청소를 깨끗이 해야 한다.

스프레이 건의 세척을 반드시 실시하고(특히, 우레탄계 도료 사용 후) 도장 전의 도료는 반드시 적합한 메시의 필터(여과지)를 이용하여 여과한 다음 사용한다.

③ **보 수**

도장시에 점검하여 발견한 먼지나 이물질은 전용 니들(바늘), 핀셋 등 끝이 뾰족한 것을 이용하여 도막에 상처를 주지 않도록 주의하면서 제거한다. 건조 후에 발견한 것은 입자가 고운 숫돌 또는 내수(耐水) 페이퍼(P1500~2000) 등으로 연마하고 콤파운드로 폴리시 마무리 한다.

3. 흘림(sagging)

도료를 수직 면에 도장을 하였을 때 도료가 흘러내려 도면이 편평하지 못하고 외관이 불량하게 되는 현상이다.

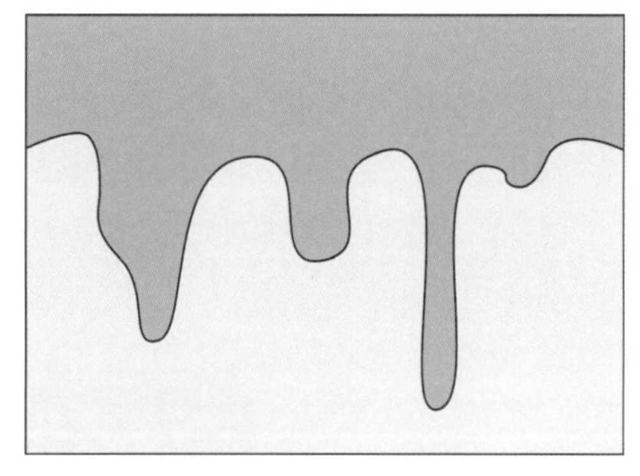

PHOTO 흘 림

① **원 인**

도료 또는 도료 조건에 원인이 있다. 점도가 낮거나, 한번에 두껍게 도장하거나 또는 리타더 등의 증발이 느린 시너를 사용하였을 때 발생한다. 그리고 저온시에 건조가 느리다. 스프레이 건의 취급 요령에서 패턴 겹치기나 건의 거리, 속도가 일정하지 않는 등에 그 원인을 찾을 수 있다.

② **대 책**

기온 등 도장 조건에 맞추어 시너의 선택, 희석, 점도 조정을 정확하게 한다. 두껍게 도장하지 말고 플래시 오프 타임을 지키며 표면을 살펴 본 후 여러 번 나누어 도장을 한다. 스프레이 건의 취급에서는 패턴, 거리, 운행속도를 일정하게 해야 한다.

③ **보 수**

건조 후 연마 입자가 고운 숫돌 또는 내수 페이퍼(P1500~2000) 등으로 연마하고 콤파운드를 사용하여 폴리시 작업으로 마무리 한다. 없어지지 않는 면은 연마 제거하고 재도장 한다.

4. 블러싱 [blushing ; 백화(白化)]

도장시 도막 주위의 습기를 흡수하여 안개가 낀 것처럼 하얗게 되고 광택이 없는 상태를 말한다.

① **원 인**

고온 다습한 장마철에 생기기 쉬우며 시너의 증발로 주위의 열을 빼앗겨 공기 중의 수분이 도막 표면에 응축되어 유백색이 된다.

건조가 빠른 시너를 사용하였거나 스프레이 건의 공기압이 높은 경우에 발생하고 또한 도막면이 냉각되어 있는 경우 등에 그 발생 원인이 있다.

PHOTO 블러싱

② **대 책**

온도를 높이는 등 도장 환경 자체를 개선한다. 리타더나 증발이 느린 시너를 사용한다. 스프레이 건의 공기압을 높게 하지 않거나 피도면을 따뜻하게 한다.

③ **보 수**

정도가 가벼울 때는 리타더 등을 첨가하여 재도장하거나 건조 후 콤파운드로 폴리시를 한다. 심할 경우 건조 후 샌딩하여 재도장을 한다.

5. 오렌지 필(orange peel)

도장한 도막의 편평성이 불량하여 귤껍질처럼 요철(凹凸) 모양으로 되어 있는 현상이다.

① **원 인**

피도물(被塗物)의 분위기(雰圍氣) 온도가 고온일 경우, 스프레이 건의 운행속도가 빠르고 건의 거리가 멀 경우, 패턴이 불량할 경우, 도료의 점도가 높을 경우, 시너의 증발이 빠른 경우에 발생된다.

PHOTO 오렌지 필

② **대 책**

기온에 적합한 시너를 선택하여 알맞은 점도로 조정하고 시너의 증발속도를 늦게 하거나 점도를 낮춘다. 스프레이 건의 취급(속도, 거리, 공기압, 패턴 등)을 정확하게 한다.

③ **보 수**

가벼울 경우 내수(耐水) 페이퍼로 연마하고 콤파운드로 폴리시 작업을 하여 마무리 연마한다. 심하면 샌딩한 다음 재도장한다.

6. 메탈 얼룩

메탈릭계 알루미늄 분말, 펄의 메이커가 다르거나 메탈릭의 배열 방법이 부분적으로 불균일하게 되어 얼룩이 생긴다. 메탈릭 베이스(펄 베이스)를 도장하였을 때 생기는 도장 얼룩과 클리어 도장시에 베이스가 움직임으로써 생기는 리턴 얼룩의 두 종류가 있다.

① **원 인**

시너의 양이 많아서 도료의 점도가 낮고 증발이 느린 시너를 사용한 경우, 스프레이 건의 취급이 부적당(공기압, 분출량, 스프레이 건의 운행속도)하여 도막의 두께가 불균일할 경우, 베이스 코트와 클리어 사이의 플러시 오프 타임이 불충분한 경우에 발생된다.

② **대 책**

기온에 적합한 시너를 선택하여 알맞은 점도로 희석한다. 스프레이 건의 취급을 정확하게(패턴, 거리, 속도 등) 플래시 오프 타임을 충분히 주고 클리어는 한번에 두껍게 도장하지 않도록 한다.

③ **보 수**

도장시 또는 도장 직후에 발생된 얼룩은 얼룩 제거 공정에서 처리한다. 건조 후 발견한 경우에는 샌딩하여 베이스 코트부터 다시 한다.

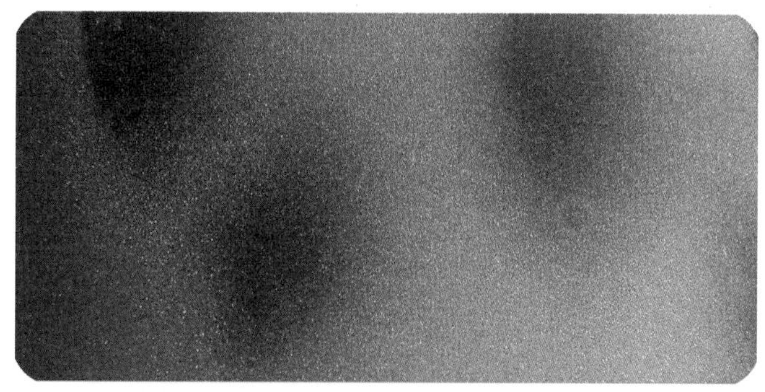

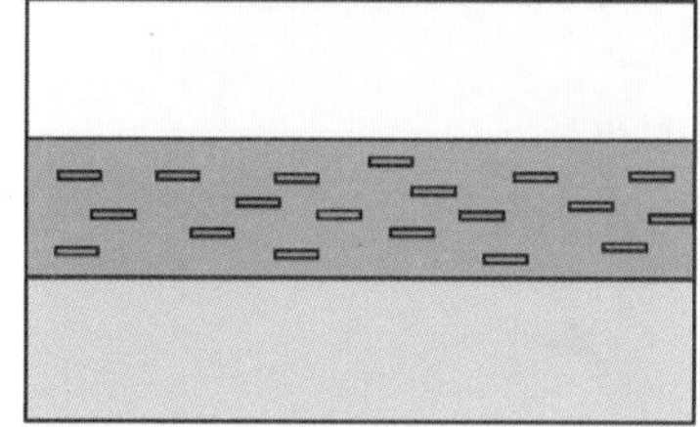

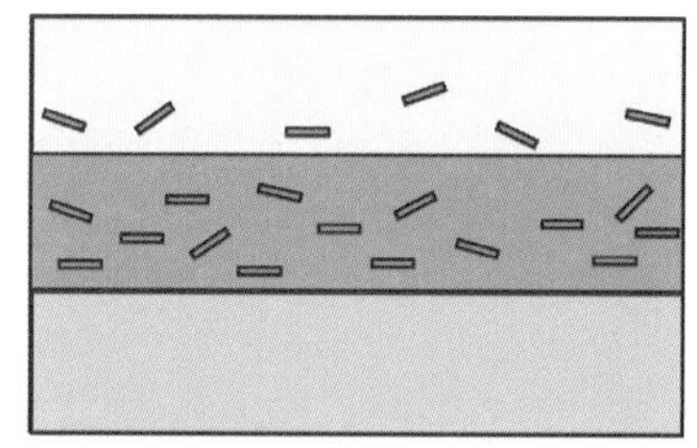

리턴 얼룩, 클리어 층에 메탈이 유입되어 발생된다.

PHOTO 메탈 얼룩

7. 색 번짐(bleed)

구도막의 색이 보수 도막에 섞이어 색을 변화시키는 현상이며 '블리드'라고도 한다.

① **원 인**

구도막의 도색을 번지기 쉬운 안료로 사용한 경우 보통 소방자동차의 적색이 유명하다. 왁스형 판금 퍼티의 표면이 눌어붙어 남아 있는 경우에도 원인이 된다.

② **대 책**

번지기 쉬운 색(적이나 황)은 먼저 화이트를 도장하여 번지는가의 여부를 확인한다. 구도막을 제거하거나 번짐 방지용 실러로 도장한다. 보디에 도료로 그려진 문자나 마크에도 번지기 쉬운 안료가 많이 사용되고 있으므로 주의한다.

③ **보 수**

번진 부분을 연마하여 실러로 도장한 후 상도한다. 심한 경우에는 구도막을 제거하고 다시 작업한다.

PHOTO **색 번짐**

8. 핀홀(pin hole)

도료를 도장하여 건조할 때 도막에 바늘 구멍과 같이 생기는 현상으로서 기공보다도 작다.

① **원 인**

세팅 타임은 주지 않고 급격히 가열할 경우나 도막 속의 용제가 급격히 증발할 경우에 그 자국이 바늘로 찌른 것 같은 구멍이 생긴다. 두껍게 도장하거나 점도가 높을 경우와 도장시에 스프레이 건에 사용되는 공기 중의 수분 또는 증발이 빠른 시너를 사용하였을 때 발생된다.

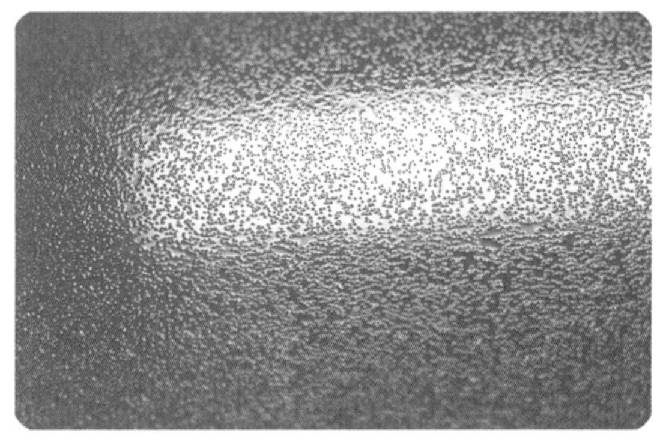

PHOTO **핀 홀**

② **대 책**

강제 건조시에는 세팅 타임을 정확하게 하고 순서에 따라 가열한다. 한번에 두껍게 도장하지 말고 플래시 오프 타임을 주면서 몇 번에 나누어서 도장한다. 시너의 선택은 정확하게 하여 적정한 점도로 조정한다.

③ **보 수**

정도가 가벼울 경우에 콤파운드로 폴리시하거나 샌딩하여 재도장한다. 전면(全面)에 생겼거나 깊은 곳으로부터 발생된 경우에는 상도를 연마하여 제거하고 재도장을 한다.

9. 워터 스폿

도장면에 반점(변색이나 오목, 부풀음)이 발생한다.

① **원 인**

건조하기 전에 비나 안개의 수분이 도면에 붙거나, 새의 분뇨, 수액(樹液), 가솔린, 시멘트 가루 등이 부착된 상태로 장시간 방치되어 있을 경우에 발생한다.

산성, 알칼리성 물질에 의해서 화학 변화 또는 수분이 높을 때 미건조의 도막에 침투하여 백화함으로써 생긴다.

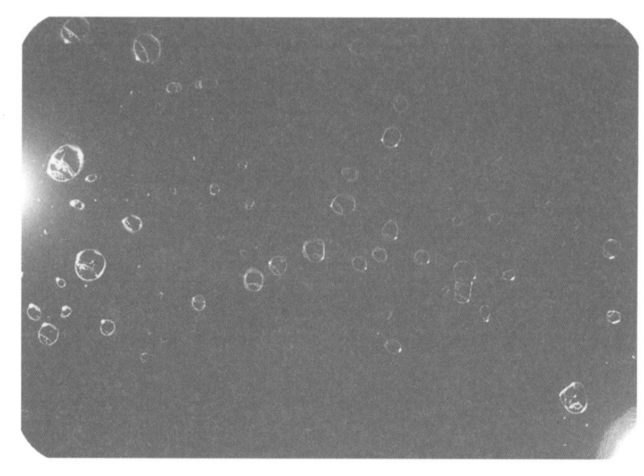

PHOTO 워터 스폿

② **대 책**

건조 경화할 때까지 옥외 방치를 피하고 수분이나 이물질이 도장면에 묻지 않도록 주의한다. 도막에 수분이나 이물질이 부착한 때는 씻어서 제거하거나 닦아낸다. 리타더나 경화제의 양은 적정하게 한다.

③ **보 수**

정도가 가벼울 경우에는 콤파운드로 폴리시하며, 심할 경우에 내수(耐水) 페이퍼로 물 연마하여 재도장한다.

10. 출고 후에 광택 퇴조

광택이 소멸되어 표면의 윤기가 없어지는 현상이다.

① **원 인**

하지에 기인하는 흡습 등 이외에 상도와 관련된 원인은 도막의 두께가 얇을 때, 증발이 느린 시너를 사용하였을 때, 경화제가 부족할 때 그리고 충분히 건조하지 않은 상태에서 콤파운드로 연마(광택내기 후 도막에 남은 용제가 증발하므로서 편평성이 없어진다)하는 등이 그 원인이 된다.

PHOTO 광택 퇴조

② **대 책**

시너의 선정을 정확하게 한 후 적정한 도막의 두께로 도장한다. 콤파운드 타임을 충분히 하여 건조시킨 다음에 연마 작업한다.

③ **보 수**

정도가 가벼울 경우에는 충분히 건조시킨 다음에 콤파운드로 폴리시하여 마무리하며, 심할 경우에는 내수 페이퍼로 물연마 후 재도장한다.

11. 변퇴색(discoloration fading)

시간이 흐름에 따라 색이 변화되는 현상으로서 도막이 주로 외부의 영향으로 말미암아 다른 색으로 변하거나 유채색 안료의 색이 감퇴되어 본래의 색을 잃어버리는 것.

변색(색조가 변한다), 퇴색(색이 엷어진다, 선명함이 없어진다), 황변(백색이나 담색의 도막이 황색 상태로 띠게 된다) 등이 있다.

정도의 차이는 있지만 이것은 어떠한 도색에서도 발생된다.

① **원 인**

도료 또는 그 외 성분인 안료가 기후에 견디는 성질이 나쁘다. 자외선의 영향으로 안료가 변퇴색으로 변함. 클리어=수지가 황색으로 변한다.

PHOTO 변퇴색

② **대 책**

기후에 견디는 성질이 좋은 도료나 원색을 사용한다.

③ **보 수**

정도가 가벼울 경우에는 콤파운드로 폴리시하고 심할 경우에는 재도장한다.

12. 초 킹(chalking)

도막의 표면에 노화가 일어나 손으로 문지르면 분말이 되어 묻어나는 현상으로 광택이 없어진다. '백아화(白亞化)'라고도 한다.

① **원 인**

표면의 수지가 빛, 열, 물 등에 노출되어 풍화되고 안료가 노출되어 가루 모양이 된다. 기후에 견디는 성질(耐候性)이 나쁜 도료를 사용한 경우에 발생하며, 우레탄계에서는 경화제의 배합 비율을 지키지 않으면 본래의 내후성을 얻지 못한다.

② **대 책**

내후성이 뛰어난 도료를 사용한다.

③ **보 수**

표면은 연마 제거하고 재도장한다.

13. 브론징(bronjing)

표면에 금속 광택의 가루가 묻는다.

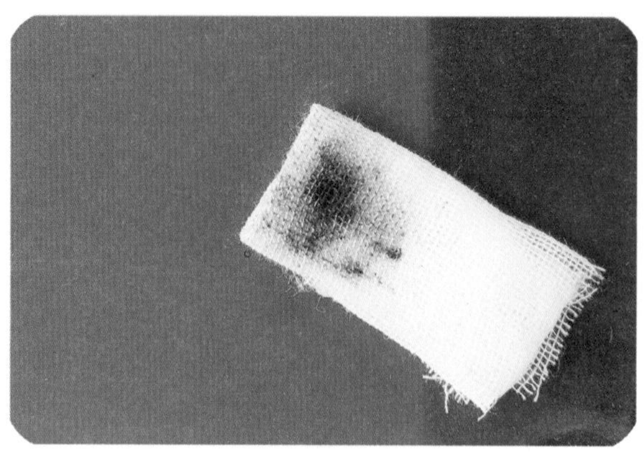

PHOTO 초킹, 브론징

① **원 인**

초킹과 같으나 블루계에 안료의 농도가 높은 도막에서 발생되기 쉽다.

② **대 책**

브론징하기 쉬운 원색은 사용하지 않는다. 부득이 사용할 경우에는 그 위에 클리어로 도장한다.

③ **보 수**

표면을 샌딩하여 클리어 코트한다.

9. 특수한 도장

여기서는 일반적으로 강판 이외의 소재, 수지나 알루미늄 합금의 도장, 각종 디자인 페인트, 작은 상처의 보수에 특수화한 경보수(輕補修), 퀵 페인트에 대하여 취급한다.

01 강판 이외의 소재

도장에 관계되는 강판 이외의 보디 재료에는 플라스틱과 알루미늄 합금이 있다. 어느 것이나 밀착성에 대하여 배려한 포인트이다.

플라스틱은 범퍼, 그릴, 몰딩, 실내 부품 등이 중심이지만, 일부에서는 보디 패널에도 사용되고 있다. 보수 도장에 있어서 특히 범퍼는 그의 기회가 많다.

알루미늄 합금은 같은 강도를 지닌 강판과 비교하여도 가볍고 차체의 경량화에 도움이 된다. 강판과는 성질이 다르기 때문에 도장 작업보다도 오히려 판금이나 용접에 있어서 다른 취급 방법이 요구된다.

수지부품의 도장

플라스틱 부품, 즉 수지제품이라고 하더라도 여러 가지 종류가 사용되고 있다. 도장 작업에서는 우선 소재의 확인이 필요하게 된다.

1. 수지 종류의 판별

자동차에 사용되고 있는 플라스틱에는 수지의 종류로서 열경화성 폴리우레탄(PUR), 열가소성 우레탄(TPUR), 폴리카보네이트(PC), 폴리플로필렌(PP), 아크릴 니트릴·부타디엔·스틸렌 공중(共重)합체(ABS), 스틸렌·아크릴니트릴 공중합체(SAN), 폴리아미드=나일론(PA), 폴리에틸렌(PE), 에틸렌플로필렌 고무(EPDM), 아크릴(PMMA), 유리아(UF) 등이 있다.

가공방식에 따라서 파이버 리인보스드 플라스틱=섬유강화 플라스틱(FRP), 시트·몰딩·콤파운드(CMC), 벌크·몰딩·콤파운드(BMC) 등이 있다.

수지는 가볍고 싸며 성형하기가 쉬운 것이 특징이다. 보디와 관련된 것은 범퍼 페이스를 비롯하여 그릴, 스포일러, 사이드 몰딩 등 외에 보디 패널로서도 사용되고 있다.

소재와 부품의 관계에서 범퍼 페이스에는 열경화성 우레탄, 열가소성 우레탄, 폴리카보네이트, 폴리프로필렌 등이 사용되고 있다. 보디 패널이나 항공기 부품에서는 FRP나 SMC 등이 소재로 되어 있다.

FRP라고 단순히 말할 경우에는 유리섬유에 폴리에스테르 수지를 포함하여 침투시켜 적층(積層)한 타입을 말하며, 오리지널 성형성과 높은 강도를 자랑하는 탄소 섬유를 사용하면 더욱 더 강도는 높아진다(CFRP).

SMC란 그의 중간 재료로서 폴리에스테르 수지에 각종 첨가제를 가해서 페이스트(풀) 상태로 만들어 유리섬유의 매트에 침투시켜서 시트 모양으로 가공한 것. 또 수지 페이스트에 특수 가공한 유리섬유를 넣어 점토 모양으로 만든 것이 BMC이다.

이와같은 소재의 판별에는 자동차 메이커에서 발행한 보디 수리서에 부품별 사용소재가 명기되어 있기 때문에 참조하면 된다. 또 부품 그 자체 뒤에는 위의 약호 등이 각인되어 있는 경우도 있다.

열경화성수지(TS)	열가소성수지(TP)
페놀(PF)	폴리에틸렌(PE)
멜라민(MF)	폴리프로필렌(PP)
불포화폴리에스테르(UP)	염화비닐(PVC)
에폭시(EP)	아크릴(PMMA)
실리콘(SI)	폴리카보네이트(PC)
폴리우레탄(PUR)	나일론(PA)
	열가소성 우레탄(TPUR)
	스틸렌계(ABS / AAS)
	폴리페닐렌·노리오·옥사이드(PPC)

▲ 열경화성수지와 열가소성수지

2. 도장의 포인트

수지부품의 도장은 기본적으로는 강판의 경우와 특별히 다르지 않으나 다음 사항에 유의한다.

① 소재의 확인

소재(素材)에 따라 밀착성이 나쁜 것도 있다. 특히 범퍼의 소재인 PP의 경우는 일반적으로 밀착성이 나쁘고 표면에는 먼저 전용 프라이머를 도포하여 프라이머 서페이서로서 상도를 도장한다. 수지부품용 퍼티는 표면에 직접 도포할 수 있는 타입도 있으나 PP 프라이머의 도포를 필요로 하는 것도 있다.

또 PC, ABS, PMMA 등은 내용제성이 나쁘다. 소량단시간의 탈지 정도는 좋으나 그 이상의 부착에서는 변질 가능성이 있다. 반대로 PP, PE, ERP는 내용제성에는 비교적 문제가 없다.

그 밖에도 신품의 부품, 특히 우레탄계의 범퍼에서는 생산시의 이형제(離型劑)가 남아 있는 경우도 있으므로 표면의 탈지는 여러 번 정성들여서 한다.

PHOTO 범퍼 도장

② 전용 도료의 사용

오목(凹)하거나 상처의 수정에는 접착제, 플라스틱 전용의 퍼티(2액형), 스폿 퍼티 등이 준비되어 있으므로 이들을 이용한다.

수지에 대하여 밀착성과 유연성에 대응할 수 있도록 되어 있다.

유연성에 대해서는 기존의 우레탄계 프라이머 서페이서 및 상도를 조합할 경우 혼합하는 플라스틱용 경화제에는 연화제가 포함되어 있다. 도막을 형성한 후에도 다소의 유연성을 가지며 표면의 움직임에 대응하여 도막이 벗겨지지 않도록 하고 있다.

이 수지용의 연화제가 첨가되어 있는 경화제에는 경(硬)·연(軟)의 일반적인 타입과 스포일러용의 2종류가 있을 경우에는 각각의 도장 대상 부품에 따라 구분하여 사용한다.

또 플라스틱용 경화제의 경우 표준형의 경화제와 시너의 배합비율과는 다를 경우도 있으므로 도료 메이커의 매뉴얼에 따라 작업을 한다. 전용 경화제가 없는 라인에서는 경화제에 연화제를 첨가한 3액의 조합으로 행한다.

③ 정전기 대책

수지부품은 정전기를 띠기 쉽고 먼지나 이물질이 더욱 많이 부착된다. 정전기 방지제가 첨가되어 있는 탈지제나 크로스 등의 대책품을 이용하여 피도면을 청소하면서 작업해야 한다. 표면에서 간헐적으로 발생되는 것에도 주의가 필요하다.

④ 방열 대책

수지에는 가열하면 부드러워지는 것과 그와 반대로 단단해지는 것이 있다. 부드럽게 되는 것은 열가소성 수지를 소재로 하고 있는 부품의 경우, 건조기나 도장부스로 고열을 가할 때 변형되지 않도록 주의한다.

이러한 위험이 있을 경우에 범퍼의 형상을 안정시키는 도장 전용의 스탠드, 차열(遮熱) 커버 등을 이용하거나 미리 떼어 놓는 등의 처리를 한다. 구체적으로는 범퍼 소재의 열가소성 우레탄은 60~80℃, PP는 80℃ 정도에서 변형된다.

⑤ 구김살 모양

구김살 모양(표면에 작은 요철이 있다)이 있는 범퍼는 도장조건과 스프레이 테크닉으로 재현된다. 볼록 부분이 높을 경우에는 연마하여 조정한다.

돌이 튕겨서 도막에 상처가 났을 때 녹을 방지하기 위해서 로커 패널 등에 도장이 되어 있다. 끈적끈적하고 점도가 높은 내(耐)치핑 도료의 도장에서 구김살 모양을 만들기도 하며 같은 형태의 기술로 할 수 있다.

도장 조건 \ 표준 상태 \ 모양		산의 높이	모양의 대소
		높다 ◀──▶ 낮다	대 ◀──▶ 소
공기압	0.19~0.39MPa (2~4kg/cm²)	낮다 ◀──▶ 높다	낮다 ◀──▶ 높다
도료 점도	시너 희석 없음	높다 ◀──▶ 낮다	높다 ◀──▶ 낮다
스프레이 건의 구경	1.5mm	대 ◀──▶ 소	대 ◀──▶ 소
운행속도	30~50cm/초	늦다 ◀──▶ 빠르다	늦다 ◀──▶ 빠르다

▲ 도장조건과 구김살 모양

알루미늄 합금의 도장

알루미늄 합금은 보디 패널에 사용되고 있다. 후두 등 일부 뿐만 아니라 보디 전체의 외판(外板)에 사용되고 있는 경우도 있다. 가벼운 것이 특징으로서 표면은 녹슬기 쉽고 얇은 산화 피막이 생기지만 그대로 내부까지 부식시키지 않으므로 미관 또는 방청면에서도 뛰어나다.

알루미늄 합금의 도장에서는 강판과 같은 도장계로 되지만 표면에 대해서는 밀착성을 더 높이기 위해서 알루미늄과 대응 가능한 워시프라이머의 사용이 바람직하다. 산화하기 쉬우므로 도장 전에는 피막을 샌더 연마 등으로 완전히 제거한다.

트럭의 보디에 꾸며 설치하는 부분이 표면 상태로 보이는 것도 일반적으로는 클리어로 마무리가 되어 있으며, 이 때 알루미늄 전용 타입이 사용되고 있다.

PHOTO 알루미늄 보디의 인사이트

02 디자인 페인트

2, 3톤(tone, 색조, 배색)

1. 색상 코드의 검색

2톤의 도면(塗面)은 보통 사이드 라인 등을 경계로 하여 상부와 하부가 다른 색으로 구분되도록 도장이 되어 있다. 주의판(경고판) 등에 도색의 코트와 배색의 표시가 부착되어 있으며, 2톤의 코트만 표시되어 있거나 표시가 없는 경우에는 오토 컬러 등에서 상·하의 색상 코드를 검색할 필요가 있다.

이 외에 보디와 다른 색상으로 범퍼나 언더 스포일러, 사이드 가니시, 필러 등에 사용되고 있을 경우에도 도색의 코트가 설정되어 있다.

2. 도장의 포인트

2톤의 도장은 신차와 같이 하부색을 먼저 도장한다. 이것은 단차(段車)가 눈에 띄지 않게 하기 위해서이다. 상부의 도색부터 도장을 하면 경계 부분에서는 하부의 도색이 위로 겹쳐지므로 근소하지만 아래쪽이 오버행이 되어 먼지 등이 쌓이게 되어 단차가 두드러지게 나타난다.

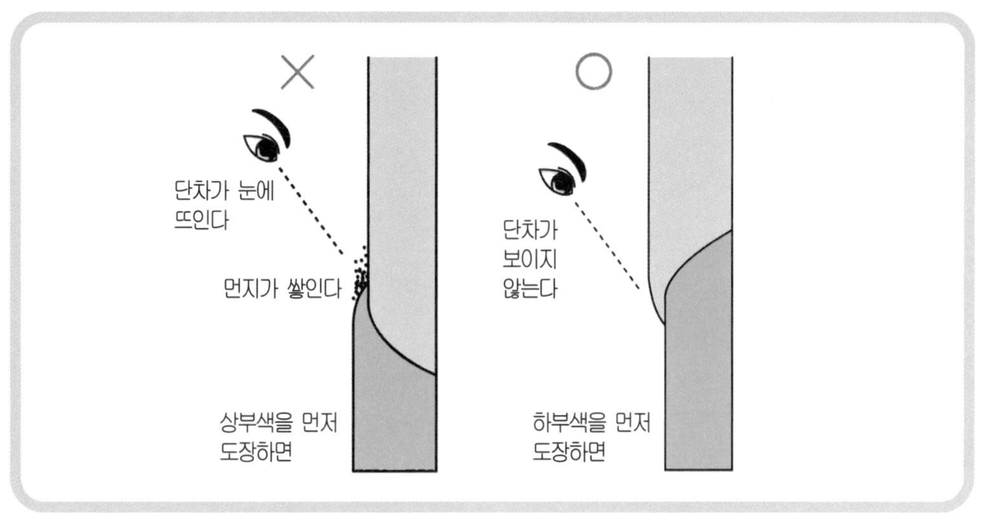

PHOTO 2톤은 하부색부터 도장한다

최초 색상의 도장에서는 가는 마스킹을 하지 않으며, 2번째 색상의 도장에서는 세밀하게 라인을 확인하여야 한다. 또한 2코트 또는 3코트의 도색을 편성하는 경우에 클리어는 1개의 색상이 아니라 최후 한 번에 도장을 한다.

3톤은 중앙에 1개의 색상, 그의 상하를 같은 색으로 샌드위치 모양으로 되어 있다. 보수 도장에서는 중앙의 색을 먼저 도장한 후 상·하의 색을 도장한다.

오리지널(커스텀 ; custom) 도장

커스텀 도장이라는 것은 에어 브러시를 이용하여 자유자재로 그림을 그리는 것에서부터 각 종 원포인트 모양, 디자인 스트라이프까지 여러 가지가 있다.

1. 오리지널 도색

카 오너 중에는 특히 독창성(originality)을 요구하는 층도 있다. 자동차 메이커에서도 장비나 도색에 특징이 있는 한정된 차가 때로는 발매된다.

오리저널의 도색이라고 하면 신차에 설정되어 있지 않는 특별한 케이스 및 신소재를 사용한 것이 된다. 물론 전체 도장이라고는 단정할 수 없고 2톤의 1가지 색이나 범퍼, 스포일러 등의 부품에 오리지널 컬러로 도장을 하여도 효과가 있다.

소재가 되는 특별한 안료로서는 거친 입자의 알루미늄 프레이크, 펄 계, 멀티 컬러 등이 있다.

① 멀티 컬러

멀티 컬러는 보는 각도에 따라서 색상이 연속적으로 변화되는 것이 특징이다. 간섭 펄에서도 2색성(色性)이 있으나 훨씬 명료하고 그라데이션(gradation)에 의한 많은 색성이 있으나 안료의 값이 비싸다.

PHOTO 색상이 변화하는 멀티 컬러

PHOTO 멀티 컬러 도장

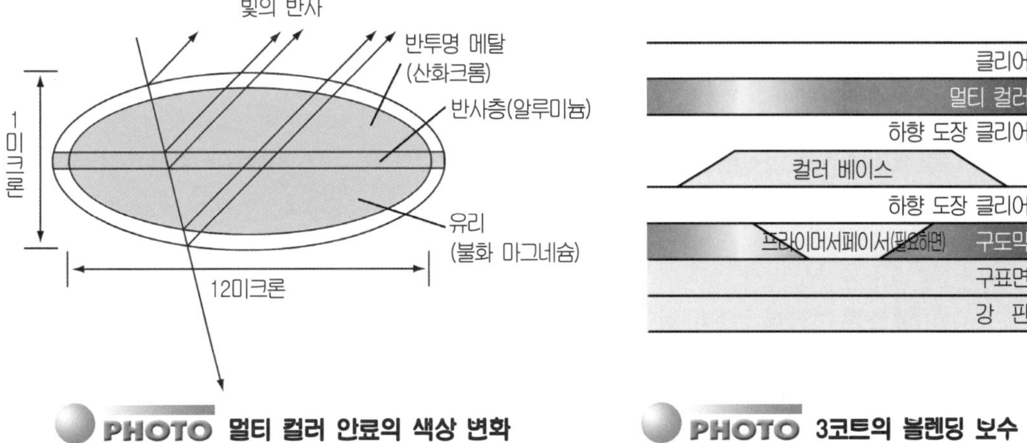

PHOTO 멀티 컬러 안료의 색상 변화

PHOTO 3코트의 블렌딩 보수

특수한 안료를 초박막(超薄膜) 다층의 반투명으로 증착시켜 프레이크(flake) 모양으로 만든 것으로서 여러 가지 색이 있다. 도장에 있어서는 조색(調色)한 것을 그대로 도장하는 2코트와 컬러 베이스(블랙 등)를 하도한 후 멀티 컬러를 도장하여 클리어로 마무리하는 3코트의 두 가지가 있다. 이 도장의 사양에 의해서 변화의 정도가 달라진다.

보수에는 도색의 데이터가 보존되어 있으면 사양에 따라 2코트 또는 3코트로 종래의 펄 도색과 같은 공정으로 도장하면 별다른 어려움은 없다.

② 알루미늄 프레이크

베이스 컬러 위에 입자의 지름이 큰 알루미늄 프레이크를 도장하는 것으로서 겹쳐서 도장을 하면 독특하게 번뜩이는 느낌을 줄 수 있다.

도장시의 유의점에는 알루미늄의 입자가 크기 때문에 항상 충분한 교반을 하고 구경(口徑) 1.8mm 정도의 스프레이 건을 사용한다.

PHOTO 큰 입자의 알루미늄 프레이크 도장

③ **홀로그램**(hologram) **컬러**

홀로그램이란 입체적인 화상이지만, 그와 같은 프리즘(prism)의 효과가 강한 안료를 프레이크 모양으로 도색한 것이다. 입자가 큰 프레이크는 보는 각도에 따라서 하나씩 무지개 색으로 변한다. 캔디 컬러(컬러 클리어=클리어에 조금 색을 붙인 것) 및 유리 프레이크 안료와 혼합하여 사용하면 빛의 느낌이 더욱 돋보이는 색이 된다.

2. 모양 도장

이른바 커스텀 페인트라고 총칭되는 것인데 ① 핀스트라이프(pinstripe) 모양 또는 스트라이프(stripe) 모양, ② 패턴 모양, ③ 풀커스터 마이즈 등으로 분류할 수 있다.

스트라이프는 마스킹 테이프나 여러 가지 모형을 만든 종이에 의해서 모양을 만든다.

패턴 모양에는 플레임(불길), 나뭇결, 거미집 등이 있다. 플레임은 마스킹과 도장을 나누고 나뭇결은 가정용의 래핑 필름 등을 이용하면 거미집은 도료 점도와 스프레이 건의 조정기술로 극복한다.

풀커스터 마이즈는 보디 전체에 관련되는 것으로서 예를 들면, 원 박스 카의 사이드에 창을 메워서 큰 공간을 확보하고 특별한 디자인 및 구체적인 그림이나 도안을 그리게 된다. 내장도 동시에 개조가 되어 가장 오리지널리티한 모습으로 변신한다.

PHOTO 커스텀 플레임(불길) 모양

PHOTO 풀커스터 마이즈드 카

인물이나 유명 캐릭터, 풍경(다른 세계로부터 서핑까지 자유자제) 등을 프리 핸드로 보디에 그리기 위해서는 에어 브러시 기술과 다소의 그림을 그리는 능력이 필요하다. 프리 핸드를 보다 실패가 없도록 하기 위해서는 모눈종이(方眼紙)를 사용하여 원래의 그림을 확대하거나 그 위에 형 뜨기를 하는 기술도 있다.

전체를 균형이 맞도록 처음에 디자인 해 두는 것과 에어 브러시에 의한 블렌딩의 기술도 중요하다. 이것은 일러스트 세계에서 슈퍼 리얼리즘 아트의 기법이 된다. 도료는 1액형 래커계로서 점도는 푸석푸석한 상태가 적당하다. 마스킹도 그 때마다 필요에 따라서 세밀하게 하며, 최종적으로는 우레탄 클리어로 마무리를 한다.

이와 같은 프리 핸드에 자신이 없으면 본래의 그림을 바탕으로 컴퓨터가 자동으로 그림을 그려주는 시스템도 있다. 또한 상업차와 같이 마스킹 필름에 프린트 아웃한 것을 붙이는 것뿐이라면 또다시 작업 시간은 단축할 수 있으며 번거로움도 줄어든다.

PHOTO 프리핸드의 구상화는 그림을 그리는 능력이 필요

3. 커스텀 도장의 보수

기본적으로는 특별한 컬러 및 풀커스터 마이즈 모양을 보수하여 똑같이 재현하는 것은 어렵다. 오리지널 컬러의 경우에는 조색 데이터 및 도장의 사양, 조건 등의 기록이 있으면 어느 정도 작업은 원활하게 진행되고 블렌딩도 가능하게 될 것이다.

한편 구상화가 프리 핸드로 그려져 있는 것을 보수하는 것은 불가능하다. 모양을 도장하는 경우에는 블록 단위나 오일 페인트가 된다.

03 작은 상처 보수 시스템

경 보수와 퀵 보수

보수 도장에 있어서 작은 상처를 보수하기 위한 전용의 시스템이 있으며, 경보수, 간이 보수 시스템과 퀵 보수, 퀵 페인트도 있다.

경보수는 주로 신규로 참여하는 사업자를 대상으로 하여 단기간에 양성된 신인이 최저한의 기재로 작업하는 간이 도장의 시스템이다. 한편, 퀵 보수는 기존 공장의 도장 기술자가 단시간에 수리를 목표로 하는 수법을 말한다.

PHOTO 작은 상처의 잠재 수요는 많다

1. 작은 상처 보수란

경보수라고 하더라도 판금 분야를 포함하는 시스템도 있다. 여기서는 100mm 정도의 선 모양의 상처, 오목, 굴곡, 돌의 튀김에 의한 핀 포인트 상처 등을 주 대상으로 하고 있다. 탈착이나 교환을 수반하지 않는 것이 조건이다. 이것을 신속하고(일일 출고, 실작업 두 시간 정도) 값이 싸며, 깨끗하게 카 오너에게 제공하려고 하는 것이다.

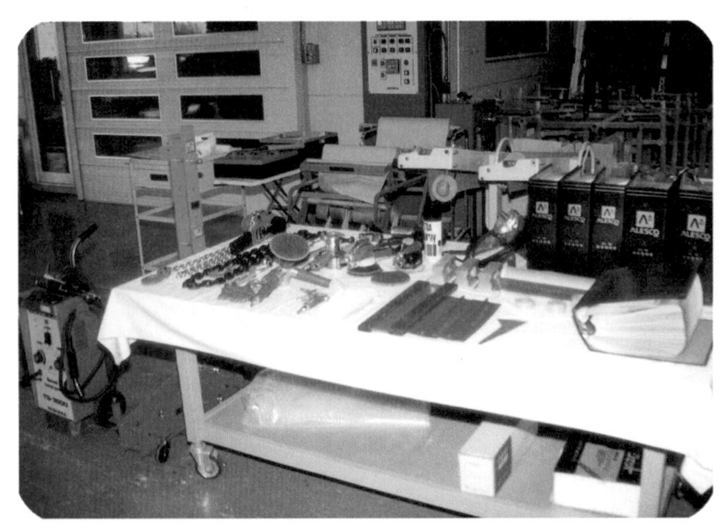

PHOTO 경보수 시스템 공구의 예

2. 경보수

경보수 시스템은 관련 메이커 대부분이 구축하고 있으나 어느 정도 초보자라도 빠른 기간에 기술을 습득할 수 있도록 기재의 선택을 공통으로 생각하는 방법이 있다.

구체적으로는 ① 퍼티 면 조정 공구, ② 면만들기의 점검 공구, ③ 특수한 퍼티, ④ 실차 컬러 시스템, ⑤ 1액형 베이스 코트 등을 사용하고 있다.

① 퍼티 면의 조정 공구

퍼티 면을 조정하는 공구는 초보자가 퍼티를 깨끗하게 도포할 수 없으며, 그 다음의 공정에서 퍼티 면의 조정을 위해 연마에 소요되는 시간을 해소하기 위해 사용한다.

일반적으로는 길이가 다른 정규 타입의 공구로서 보통 상품명으로 불리우는 '퍼티 와이퍼'라고 하는 종류에 속한다. 유연성이 있는 타입은 최대한 능숙하게 사용하여 양끝을 잡고 중앙을 구부려 곡면을 만들면서 표면에 여분(餘分)의 퍼티를 제거해 나간다. 단단한 타입은 스트레이트로 표면을 골라 나간다.

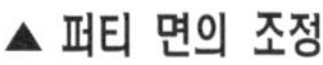

▲ 퍼티 면의 조정

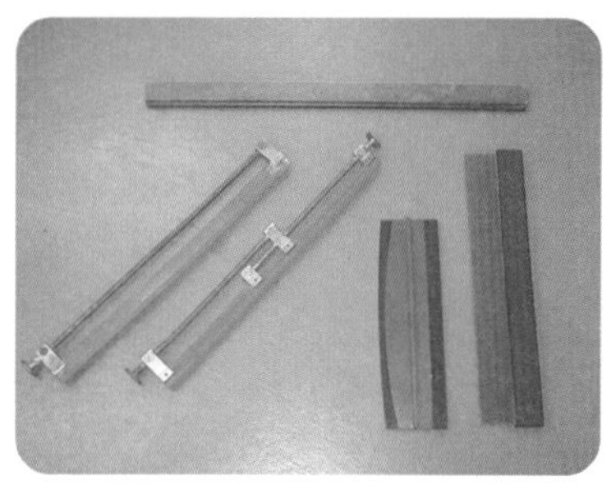

▲ 고르기 공구와 요철 점검용 공구

PHOTO 퍼티 면의 조정

경화가 어느 정도 진행되면 퍼티를 깨끗하게 제거할 수 없으므로 작업은 신속하게 한다. 어느 정도의 숙달이 필요하지만 이 공구에는 퍼티와의 성격이 잘 맞기 때문에 퍼티의 면을 거칠게 만들면 오히려 연마하는 시간이 더 소요된다. 따라서 점도를 조정한 전용 타입의 퍼티도 준비되어 있다. 또 복잡한 라인은 수지로 형상을 떠서 퍼티를 도포한 후 눌러 여분을 삐져나오게 하는 공구도 있다.

공구는 퍼티를 도포하지만 연마에도 각종 라인을 따라 하는 것이나 특별한 라인으로 모양을 바꿀 수 있는 홀더 또는 손연마 블록도 있다.

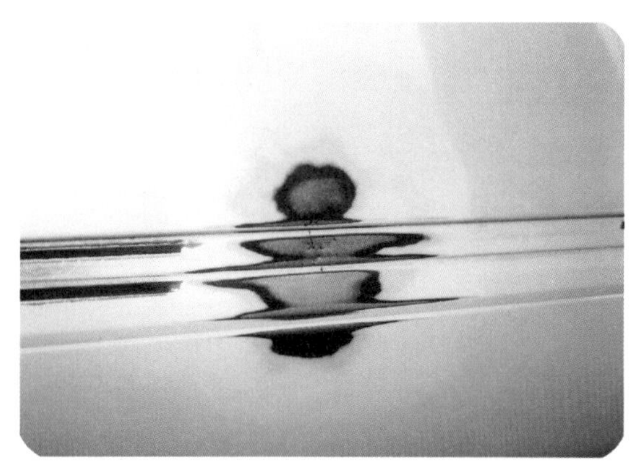

한편 퍼티를 반죽하기 위한 정반은 후처리가 필요없는 종이제품이며 1매씩 사용하고 버릴 수 있는 보드가 세트로 되어 있는 경우가 많다.

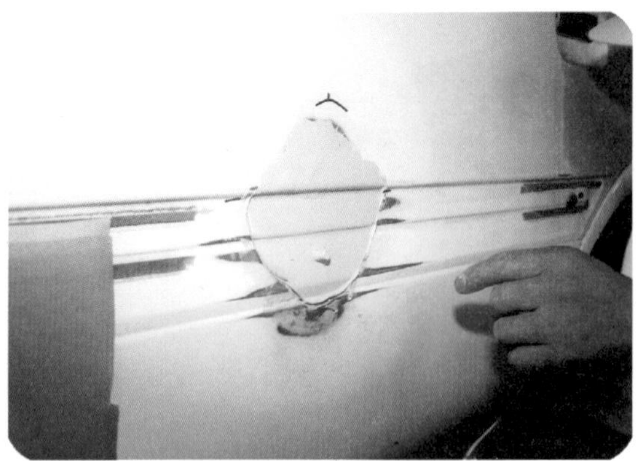

PHOTO 복잡한 라인용 형 뜨기 공구를 사용한 퍼티 도포

② 면만들기의 점검 공구

베테랑 기술자는 손으로 만져 보아 미크론 단위 정도로 요철을 판단하지만 초보자에게는 불가능한 일이다. 따라서 눈으로 알 수 있는 공구가 세트로 갖추어져 있으며, 일부는 정규 타입에 조정용 공구로 겸용되는 케이스도 있다.

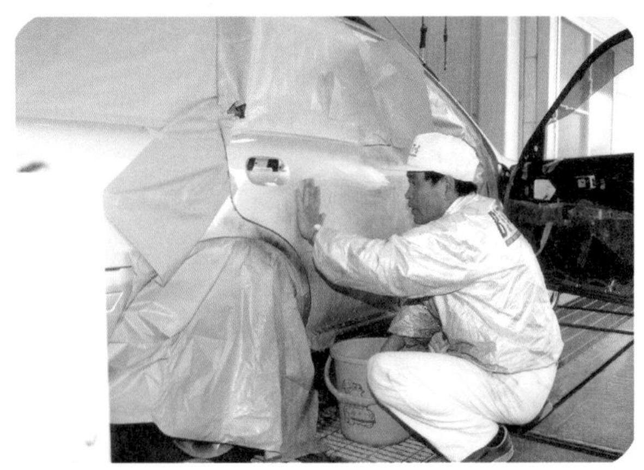

PHOTO 면 고르기의 점검(잘 사용하지 않는 손으로)

이 때에는 위로부터 아래로 정규 공구를 대고서 위로부터 눈으로 요철을 확인한다(면으로 볼 수 있다). 조크와 같은 것이 붙어 있어서 볼록 부분에 색이 붙는 구조도 있다. 한편 게이지는 포인트로 점검하게 된다.

또 도장 기술자는 작업을 할 때마다 손으로 훑었을 때 면 조정의 마무리 정도(程度)를 확인한다. 이 때 사용하는 손이 아닌 쪽으로 시행한다. 오른손잡이는 왼손, 왼손잡이는 오른손을 사용하는데 이것은 사용하지 않은 손바닥이 얇고 민감하기 때문이다. 이와 같이 손으로 판별되지 않는 초보자의 면만들기는 가이드 코트 공정도 빼놓을 수 없게 된다.

③ 특수한 퍼티

먼저 광경화형 퍼티가 있다. 이것은 하지 도료의 내용에서도 언급하였으나 경화가 빠르고 작업 시간의 단축으로 이어지는 재료이다. 값은 비싸지만 작은 상처의 수리에서는 사용량이 적어도 된다. 광경화형이라고 하더라도 종류가 있으므로 각각의 매뉴얼에 따라 작업한다.

그 밖에 고르기 공구와 병용할 수 있는 점도 조정된 퍼티나 폴리 퍼티, 프라이머 서페이서, 스폿 퍼티를 겸하여 작은 연마 자국이나 핀홀을 커버할 수 있도록 두껍게 도포하는 타입의 3액형 스프레이 퍼티 등이 있다. 이들도 작업 시간 단축에 일조를 한다.

④ 실차 컬러 시스템

조색도 초보자에 있어서는 어려운 기술이다. 대상차마다 미조색(黴調色)이 필요하게 되는데, 일조일석에 기술이 연마되는 것은 아니다. 따라서 하나의 도색에 대하여 바리에이션 컬러와 그의 배합이 수록된 실차 컬러 시스템을 이용하여 여러 종류의 견본판으로부터 가장 가까운 것을 선택, 그 데이터로 조색함으로써 어느 정도 실차에 가까운 색깔을 확보한다. 원칙적으로 간이 보수에서는 미조색을 하지 않는다.

⑤ 1액형 베이스 코트

1액형 베이스 코트는 초보자에게도 취급하기 쉬운 도료로 되어 있다. 메탈 얼룩이 생기기 어렵고 작업성도 좋다.

속도가 요구되는 간이 보수에 있어서는 시간이 단축되는 재료이다. 클리어에는 1액형의 우레탄이 사용되는 경우도 있다.

상도 도료 자체가, 세트로 공급되는 경우 보통 수리 공장에서 보관하는 정도의 원색수는 갖추지 않고 용량도 소형화한 것이 된다. 에어졸이 첨가된 경우도 있으며, 믹싱 머신도 소형이 대부분이다. 또 도장에서는 도착효율(塗着效率)이 좋고 흐름을 일으키지 않는 이유로 온풍 저압 도장기가 세트로 되어 있는 경우도 있다.

3. 퀵 보수

경보수와는 다른 개념으로 도장 기술자의 창의 연구에 의해서 작은 상처의 수리를 단시간에 완료시킬 수 있는 방법이다. 문제는 일을 진행시키는 순서, 가격의 채산성을 고려하여 기재를 사용할 것 등이다. 값이 싸고 빠르다라는 장점을 강조한 공정이다. 물론 경보수에 비해서 숙련자의 기술자가 시공하는 관계로 마무리도 좋다.

[작업의 요점]

숙련자에 의한 퀵 페인트의 요점은 다음과 같다.

- 퍼티는 1회 도포. 범퍼의 상처를 수정하는 경우라도 기존의 폴리 퍼티를 사용한다. 3액형 스프레이 퍼티에도 그대로 사용할 수 있는 타입이 있다.
- 계량을 하여 조색한 도료를 그대로 사용한다. 미조색은 하지 않고 블렌딩의 기술로 마무리한다. 이와 관련하여 수평면은 이와 같은 색상의 차이로 먼지나 이물질이 눈에 띄기 쉬우므로 퀵 보수 보다도 본격적인 도장이 바람직하다.
- 작업은 여러 대 또는 여러 부위를 병행하여 효율을 높인다.
- 작업 부위와 도막의 상태에 맞추어 재료를 선택한다. 기본적으로는 속성건조 우레탄을 주성분으로 한 도장계의 조합이 된다. 단, 범퍼의 도장에서도 플라스틱용 경화제를 사용하지 않고, 종래의 패턴으로 도장한다.

■ 퍼티연마에 시간이 걸리는 이유

퀵 보수임에도 불구하고 작업 시간의 단축이 어려운 것은 역시 하지 처리에 있다. 이것을 개선하기 위해서 문제점을 정리해 본다.

① 퍼티 도포의 기술 부족

- 퍼티의 특징과 성질을 모른다.
- 스푼 다루기의 불량
- 퍼티 면의 면적, 형상에 알맞은 스푼의 취급 불량
- 퍼티 도포의 기능 부족

② 퍼티 면을 판정할 줄 모른다

- 퍼티 면을 만져보아 요철, 굴곡을 알지 못한다.
- 어디를 연마하면 좋은지 알지 못한다.

③ 샌더의 활용 부족

- 샌더를 사용할 때 과도한 연마의 실수에 신경 쓰지 않고 사용한다.

공 정		준 비 물
1	손상의 확인	정규 등
2	도막의 떨어짐	디스크 샌더 페이퍼 P80~120, 마스킹 페이퍼, 테이프, 검(gum) 테이프(라인 주변 보호용)
3	도막의 페더에지	더블 액션 샌더(오빗다이어 6~10mm) 페이퍼 P120
4	퍼티 반죽	중간타입 퍼티(방청 강판 대응형) 퍼티반죽 정반, 스푼
5	퍼티 도포	스푼(플라스틱 고무)
6	퍼티 건조	이동식 원적외선 건조기
7	퍼티 연마	더블액션샌더(오빗다이어 3~5mm) 페이퍼 P180 → 120 → 180 → 240 → 320(도막의 상태에 따라 선택), 더스터 건
8	마무리 연마	핸드 파일 페이퍼P180~240(베카리트 P320~400)
9	튜브용 퍼티	스폿 퍼티(축의 튜브용), 스푼
10	튜브용 퍼티 연마	핸드파일, 블록 받침 고무 등 페이퍼 P320, 400
11	마스킹	마스커(테이프 부착 마스킹 페이퍼 500mm 너비), 디스펜서(핸드타입), 마스킹 테이프
12	프라이머 서페이서 조합(調合)	래커 프라이머 서페이서(또는 속성건조타입의 우레탄 프라이머 서페이서), 조색컵, 디지털 전자저울, 시너, 교반 막대, 필터
13	프라이머 서페이서 도장	탈지제, 걸레, 스프레이 건(구경 1.5mm), 건세정기, 세정용 브러시, 세정용 시너
14	프라이머 서페이서 건조	이동식 원적외선 건조기
15	프라이머 서페이서 연마	블록·받침고무, 물연마 페이퍼 P400~600, 양동이, 천, 더스터건
16	주변 표면 조정 연마	핸드파일, 페이퍼 P1500 또는 라일론 연마제, 표면조정제
17	마스킹	마스커, 디스펜서(핸드타입), 테이프
18	상도 조색	상도도료(속성건조 우레탄 또는 베이스 코트/클리어 코트 시스템 도료 2액형의 경우는 경화제(시너), 실차 조색 배합 데이터북, 디지털전자저울, 조색컵, 시험시편, 중력식 스프레이 건(구경 1.3mm), 필터
19	상도 도장	더스트건, 탈지제, 걸레, 택 크로즈, 조색제 도료, 시너, 중력식 스프레이 건, 도장부스(비닐 또는 플랩타입), 건세정기, 세정용 브러시
20	(2코트 3코트 도색) 얼룩제거, 클리어 도장	조색제 도료, 시너 또는 블렌딩제, 클리어, 중력식 스프레이 건, 도장부스(비닐 또는 우레탄)
21	상도 건조	이동식 원적외선 건조기
22	폴리시	폴리셔, 스펀지 버프, #3500, #4000, 폴리시 크로스

주1. 내용에 따라 생략할 수 있는 공정도 있다.
주2. 주로 튜브용 퍼티가 프라이머 서페이서 도장 후에 되는 경우도 있다.
주3. 퍼티나 프라이머 서페이서 연마에서 면만들기의 기술이 부족한 자는 가이드 코트를 하면 효율적이다.

▲ 퀵 보수의 공정

- 샌더에 좋은 점을 이해하지 못한다.
- 샌더의 종류나 특성을 모른다.
- 샌더를 올바르게 잡는 방법과 자세가 되어 있지 않다.
- 퍼티 면적, 모양에 맞는 샌더를 사용하지 않는다.

④ **페이퍼의 선정 불량**

- 연마 공정의 순서에 맞는 페이퍼 번호를 구분하여 사용하지 않는다.
- 샌더나 퍼티 면적에 적당한 페이퍼를 사용하지 않는다.
- 매직 페이퍼와 풀 붙임 페이퍼의 장점, 단점을 모르고 사용하고 있다.
- 연삭이 되지 않는 페이퍼를 계속 사용하고 있다.
- 패널의 형상(라인이나 곡면)에 대응한 블록 및 패드와 페이퍼의 선정 및 편성하여, 사용하는 방법이 부적절하다.

⑤ **퍼티 에지의 단차 불량**

- 퍼티 에지 부분의 단차를 솜씨있게 연마할 수 없다.

퍼티 주변의 도막이 과도한 연삭이 된다(P120~180을 사용), 에지 부분을 연삭하는 샌더가 틀리다(오빗 다이어 3~5mm φ의 DA 샌더를 사용한다), 퍼티의 에지 부분과 샌더 패드의 페이퍼 면이 편평하고 정확하게 접촉되지 않고 있다. 샌더를 과도하게 누르는 것과 운행의 부적절(퍼티 면에 패드의 페이퍼 면을 정확하게 편평한 상태로 하여 가볍게 누르면서 회전하는 힘으로 연마한다. 퍼티 면의 연마 상태를 확실히 보면서 적절하게 샌더를 움직인다. 구도막이 연삭되지 않도록 주의한다.)

손연마의 경우에는 파일이나 블록, 패드에 붙이는 페이퍼 번호가 너무 거칠다, 연마시에 무리한 힘을 주어 누르지 않는다.(받침목, 파일, 블록, 스펀지 패드 등에 P180의 페이퍼를 붙여서 퍼티 면에 가볍게 접촉시켜 도막이 연삭되지 않도록 주의해서 연마한다.) 등이 원인이다.

⑥ **연마 기술이 뒤진다**

- 연마 작업에 임하는 자세와 준비가 되어 있지 않다.
- 공구, 페이퍼, 연마 순서와 방법의 편성이 시스템화 되어 있지 않다.
- 연마작업에 따른 몸의 자세가 되어 있지 않으므로 작업을 오래할 수 없다.

이들을 하나하나 개선함으로써 시간이 단축되며 마무리도 향상된다.

10. 안전위생과 품질관리

10. 안전위생과 품질관리

도장 공정 전체에 관계되는 사항으로는 안전위생에 대한 대책 그 밖에 작업 공정의 관리와 품질보증이 있다.

01 도장작업의 안전위생

도장작업에서 안전위생은 퍼티연마 등에서의 분진과 도료가 포함되는 유기 용제에 대한 대책이 주가 된다.

분 진

1. 위험성

도막의 제거, 퍼티 및 프라이머 서페이서의 연마 작업 등에서 발생하는 분진은 장기간에 걸쳐서 직접 흡인하면 호흡기능에 장애를 일으켜 진폐 및 천식의 원인이 된다.

2. 대 책

방진용 마스크를 착용하고 작업한다. 그 밖에 흡진(吸塵) 기능이 갖추어진 샌더를 이용한다. 샌더의 흡진 장치만으로는 완전히 퍼티의 분진을 처리할 수 없기 때문에 바닥면 및 벽면으로부터 분진을 흡인하는 설비가 있는 장소에서 작업한다.

PHOTO 방진 대책

또한 연마 후 청소시에도 방진 마스크를 착용하고 에

어블로에 사용하는 더스터 건의 압력을 억제시켜 분진을 널리 비산시키지 않도록 한다. 작업자 뿐만 아니라 주위에 방호구(防護具)가 없는 다른 작업자에 대해서도 영향이 없어야 한다. 에어블로는 공정 과정에서 반드시 하여야 하는 작업이기는 하지만 그 때마다 공장 전체에도 분진이 날려 건강상 좋지 않은 작업 환경이 된다.

① 방진 마스크

연마할 때 발생되는 분말을 흡입하지 않도록 하기 위한 중요한 방호구이다. 컵 타입이나 거즈 마스크 타입 등 여러 가지 종류가 있다. 합성섬유의 부직포로 만든 간이형에서부터 활성탄을 넣어 전용(專用)으로 냄새 방지(防止) 기능이 부가되거나 새지 않는 배기 밸브까지 부착되어 있다.

방진 마스크에는 국가의 검정이 있으므로 환경이 엄격한 작업장에서는 합격품을 사용하여야 한다. 일부에는 사이즈가 다른 것도 있으므로 얼굴에 맞추어서 선택할 수 있다.

정확하게 코와 입을 덮도록 장착하지 않으면 효과가 충분히 발휘되지 않는다. 또 사용 한계 시간을 초과한 것은 능력이 저하되어 있으므로 사용하지 않는다.

② 보안경

보안경은 분진이 눈에 들어가 상처를 입히는 것을 예방한다. 보통 안경 위에 장착할 수 있는 것도 있다.

③ 집진 장치

흡진 샌더나 흡진 손연마 파일에는 집진 주머니가 부착되어 있는 것도 있으나, 연마시에 발생되는 분진을 모으기(集塵) 위해 여러 가지 종류의 기기가 있다. 간단한 타입은 공업용 필터의 파이프에 흡진 샌더 등의 호스를 연결하여 집진하는 방식이다. 능력은 샌더 1대에서부터 여러 대 정도이다. 필터의 능력이 높은 것으로 천장이나 벽에 단독으로 또는 흡진 덕트에 편성하여 공장 내에 배관하면 어떤 작업 공간에서도 흡진할 수 있게 된다.

그 외에 건식도장 부스와 같이 피트식으로 하여 바닥으로부터 빨아들여, 집진하는 타입도 있다. 이 경우 흡진호스를 바닥에 설치되어 있는 피트의 격자에 꽂아 넣으면 된다. 주위에 날아 흩어지는 분진도 아래로부터 빨아들일 수 있으므로 집진대책은 보다 확실하게 된다.

바닥 흡진에서는 동시에 여러 대도 가능하다. 이 피트식을 둘러싼 것이 흡진용의 캡셀 룸이다. 또한 이 흡진 샌더의 호스 구경은 일정한 것이 아니라 여러 가지 있으므로 주의가 필요하다.

유기 용제

1. 위험성

도장작업에서 취급하는 도료나 시너류는 가연성 물질로서 위험함과 동시에 유기용제에 의한 중독을 예방하는 규칙이 규정되어 있는 것과 같이 도료 등에 포함되는 유기용제는 인체에 유해한 화학물질이다.

흡인에 의한 급성 중독의 경우에는 두통, 빈혈, 실신 등의 증상이 나타난다. 또한 취급 초기에는 냄새나 자극성에 신경이 쓰이지만 신체가 익숙해지면 무감각되기 쉽다. 그러나 장기적으로 흡인하면 간장이나 신장에 장해가 발생할 염려가 있다.

이밖에 도료에는 각종 화학물질이 사용되어 있기 때문에 유기용제만 해도 종류에 따라서 일부의 안료, 경화제의 이소시아네이트 등 물질마다 특유의 독성을 가지고 있는 것도 있다. 예를 들면 이소시아네이트는 눈 및 목 등의 점막에 영향을 준다.

도장 작업에서는 유기 용제를 흡인하지 않도록 도장 마스크를 착용함과 동시에 직접 피부에 닿는 것을 되도록 피해야 한다. 유기 용제는 피부에 스며들기 때문에 조색이나 스프레이 건의 세정 등 도료나, 시너를 취급할 경우에는 용제에 용해되지 않고 견딜 수 있는 장갑을 착용한다. 따라서 도장 작업은 도장 부스 내 및 흡인 설비가 갖추어진 장소에서 하는 것이 원칙이다.

2. 대 책

■ 유기 용제의 중독 예방 규칙

유기 용제의 중독 예방 규칙에는 규제 대상이 되는 독성 물질을 일정량 이상 사용할 경우 다음 대책 등이 필수 규정으로 되어 있다.

① 게시물

도장 작업장에는 유기 용제의 위험성, 취급상의 주의, 중독되었을 경우의 처치방법에 대해서 규정에 있는 대로 문언을 기재한 게시판을 설치하여야 한다.

② **유기용제의 작업 책임자**

작업시에 유기 용제의 작업 책임자는 위험물 안전관리자의 교육을 수료한 자가 관리한다.

③ **도장 부스**

작업장의 환기를 위해서 국소 배기장치의 설치가 필요하며 자가 보수에서는 푸시풀형과 똑같이 흐르는 환기장치가 적당하다. 즉, 상하 압송식 도장 부스에 대한 것으로서 풍량이 규정되어 있다.

부스에는 열원(熱源)을 수반하므로 방화관리자의 기능 교육을 수료한 자가 관리하게 된다.

④ **건강 진단**

작업장의 유기 용제의 농도측정과 작업자에 대한 특수 건강진단을 6개월마다 실시하여 그 기록의 유지가 이루어져야 한다.

도장 마스크

도장 작업에는 부스를 사용하지 않더라도 도장 마스크가 필요하다. 목적에 따라서 여러 가지 종류가 준비되어 있다. 활성탄을 넣은 간이식도 있으나 여기서는 유기용제의 흡수통이 부착된 방독 마스크가 적당하다.

유효기간이 있으므로 일정기간 사용하거나 냄새를 느끼는 정도가 되면 새로운 흡수통으로 교환한다. 머리 전체를 쓰거나 또는 마스크 형태로 깨끗한 공기를 보내주는 송기(送氣) 마스크도 있다.

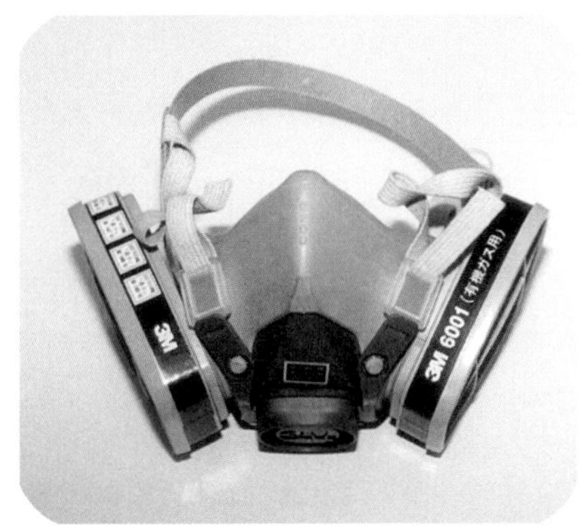

PHOTO 도장 마스크

내용제성(耐溶劑性) 장갑

유기 용제는 피부에서도 체내로 스며든다. 도료나 시너를 취급할 경우에는 내용제성의 장갑을 착용한다. 특히 피부가 민감한 사람에게는 빼 놓을 수 없다.

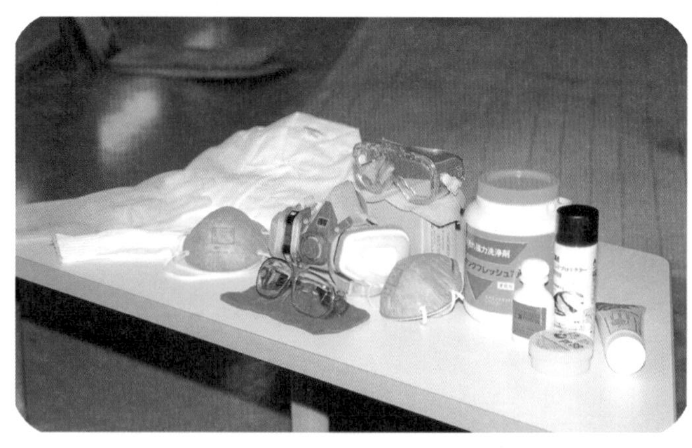

PHOTO 안전위생 대책 용품

핸드 클리너 보호 크림

도료를 취급하는 작업에 의해서 오염된 손가락 등은 전용의 핸드 클리너를 사용하면 떨어지기 쉽다. 또 손이 터지는 것을 방지하는 보호 크림도 있으나 작업 전에 발라 두는 타입도 있다.

위험물의 보관

차체 수리 공장에서 사용하는 도료류의 대부분은 수용성을 제외하고 대부분 가연물이며, 판금 작업에서는 폭발성이 있는 가솔린도 취급하기 때문에 화재나 폭발의 방지에 충분한 주의가 필요하다.

구체적으로 가연물은 안전한 장소를 선택하여 보관 장소를 정하고, 그 이외의 장소에는 방치하지 말 것, 또한 가솔린을 취급할 때는 바람이 잘 통하는 장소에서 작업을 하고 주변의 작업자에게도 신호를 하여 주위를 환기시킨다.

인수한 후 보관시에는 정전기가 발생하기 쉬운 플라스틱제의 펌프나 탱크는 사용하지 않을 것. 인수한 가솔린은 정해진 안전한 보관 장소에 수납한다.

소방법에 따라 일정량 이상의 가연성 유기용제를 함유하는 도료 및 가솔린 등의 저장(일시적인 보관도 대상이 된다)에서는 소방서에 신고와 저장설비의 설치, 취급에 대해서도 위험물 취급자의 지시하에 사용하여야 한다.

유 별	성 질	품 명	지정수량
제1류	산화성 고체	아염소산염류	50 kg
		염소산염류	50 kg
		과염소산염류	50 kg
		무기과산화물류	50 kg
		브롬산염류	100 kg
		질산염류	300 kg
		요오드산염류	300 kg
		삼산화크롬	300 kg
		과망간산염류	1,000 kg
		중크롬산염류	3,000 kg
제2류	가연성 고체	황화린	50 kg
		적 린	50 kg
		유 황	1050 kg
		철 분	500 kg
		마그네슘	500 kg
		금속분류	1,000 kg
		인화성 고체	1,000 kg
제3류	자연성 발화성물질 및 금수성물질	칼 륨	10 kg
		나트륨	10 kg
		알킬알루미늄	10 kg
		알킬리튬	10 kg
		황 린	20 kg
		알칼리금속(칼륨 및 나트륨 제외) 및	50 kg
		알칼리토금속류 유기금속화합물류(알킬알류미늄 및 알킬리튬 제외)	50 kg
		금속수소화합물류	300 kg
		금속인화합물류	300 kg
		칼슘 또는 알루미늄의 탄화물류	300 kg
제4류	인화성 액체	특수인화물류	50 L
		제1석유류	100 L
		알코올류	200 L
		제2석유류	1,000 L
		제3석유류	2,000 L
		제4석유류	6,000 L
		동식물유류	10,000 L

유 별	성 질	품 명	지정수량
제4류	인화성 액체	특수인화물류	50 L
		제1석유류	100 L
		알코올류	200 L
		제2석유류	1,000 L
		제3석유류	2,000 L
		제4석유류	6,000 L
		동식물유류	10,000 L
제5류	자기반응성 물질	유기과산화물류	10 kg
		질산에스테르류	10 kg
		셀룰로이드류	100 kg
		니트로화합물류	200 kg
		니트로소화합물류	200 kg
		아조화합물류	200 kg
		디아조화합물류	200 kg
		히드라진 및 그 유도체류	200 kg
제6류	산화성 액체	과 염 소 산	300 kg
		과산화수소	300 kg
		황 산	300 kg
		질 산	300 kg

▲ **위험물의 지정수량**(소방법시행령 별표 3)

이와 같이 소방법에서는 가솔린이나 유기용제를 포함하는 도료는 위험물로서 규정되어 제4류의 인화성 액체로 분류되어 있다. 가솔린은 제4류 중에서 또다시 제1석유류로 분류되며, 도료는 성분에 의해 제1석유류 또는 제2석유류에 해당된다. 도료 통에는 그의 분류와 취급상의 주의가 기재되어 있다.

소방법에서는 설비의 규모와 인원수에 의해서 소방 설비의 설치나 방화 관리자의 선임 등이 의무화되어 있다. 양의 차이는 있더라도 위험물을 취급하는 곳에는 틀림없이 최저한이라도 분말소화기나 포말소화기는 설치해 두고 방재 지식을 공유하는 것이 바람직하다.

기타 도료 이외에도 시너를 포함한 천이나 사용 후의 잔류 퍼티, 사용 후의 도료 통 등의 처리에 대해서도 주의가 필요하다. 물건에 따라서는 자연발화의 위험성이 있다.

공장 내에는 필요한 경우를 제외하고는 화재엄금으로 하고, 담배는 휴게실 등 지정된 장소 이외에서는 피우지 말아야 한다.

도장 부스나 건조기 등 버너(온풍기)의 설비기기는 점검을 정확하게 실시하고 불완전한 상태에서는 사용하지 않는다.

PHOTO 조색실 환기 대책

PHOTO 도장 작업장은 화기엄금

폐기물의 처리와 환경대책

1. 취급과 폐기

도료의 사용과 폐기에 대해서 환경 대책 면에서는 폐기물처리법, 화학물질의 이동이나 사용에 대해서는 PRTR법 외에 각 도·시·군의 조례 등으로 규정되어 있다. 환경 문제는 오늘날의 과제로서 도청간의 조율이 원만하게 이루어지지 않은 상태에서 법률화되는 측면도 있으므로 어느 정도 유동적인 부분도 있다.

항상 최신 법률 내용을 이해하여 그것에 따른 대응이 필요하다.

폐기물처리법이란 폐기물의 배출 및 처리, 생활 폐기물의 처리, 사업장 폐기물 등을 적정하게 처리하여 자연환경 및 생활환경을 청결히 함으로써 환경 보전과 국민생활의 질적 향상에 이바지함을 목적으로 제정되었다. 또한 산업 폐기물에 관한 매너페스트(manifest)제도도 여기에 포함된다. 즉, 폐기물은 자동차만 대상이 되는 것은 아니다. 그 중에서도 연소되기 쉬운 폐유나 특정 화학물질을 포함하는 도료 등은 별도의 특별관리 산업 폐기물로 지정되어 있다. 매너페스트 제도는 배출, 수집, 운반, 처리에 대한 흐름을 문서의 기록으로 남겨서 관리하는 것이다. 또, 특별관리 산업폐기물을 배출하는 사업소에는 관리 책임자를 둘 필요가 있다.

유기계 화합물(VOC)은 공기 중에 배출되는 대기오염의 원인 물질 중 하나이다. 유럽에서는 엄격한 수치로 배출량이 규제되어 사용량의 기록을 의무화하고 있는 지역도 있다. PRTR 법이란 「특정 화학물질의 배출량 등을 파악 및 관리 개선에 관한 법률」로 지정된 화학물질을 취급하는 경우 배출량의 신고 또는 MSDS(화학물질 등 안전 데이터 시트) 시트의 교부가 요구된다. 대상이 되는 것은 규정의 양, 스터프(stuff) 수를 초과하는 사업소이다.

이 신고를 필요로 하는 지정물질에 유기용제의 트루엔, 키시렌이 포함되어 있다.

MSDS(화학물질 등 안전 데이터 시트)는 지정의 화학물질을 포함하는 제품을 사업자에게 인계할 때 사전에 제공하여야 하는 것이 의무화되고 있는 것. 제품별 시트는 도료 메이커로부터 인터넷의 홈페이지를 위시하여 여러 가지 방법으로 입수할 수 있다. 도료류의 폐기는 수집, 운반, 처리의 자격을 가진 업자에 의뢰하거나 도료 메이커 관련업체에서의 처리가 바람직하다.

폐용제 재생장치

유기용제의 대책으로서 폐기하는 용제량을 감소하기 위해서 적합한 것이 폐용제 재생장치이다. 기본적으로는 폐용제를 간접적으로 가열한 후 증류시켜 재생하는 구조로서 재생한 용제는 세정용 시너로 사용한다. 이 때문에 스프레이 건 세정기와의 일체형도 있다.

2. 대기환경보전법

대기환경보전법에는 악취 발생을 방지하는 법률도 포함되어 있다. 예를 들면 공장 주변의 주택에서 시·읍·면에 호소하였을 경우에 측정이 이루어진다. 위반하고 있으면 개선명령이 나온다. 법률을 지키지 않고 질이 나쁜 사람을 처벌하는 벌칙도 있다. 악취로서 지정되어 있는 물질에는 트루엔, 키시렌이 포함되어 있다.

탈취 장치

도장이나 건조시에 도료의 냄새 발생 대책으로서 유효한 것이 탈취 장치이다. 여러 가지 종류가 있으나 도장 부스의 배기 덕트 속이나 밖에 장치하는 것이 일반적이며, 활성탄에 의한 흡수나 또는 소취제(消臭劑)를 뿌리는 구조로 되어 있다.

02 품질 보증

출고시에 품질 보증서를 고객에게 지급하므로써 공장의 신뢰감이 양성된다. 품질 보증서의 발행은 자동차 메이커, 보험회사 또는 도료 메이커에서도 한다.

품질 보증 시스템

품질보증에서 보수 도장과 관계되는 것은 도막의 부분이다. 보증 내용은 보통의 사용 조건에서 도막에 결함이 발생되었을 경우의 재수리, 연수(年數) 및 주행거리로 기한을 정하거나 정하지 않는 경우 영구보증이 일반적이다. 기간으로는 6년 정도가 많다.

메이커 이외의 상호로 보증서를 지급할 경우에는 그에 관계되는 조건을 제시하는 모양이 된다. 도료 메이커에 의한 도막의 품질 보증 제도는 인정된 공장이 조건에 따라서 도장의 마무리를 한 결과 클레임(claim)이 발생되어 클레임의 부분을 메이커가 납득할 수 있는 것이면 재수리의 비용은 도료 메이커가 부담한다. 조건으로서는 ① 재료는 지정된 상도에서 하도를 포함한 토털 시스템을 사용, ② 기준에 맞는 설비기기의 보유, ③ 도료 메이커의 연수원 등에서 교육을 받아 인정된 기술자가 매뉴얼대로의 도장 시스템으로 작업한다. 등이다 보증을 하기 위해서는 품질 관리가 필요하며, 기록도 유지하여야 한다.

ISO9001 품질 매니지먼트 시스템

품질 관리에 있어서는 ISO9001 품질 매니지먼트 시스템(management system)을 참고해도 좋다. ISO란 각국에서 정하는 기준이 틀리면 무역 등의 장애가 발생되므로 국제적으로 결정된 세계 공통의 규격이다.

가장 최근의 것은 ISO 100이나 400과 패키지(package)에 기재되어 있는 사진의 필름일 것이다. 외국 메이커의 필름이더라도 숫자가 같으면 동일한 감도(感度)라는 것을 알 수 있다. 이것은 제품의 규정이지만 경영의 규격으로 하고 있는 것이 ISO9001 품질 매니지먼트 시스템이다.

그밖에 ISO14001 환경 매니지먼트 시스템 등이 있다.

ISO의 인증 취득이라는 것은 이 규격에 따라서 사업을 운영하고 있는 것이 심사 등록 기관에 의해서 인정된 것이라는 의미이다. 이것은 우수한 품질관리 시스템 하에서 일이 이루어지는 것을 의미한다. 업계에 따라서는 고객이 요구하는 주문의 선택 조건으로 되어 있다.

ISO에서는 그 규격에 입각한 메인 매뉴얼과 자사(自社)의 시스템을 표준화한 규정·절차를 기록한 책자, 그것을 지키고 운영하고 있는 것을 나타내는 품질 기록류를 빼 놓을 수 없다. 품질관리 시스템에서는 PDCA(Plan=목표 → Do=운영 → Check=감사 → Action=시정 → Plan) 사이클이 특히 중요하게 되어 있다. 이것은 최종적인 고객의 만족도뿐만 아니라 개개인의 교육, 구매, 생산 공정, 검사 등 각 필수 항목에서도 이 사이클이 순조롭게 순환되고 있는 것이 요구된다.

ISO의 인증 취득에는 관계하는 스텝 전원의 이해와 심사 기관 등의 비용(스텝 수에 따라 다르다), 시간(최단시간 대략 1년)이 필요하다. 취득 후에도 심사 등록기관 등에 의한 정기 심사와 3년마다의 갱신 심사가 이루어진다. 이와 같이 취득 후에도 계속적인 레벨업이 불가결한 구조로 되어 있다.

품질관리의 요건

도막을 보증하는 데는 품질 관리가 필요하다. 차체수리 공장의 도장 공정에 관계되는 사항은 다음과 같다.

1. 공정의 표준화

차체 수리 공장에서는 같은 공장 내에서도 기술자에 따라서 다른 재료를 사용하여 각각 독자적인 방법으로 작업을 하고 있는 경우가 있다. 물론 이 때의 작업 공정이나 방법 등이 문서화도 되어 있지 않다.

도료 메이커의 품질 보증 시스템에서는 재료나 공법이 규정되어 있다. 자사에서 보증하는 경우에도 그와 같은 독자적인 작업 표준화가 꼭 필요하다.

작업 공정, 작업 방법, 사용하는 설비기기의 재료, 요구하는 마무리 수준(공정 내 및 완성검사) 등을 표준화하면 어느 기술자가 담당하더라도 동일한 정도의 마무리가 달성되며 안정된 품질이 확보된다.

또한 이것은 공정의 매뉴얼화가 되어 신인 기술자를 양성할 때도 원활하게 진척된다.

2. 작업 기록의 유지

품질 보증서의 발행과 작업 기록은 안팎으로 일체가 불가결한 것이다. 도막의 결함으로 클레임이 발생한 경우 그의 원인을 분석하는 자료가 된다. 그리고 검토한 결과를 바탕으로 필요한 경우 시정조치를 하면 다음에 동일한 실수를 일으킬 가능성이 감소된다.

견적서도 어느 정도의 작업 기록은 된다. 입고/출고일, 고객명과 차량의 데이터(도색명도) 교환이나 판금 수리한 패널을 알 수 있다. 그러나 도장 분야의 기록으로서는 부족하다. 필요한 항목으로는 실제 작업의 범위(도시하거나 사진첨부), 공정(도장계), 사용재료(제품명 및 그의 타입), 작업·도장 조건, 작업일(날씨, 온도, 습도), 작업자(검사자), 구도막의 상태, 공정 구획의 도면 점검, 마무리 수준 등이 생각된다.

이 중에서 공장에 따라서는 불필요한 항목도 있을 것이다. 예를 들면 공정이나 재료가 표준화되어 있으면 어느 경우에도 마찬가지이므로 기록의 의미가 없다. 그 때의 도장 조건 등의 기재가 주가 된다. 이와같은 작업기록은 다음에 같은 차량이 입고하였을 때의 진단서로서 유용하게 이용된다. 또 이 기록의 복사를 고객에게 주는 것도 서로의 신뢰감을 높이는데 좋다.

3. 설비 기기의 정비

동일한 품질을 유지하는 데는 사용하는 설비 기기를 항상 충분한 성능으로 가동할 수 있는 상태로 유지해 둘 필요가 있다. 이 때문에 빼 놓을 수 없는 것이 일상적인 설비기기의 정비이다.

그의 방법은

① 설비기기마다 필요로 하는 정기 정비 항목을 씻어낸다.
② 정비의 시기나 횟수를 정한다(사용 횟수, 양에 좌우된다).
③ 매일·일주일마다·한달마다·반년마다 등으로 종합해서 정리하여 기기와 항목을 기재한 정기 점검표를 만든다.
④ 담당자가 점검하여 결과를 점검표에 기재한다.
⑤ 책임자가 점검표에서 실시 유무를 점검한다.

또한 설비기기의 사용 설명서는 결함 등이 발생된 경우에 참고할 수 있도록 적절히 관리하여 점검 담당자는 정비 항목과 요령을 매뉴얼화한다.

구체적인 점검 항목은 다음과 같다.

■ 공기 배관

① 일일 점검

- 컴프레서, 애프터 쿨러, 에어 드라이어, 에어 필터, 트랜스포머, 배관 선단(先端)의 드레인 빼기.

② 주 1회의 점검

컴프레서에서는 공기 흡입구의 필터, V벨트, 오일, 본체 외관조인트부의 점검, 청소로서 점검 시기는 사용시간에 의한다.

- 에어 필터의 필터 교환

■ 도장 부스

점검 시기는 사용횟수 등에 의한다.

- 근본적인 격식의 부스, 조색용 부스의 필터 교환
- 팬 구동 벨트 에어 실린더의 점검
- 비닐 부스의 비닐 교환

샌더류

매일 실시하는 주유의 순서는 다음과 같다.

- 보디 전체의 먼지를 에어 블로로 제거한다. 배기구, 패드의 흡진 구멍에 더스터 건을 집어넣고 에어블로를 실시하여 내부까지 깨끗하게 한다.
- 샌더 전용 오일 또는 스핀들 #100 오일을 1~3방울 정도를 공기 접속구로부터 주유한다.
- 호스를 연결하고 공회전시켜 샌더의 베어링을 윤활한다(10초 정도).

흡진장치

점검 시기는 사용횟수 등에 의한다.

- 필터의 교환
- 연마 분말의 청소 처분

소모품의 사용기한

품질을 안정시키는 데는 사용재료의 품질도 본래의 성능을 유지해 둘 필요가 있다. 즉, 사용 기간이 경과된 제품을 사용하면 안된다.

도장 분야에서 사용 기한이 있는 제품은 다음과 같다.

1. 샌드 페이퍼

샌드 페이퍼의 사용기한은 3년이다. 케이스에 제조 연월일 또는 유효 기한이 기재되어 있다. 또한 유효 기한이 기재되어 있지 않는 제품도 있을 수 있으나 필요하면 검증해서 확인한 후 문제가 없는 것을 사용한다.

다음 제품의 사용기간은 어디까지나 기준이다. 완전히 밀폐된 상태라면 도료 또는 관련 케미컬(chemical) 상품은 반영구적으로 보존이 가능하다는 의견도 있다. 또한 제품에 따라서 사용 기한은 다르다. 장기간 보존 후 사용하는 경우에는 사전에 검증 확인을 한 다음에 사용한다.

2. 상도 도료류 – 3년

3. 퍼티류 – 6개월~1년

4. 콤파운드류 – 2년

5. 마스킹 테이프 – 1년

• ISO 규정에 따르면 기재(機材)의 관리가 필요한 사항이 된다.
• 점검 결과는 품질기록으로서 남겨진다.

PHOTO ISO 규정에 따른 기재의 점검

1. 보 관

소모품의 보관에서는 주의 사항이 제품 패키지 또는 제품 그 자체에 프린트되어 있는 경우가 있다. 도료류에서는 통에 주의사항이 기재되어 있으므로 순서대로 지키는 것이 좋다. 열악한 환경에서의 보존은 사용 기한을 단축할 염려가 있다.

2. 기술자의 훈련

같은 품질의 마무리를 확보하고 유지하기 위해서는 작업에 관계되는 기술자가 갖는 기술을 동등한 레벨로 하지 않으면 안된다. 또한 계속되는 최신 기술의 습득, 지식의 공유화도 필요하다.

기술자 중에는 자기가 개발한 합리적인 시스템을 다른 기술자에게 가르쳐 주고 싶지 않다는 사람도 있다. 그렇지 않고 같은 공장 내에서는 우수한 작업 방법은 서로 배우고 상호 자극해서 레벨 업 시켜 나아가야 할 것이다. 전혀 같은 내용의 작업이 없고 특히 손작업에 의한 부분도 적지 않은 도장 기술자에게는 깊이 연구하는 자세가 필요하다. 항상 다음의 목표와 테마가 있으면 그것을 극복하여 또다시 다음 단계로 진입하려는 노력이 반복될 것이다.

이것이 앞의 ISO에 있는 기술자의 PBCA 사이클이다.

저자약력

스 에 모 리 키 요 시
■ 末森清司(すえもりきよし)

1938년생.
중학교 졸업 후 여러 보디샵에서 근무한 후 1967년부터 서원판금자동차 입사.
'94년 보디리페어기술연수원 개설과 함께 도장과 강사로 부임해 현재에 이르고 있다.
자격증 : 1급금속도장사, 직업훈련지도원.
저　서 : 『실천자동차보수도장』 등

카 도 토 시 카 즈
■ 加戸利一(かどとしかず)

1952년생.
1976년 리페어테크출판 입사. 자동차차체수리업계지의 취재기자로 「월간 애프터 마켓 뉴스」 편집장.
「월간 보디샵 리포트」 편집장을 거쳐 현재 「일본어판 인사이트」 편집장.
'96년부터 직업훈련법인 차체수리기술진흥회사무국장.

• 원서명 : THE 塗裝(Refinish)

THE 도장(Refinish)

초판 발행 | 2003년 1월 13일
제1판7쇄 발행 | 2022년 2월 21일

감 수 | 보디페인팅기술연수원
지 은 이 | 스에모리키요시, 카도토시카즈
발 행 인 | 김 길 현
발 행 처 | (주) 골든벨
등 록 | 제 1987-000018호
I S B N | 89-7971-430-0
가 격 | **25,000원**

이 책을 만든 사람들

편 집 · 디 자 인 | 조경미, 남동우
웹 매 니 지 먼 트 | 안재명, 서수진, 김경희
공 급 관 리 | 오민석, 정복순, 김봉식
제 작 진 행 | 최병석
오 프 마 케 팅 | 우병춘, 이대권, 이강연
회 계 관 리 | 문경임, 김경아

㊞ 04316 서울특별시 용산구 245(원효로1가 53-1) 골든벨빌딩 5~6F
• TEL : 도서 주문 및 발송 02-713-4135 / 회계 경리 02-713-4137
기획 디자인본부 02-713-7452 / 해외 오퍼 및 광고 02-713-7453
• FAX : 02-718-5510 • http : // www.gbbook.co.kr • E-mail : 7134135@ naver.com